dtv

Eine große Liebe, gelebt gegen die ganze Welt: Das ist die Geschichte von Léon und Louise. Sie beginnt während des Ersten Weltkriegs an der französischen Atlantikküste, wo die beiden sich zum ersten Mal begegnen. Doch dann reißt sie ein Fliegerangriff mit Gewalt auseinander. Sie halten einander für tot. Léon heiratet, und Louise, von leidenschaftlichem Temperament und unstillbarem Unabhängigkeitsdrang, geht ihren eigenen Weg – bis sie sich 1928 zufällig in der Pariser Métro wiederbegegnen. Alex Capus hat einen großen Roman über das zwanzigste Jahrhundert geschrieben, und erzählt zugleich die wunderbare Geschichte zweier Menschen, die nie zusammenkamen und doch ein hinreißendes Liebespaar geworden sind.

Alex Capus, geboren 1961 in Frankreich, studierte Geschichte und Philosophie in Basel. Zwischen 1986 und 1995 arbeitete er als Journalist bei verschiedenen Schweizer Tageszeitungen, davon vier Jahre als Inlandsredakteur bei der Schweizerischen Depeschenagentur SDA in Bern. Alex Capus lebt heute als freier Schriftsteller in Olten in der Schweiz. Zuletzt erschienen ›Patriarchen‹ (Zehn Porträts, 2006), ›Eine Frage der Zeit‹ (Roman, 2007), ›Himmelsstürmer‹ (Zwölf Porträts, 2008) sowie ›Der König von Olten‹ (Geschichten, 2009) und ›Der König von Olten kehrt zurück‹ (Geschichten, 2011).

Alex Capus

Léon und Louise

Roman

Deutscher Taschenbuch Verlag

Von Alex Capus
sind im Deutscher Taschenbuch Verlag erschienen:
Etwas sehr, sehr Schönes (8224)
Mein Studium ferner Welten (13065)
Munzinger Pascha (13076)
Fast ein bißchen Frühling (13167)
Eigermönchundjungfrau (13227)
Glaubst du, daß es Liebe war? (13295)
13 wahre Geschichten (13470)

**Ausführliche Informationen
über unsere Autoren und Bücher
finden Sie auf unserer Website
www.dtv.de**

2012
Deutscher Taschenbuch Verlag GmbH & Co. KG,
München
Lizenzausgabe mit Genehmigung des Carl Hanser Verlages
© 2011 Carl Hanser Verlag München
Alle Rechte vorbehalten
Umschlagkonzept: Balk & Brumshagen
Umschlagfoto: ullstein bild/Roger Viollet
Satz: Satz für Satz. Barbara Reischmann, Leutkirch
Druck und Bindung: Druckerei C. H. Beck, Nördlingen
Gedruckt auf säurefreiem, chlorfrei gebleichtem Papier
Printed in Germany · ISBN 978-3-423-14128-4

*Il ne faut pas trop regarder
la nudité de ses parents.*

ERIK ORSENNA

Für Ruben

ERSTES KAPITEL

Wir saßen in der Kathedrale von Notre-Dame und warteten auf den Pfarrer. Buntes Sonnenlicht fiel durch die Fensterrose auf den offenen Sarg, der blumengeschmückt vor dem Hauptaltar auf einem roten Teppich stand. Im Chorumgang kniete ein Kapuzinermönch vor der Pietà, im linken Seitenschiff stand ein Maurer auf einem Gerüst und machte mit seiner Kelle schabende Geräusche, die im achthundertjährigen Gemäuer widerhallten. Ansonsten herrschte Ruhe. Es war neun Uhr morgens, die Touristen waren noch in ihren Hotels beim Frühstück.

Unsere Trauergemeinde war klein, der Verstorbene hatte lange gelebt; die meisten, die ihn gekannt hatten, waren vor ihm gestorben. Auf der vordersten Bank saßen in der Mitte seine vier Söhne, die Tochter und die Schwiegertöchter, daneben die zwölf Enkel, von denen sechs noch ledig, vier verheiratet und zwei geschieden waren; ganz außen die vier der insgesamt dreiundzwanzig Urenkel, die an jenem 16. April 1986 schon geboren waren. Hinter uns erstreckten sich im Dämmerlicht zum Ausgang hin achtundfünfzig leere Bankreihen – ein Meer von leeren Bänken, in dem wohl Platz genug gewesen wäre für alle unsere Ahnen bis zurück ins zwölfte Jahrhundert.

Wir waren ein lächerlich kleines Häuflein, die Kirche war viel zu groß; dass wir hier saßen, war ein letzter Scherz meines Großvaters, der Polizeichemiker am Quai des Orfèvres und ein großer Pfaffenverächter gewesen war. Falls

7

er jemals sterben sollte, hatte er in den letzten Jahren oft verkündet, wünsche er sich eine Totenmesse in Notre-Dame. Wenn man dann zu bedenken gab, dass ihm als Ungläubigem die Wahl des Gotteshauses doch gleichgültig sein müsste und für unsere kleine Familie die Quartierkirche gleich um die Ecke angemessener wäre, entgegnete er: »Die Eglise Saint-Nicolas du Chardonnet? Aber nein, Kinder, besorgt mir Notre-Dame. Das ist ein paar hundert Meter weiter und wird etwas kosten, aber ihr schafft das. Übrigens hätte ich gern eine lateinische Messe, keine französische. Nach alter Liturgie, bitte, mit viel Weihrauch, langen Rezitativen und gregorianischem Choral.« Und dann schmunzelte er unter seinem Schnurrbart bei der Vorstellung, dass seine Nachkommen sich auf den harten Bänken zweieinhalb Stunden lang die Knie wundscheuern würden. So gut gefiel ihm sein Scherz, dass er ihn ins Repertoire seiner festen Redewendungen aufnahm. »Falls ich bis dahin nicht einen Abstecher nach Notre-Dame mache«, sagte er etwa, wenn er sich beim Friseur anmeldete, oder: »Frohe Ostern und auf Wiedersehen in Notre-Dame!« Mit der Zeit wurde der Scherz zur Prophezeiung, und als meines Großvaters Stunde tatsächlich geschlagen hatte, war uns allen klar gewesen, was zu tun war.

So lag er nun also mit wächserner Nase und verwundert hochgezogenen Brauen exakt an der Stelle, an der Napoleon Bonaparte sich zum Kaiser der Franzosen gekrönt hatte, und wir saßen auf jenen Bänken, auf denen hundertzweiundachtzig Jahre vor uns dessen Brüder, Schwestern und Generäle gesessen hatten. Die Zeit verging, der Pfarrer ließ auf sich warten. Die Sonnenstrahlen fielen schon nicht mehr auf den Sarg, sondern rechts daneben auf die schwarzweißen Steinplatten. Aus der Dunkelheit tauchte der Kirchendiener auf, steckte ein paar Kerzen an und kehrte in die Dunkelheit zurück. Die Kinder rutschten auf den Bänken umher, die Männer rieben sich den Nacken, die Frauen hielten den Rücken gerade. Mein Cousin Nicolas nahm seine Marionetten aus der Manteltasche und machte eine Vorstellung für die Kinder, die im Wesentlichen darin bestand, dass der stoppelbärtige Räuber mit seinem Knüppel auf Guignols Zipfelmütze eindrosch.

Da ging weit hinter uns neben dem Eingangsportal mit leisem Kreischen eine kleine Seitentür auf. Wir drehten uns um. Durch den breiter werdenden Spalt strömte das warme Licht des Frühlingsmorgens und der Lärm der Rue de la Cité ins Halbdunkel. Eine kleine graue Gestalt mit einem leuchtend roten Foulard schlüpfte ins Kirchenschiff.

»Wer ist das?«

»Gehört die Frau zu uns?«

»Still, man kann euch hören.«

»Gehört die zur Familie?«

»Oder ist das vielleicht …?«

»Glaubst du?«

»Ach woher.«

»Bist du ihr nicht einmal im Treppenhaus …«

»Ja, aber da war's ziemlich dunkel.«

»Hört auf zu gaffen.«

»Wo nur der Pfarrer bleibt?«

»Kennt die jemand?«

»Ist es …«

»… vielleicht …«

»Meinst du?«

»Würdet ihr jetzt bitte alle still sein?«

Es war mir auf den ersten Blick klar, dass die Frau nicht zur Familie gehörte. Diese kleinen, energischen Schritte und die harten Absätze, die auf den Steinplatten klangen wie Händeklatschen; dieses schwarze Hütchen mit dem schwarzen Schleier, darunter das stolz gereckte spitze Kinn; diese flinke Bekreuzigung am Weihwasserstein und der elegante kleine Knicks – das konnte keine Le Gall sein. Zumindest keine gebürtige.

Schwarze Hütchen und flinke Bekreuzigungen liegen uns nicht. Wir Le Galls sind großgewachsene, schwerblütige Leute normannischer Herkunft, die sich mit langen, bedächtigen Schritten fortbewegen, und vor allem sind wir eine Familie von Männern. Natürlich gibt es auch Frauen – die Frauen, die wir geheiratet haben –, aber wenn ein Kind zur Welt kommt, ist es meistens ein Junge. Ich selbst habe vier Söhne, aber keine Tochter; mein Vater hat drei Söhne und eine Tochter, und dessen Vater – der verstorbene Léon Le Gall, der an jenem Morgen im Sarg lag – hatte ebenfalls vier Jungen und ein Mädchen gezeugt. Wir haben starke Hände, breite Stirnen und breite Schultern, tragen keinerlei Schmuck außer Armbanduhr und Ehering und haben einen Hang zu einfacher Kleidung ohne Rüschen und Kokarden; mit geschlossenen Augen wüssten wir kaum zu sagen, welche Farbe das Hemd hat, das wir gerade auf dem Leib tragen. Wir haben niemals Kopf- oder Bauchschmerzen, und wenn doch, verschweigen wir das schamhaft, weil nach unserer Konzeption von Männlichkeit weder unsere Köpfe noch unsere Bäuche – schon gar nicht die Bäuche! – schmerzempfindliche Weichteile enthalten.

Vor allem aber haben wir auffällig flache Hinterköpfe, über die sich unsere angeheirateten Frauen gern lustig machen.

Wird in der Familie eine Geburt vermeldet, fragen wir als Erstes nicht nach Gewicht, Körperlänge oder Haarfarbe, sondern nach dem Hinterkopf. »Wie ist er – flach? Ist es ein echter Le Gall?« Und wenn wir einen von uns zu Grabe tragen, trösten wir uns mit dem Gedanken, dass der Schädel eines Le Gall beim Transport niemals im Sarg umherkullert, sondern immer schön flach auf dem Sargboden aufliegt.

Ich teile den morbiden Humor und die fröhliche Melancholie meiner Brüder, Väter und Großväter, und ich bin gern ein Le Gall. Obwohl manche von uns eine Schwäche für Alkohol und Tabak haben, erfreuen wir uns einer guten Aussicht auf Langlebigkeit, und wie viele Familien glauben wir fest daran, dass wir zwar nichts Besonderes, aber doch immerhin einzigartig seien.

Diese Illusion ist durch nichts zu begründen und entbehrt jeder Grundlage, denn noch nie hat, soweit ich es überblicke, ein Le Gall etwas vollbracht, woran die Menschheit sich erinnern müsste. Das liegt erstens am Fehlen ausgeprägter Begabungen und zweitens an mangelndem Fleiß; drittens entwickeln die meisten von uns während der Adoleszenz eine hochmütige Verachtung gegenüber den Initiationsritualen einer ordentlichen Ausbildung, und viertens vererbt sich vom Vater auf den Sohn fast immer eine schwere Aversion gegen Kirche, Polizei und intellektuelle Autorität.

Deshalb enden unsere akademischen Karrieren meist schon am Gymnasium, spätestens aber im dritten oder vierten Semester an der Hochschule. Nur alle paar Jahrzehnte schafft es ein Le Gall, sein Studium regulär abzuschließen und sich mit einer weltlichen oder geistlichen Autorität auszusöhnen. Der wird dann Jurist, Arzt oder Pfarrer und erntet in der Familie Respekt, aber auch einiges Misstrauen.

Zu ein wenig Nachruhm gelangte immerhin mein Ururgroßonkel Serge Le Gall, der kurz nach dem Deutsch-Französischen Krieg wegen Opiumkonsums vom Gymnasium flog und Gefängniswärter im Zuchthaus von Caen wurde. Er ging in die Geschichte ein, weil er eine Gefangenenrevolte friedlich und ohne das übliche Massaker zu beenden versuchte, wofür ihm ein Häftling zum Dank mit einer Axt den Schädel spaltete. Ein anderer Vorfahr zeichnete sich dadurch aus, dass er eine Briefmarke für die vietnamesische Post entwarf, und mein Vater baute als junger Mann Erdölpipelines in der algerischen Sahara. Ansonsten aber verdienen wir Le Galls unser Brot als Tauchlehrer, Staplerfahrer oder Verwaltungsbeamte. Wir verkaufen Palmen in der Bretagne und deutsche Motorräder an die Straßenpolizei von Nigeria, und einer meiner Cousins fahndet halbtags als Detektiv für die *Société Générale* nach flüchtigen Kreditnehmern.

Wenn die meisten von uns trotzdem ganz ordentlich durchs Leben kommen, so verdanken wir das zur Hauptsache unseren Frauen. Alle meine Schwägerinnen, Tanten und Großmütter väterlicherseits sind starke, lebenstüchtige und warmherzige Frauen, die ein diskretes, aber unbestrittenes Matriarchat ausüben. Sie sind beruflich oft erfolgreicher als ihre Männer und verdienen mehr Geld, und sie kümmern sich um die Steuererklärung und schlagen sich mit den Schulbehörden herum. Die Männer ihrerseits danken es ihnen mit Verlässlichkeit und Sanftmut.

Wir sind, glaube ich, eher friedfertige Ehemänner. Wir lügen nicht und geben uns Mühe, nicht in gesundheitsschädigendem Maß zu trinken; wir halten uns von anderen Frauen fern und sind willige Heimwerker, und ganz gewiss sind wir überdurchschnittlich kinderlieb. Bei unseren Familienzusammenkünften ist es guter Brauch, dass die Männer sich nachmittags im Garten um die Säuglinge und Kleinkinder kümmern, während die Frauen an den Strand oder zum Einkaufen fahren. Unsere Frauen wissen es zu schätzen, dass wir für unser Lebensglück keine teuren Autos brauchen und nicht zum Golfspielen nach Barbados fliegen müssen, und sie sehen es uns milde nach, dass wir zwanghaft auf Flohmärkte gehen und sonderbares Zeug nach Hause schleppen – fremder Leute Fotoalben, mechanische Apfelschäler, ausgediente Lichtbildprojektoren, für die es längst keine Lichtbilder im richtigen Format mehr gibt, echte Ferngläser der Kriegsmarine, durch die man alles verkehrt herum sieht, chirurgische Sägen, rostige Revolver, wurmstichige Grammophone und elektrische Gitarren, denen jeder zweite Bund fehlt – wir schleppen gern sonderbares Zeug nach Hause, das wir dann monatelang polieren und putzen und instand zu setzen versuchen, bevor wir es verschenken, zurück zum Flohmarkt tragen oder auf den Müll werfen. Wir tun das zur Erholung unseres vegetativen Nervensystems; Hunde essen Gras, höhere Töchter hören Chopin, Hochschulprofessoren gucken Fußball, und wir basteln an altem Zeug rum. Erstaunlich viele von uns fertigen übrigens abends, wenn die Kinder schlafen, im Keller kleinformatige Ölbilder an. Und einer schreibt, das weiß ich aus erster Hand, heimlich Gedichte. Nur leider nicht sehr gute.

Die vorderste Sitzbank von Notre-Dame vibrierte vor tapfer unterdrückter Aufregung. War das wirklich Mademoiselle

Janvier, die da gekommen war, hatte sie es gewagt? Die Frauen blickten wieder starr nach vorn und machten gerade Rücken, als gelte ihre Aufmerksamkeit ausschließlich dem Sarg und dem Ewigen Licht über dem Hauptaltar; wir Männer aber, die wir unsere Frauen kannten, wussten, dass sie gespannt dem klackenden Stakkato der kleinen Schritte lauschten, die sich seitlich zum Mittelgang hin bewegten, dann rechtwinklig abbogen und ohne das geringste Zögern, ohne jedes Ritardando oder Accelerando mit dem regelmäßigen Taktschlag eines Metronoms nach vorne eilten. Dann konnte, wer zur Mitte schielte, in den Augenwinkeln die kleine Gestalt sehen, wie sie leichtfüßig wie ein junges Mädchen über den roten Teppich die zwei Stufen hinauf zum Fußende des Sargs lief, die rechte Hand auf die Sargwand legte und lautlosen Schrittes daran entlangfuhr bis zum Kopfteil, wo sie endlich stehen blieb und ein paar Sekunden in nahezu soldatisch strammer Haltung verharrte. Sie hob den Schleier über den Hut und beugte sich vor, breitete die Arme aus und legte sie auf die Sargwand, küsste meinen Großvater auf die Stirn und legte ihre Wange an sein wächsernes Haupt, als wollte sie eine Weile ruhen; dabei wandte sie ihr Gesicht nicht schützend dem Hauptaltar zu, sondern bot es uns offen dar. So konnten wir sehen, dass sie die Augen geschlossen hielt und dass ihr rot geschminkter Mund sich zu einem Lächeln verzog, das breit und immer breiter wurde, bis ihre Lippen sich zu einem lautlosen kleinen Lachen öffneten.

Schließlich löste sie sich vom Toten und kehrte in ihre aufrechte Haltung zurück, nahm die Handtasche aus der Armbeuge, öffnete sie und holte mit raschem Griff einen faustgroßen, runden, matt schimmernden Gegenstand hervor. Es war, wie wir wenig später feststellen sollten, eine alte Fahrradklingel mit halbkugelförmiger Glocke, deren Chromschicht von Haarrissen durchzogen und an einigen Stellen abgeblättert war. Sie verschloss die Handtasche und hängte sie zurück in ihre Armbeuge, und dann betätigte sie die Klingel zwei Mal. Rrii-Rring, Rrii-Rring. Während das Klingeln im Kirchenschiff widerhallte, legte sie die Klingel in den Sarg, drehte sich nach uns um und sah uns einem nach dem anderen gerade in die Augen. Sie begann links außen, wo die kleinsten Kinder mit ihren Vätern saßen, ging die ganze Reihe durch und verharrte bei jedem einzelnen für vielleicht eine Sekunde, und als sie rechts außen angelangt war, schenkte sie uns ein sieghaftes Lächeln, setzte sich in Bewegung und eilte klackenden Schrittes an der Familie vorbei durch den Mittelgang, dem Ausgang entgegen.

2. KAPITEL

Zu der Zeit, da mein Großvater Louise Janvier kennenlernte, war er siebzehn Jahre alt. Ich stelle ihn mir gern als ganz jungen Mann vor, wie er im Frühling 1918 in Cherbourg seinen Koffer aus verstärkter Pappe aufs Fahrrad band und das Haus seines Vaters für immer verließ.

Was ich über ihn als jungen Mann weiß, ist nicht sehr viel. Auf der einen Familienfotografie, die es aus jener Zeit gibt, ist er ein kräftiger Bursche mit hoher Stirn und unbändig blondem Haar, der das Treiben des Studiofotografen neugierig und mit spöttisch zur Seite geneigtem Kopf beobachtet. Weiter weiß ich aus seinen eigenen Erzählungen, die er im Alter wortkarg und mit gespieltem Widerwillen vortrug, dass er am Gymnasium oft fehlte, weil er lieber mit seinen besten Freunden, die Patrice und Joël hießen, an den Stränden von Cherbourg unterwegs war.

Zu dritt hatten sie an einem stürmischen Januarsonntag 1918, als kein vernünftiger Mensch sich dem Ozean auf Sichtweite nähern wollte, im Schneegestöber an der Ginsterböschung das angeschwemmte Wrack einer kleinen Segeljolle gefunden, die mittschiffs ein Loch hatte und auf ganzer Länge ein bisschen angesengt war. Sie hatten das Boot hinters nächste Gebüsch geschleppt und es in den folgenden Wochen, da der rechtmäßige Besitzer sich partout nicht bei ihnen melden wollte, eigenhändig mit großem Eifer repariert und geschrubbt und knallbunt angemalt, bis es aussah wie neu und nicht mehr wiederzuerkennen war.

Von da an fuhren sie in jeder freien Stunde hinaus auf den Ärmelkanal, um zu fischen, zu dösen und getrockneten Seetang zu rauchen in Tabakpfeifen, die sie aus Maiskolben geschnitzt hatten; wenn etwas Interessantes im Wasser dümpelte – eine Planke, das Sturmlicht eines versenkten Schiffes oder ein Rettungsring –, nahmen sie es mit. Manchmal fuhren Kriegsschiffe so nah an ihnen vorbei, dass ihr kleiner Kahn auf und ab hüpfte wie ein Kalb am ersten Frühlingstag auf der Weide. Oft blieben sie den ganzen Tag draußen, umrundeten das Kap und fuhren westwärts, bis am Horizont die britischen Kanalinseln auftauchten, und kehrten erst im letzten Licht der Abenddämmerung an Land zurück. An den Wochenenden verbrachten sie die Nächte in einer Fischerhütte, deren Besitzer am Tag seiner Einberufung nicht mehr die Zeit gehabt hatte, das rückseitige kleine Fenster ordentlich zu verbarrikadieren.

Léon Le Galls Vater – also mein Urgroßvater – wusste nichts von der Segeljolle seines Sohnes, nahm aber dessen Streunerei am Strand mit einiger Besorgnis zur Kenntnis. Er war ein zigarettenverschlingender, vor der Zeit gealterter Lateinlehrer, der sich in jungen Jahren nur deswegen fürs Lateinstudium entschieden hatte, weil er damit seinem Vater den größtmöglichen Verdruss hatte bereiten können; dieses Vergnügen hatte er in der Folge mit jahrzehntelangem Schuldienst bezahlt und war darob kleinlich, engherzig und bitter geworden. Um sein Latein vor sich selbst zu rechtfertigen und sich weiterhin lebendig zu fühlen, hatte er sich ein enzyklopädisches Wissen über die Zeugnisse römischer Zivilisation in der Bretagne angeeignet und betrieb dieses Steckenpferd mit einer Leidenschaft, die in groteskem Gegensatz zur Geringfügigkeit des Themas stand. Seine

endlosen, quälend eintönigen und von Kettenrauch beglei-
teten Referate über Tonscherben, Thermalbäder und Hee-
resstraßen waren am Gymnasium legendär und gefürchtet.
Die Schüler hielten sich schadlos, indem sie seine Zigarette beobachteten und darauf warteten, dass er damit an die
Wandtafel schrieb und die Kreide rauchte.

Dass er am Tag der Generalmobilmachung wegen seines
Asthmas zurückgestellt worden war, empfand er einerseits
als Glück, andrerseits als Schande, da er im Lehrerzimmer
der einzige Mann unter lauter jungen Frauen war. Fürch-
terlich war sein Zorn gewesen, als er von den Kolleginnen
hatte erfahren müssen, dass sein einziger Sohn seit Wochen
kaum mehr an der Schule gesehen worden war, und endlos waren seine Vorträge am Küchentisch gewesen, mit denen er den Jüngling vom Wert klassischer Bildung zu über-
zeugen versuchte. Dieser hatte über den Wert klassischer
Bildung nur gelächelt und seinerseits dem Alten darzule-
gen versucht, weshalb seine Anwesenheit am Strand gerade jetzt unabdingbar nötig sei: weil die Deutschen in den
letzten Wochen dazu übergegangen seien, ihre U-Boote
mit hölzernen Aufbauten und bunter Lackfarbe, mit be-
helfsmäßigen Segeln und falschen Netzen als Fischerboote
zu verkleiden.

Darauf wünschte der Vater zu erfahren, worin bitte der
kausale Zusammenhang zwischen deutschen U-Booten und
Léons Präsenz am Gymnasium liege.

Die verkleideten U-Boote, erklärte der Sohn geduldig, würden sich unerkannt französischen Fischkuttern nähern und
diese gnadenlos versenken, um die Versorgungslage des
französischen Volkes zu verschlechtern.

»Und?«, fragte der Vater, hustete und versuchte sich zu beruhigen. Jede Aufregung konnte ihn in eine asthmatische Krise stürzen.

Tag für Tag werde wertvollstes Treibgut an Land gespült – Teakholz, Messing, Stahl, Segeltuch, fassweise Petroleum …

»Und?«, fragte der Vater.

Diese kostbaren Rohstoffe müsse man bergen, bevor das Meer sie wieder mitnehme, sagte Léon.

Während ihre Auseinandersetzung unaufhaltsam dem dramaturgischen Höhepunkt zustrebte, saßen Vater und Sohn in jener scheinbar lässig-entspannten Haltung am Küchentisch, die allen Le Galls eigen ist; sie hatten die Beine lang unter dem Tisch ausgestreckt und lehnten sich weit über die Stuhllehne hinaus nach hinten, sodass ihr Hintern nur noch knapp auf der Stuhlkante auflag. Da sie beide große und schwere Männer waren, hatten sie ein feines Empfinden für die Schwerkraft und wussten, dass die horizontale Lage dem Zustand des Schwebens am nächsten kommt, weil in ihr jedes Körperglied nur sein Eigengewicht zu tragen hat und von der Masse des restlichen Leibs befreit ist, während im Sitzen oder Stehen ein Glied sich auf das andere türmt und sich in der Summe eine zentnerschwere Last ergibt. Jetzt aber waren sie wütend, und ihre Stimmen, die kaum voneinander zu unterscheiden waren, seit der Sohn den Stimmbruch hinter sich hatte, bebten vor mühsam im Zaum gehaltenem Zorn.

»Du gehst morgen wieder zur Schule«, sagte der Vater und unterdrückte einen Hustenreiz, der aus der Tiefe seiner Brust die Kehle hochstieg.

Die nationale Kriegswirtschaft sei dringend auf Rohstoffe angewiesen, erwiderte der Sohn.

»Du gehst morgen wieder zur Schule«, sagte der Vater.

Der Vater solle an die nationale Kriegswirtschaft denken, sagte der Sohn und registrierte beunruhigt, wie schwer der väterliche Atem ging.

»Die nationale Kriegswirtschaft kann mich am Arsch lecken«, keuchte der Vater. Dann hatte er einen Hustenanfall, der das Gespräch für eine Minute unterbrach.

Und ein hübsches Taschengeld lasse sich damit auch verdienen, sagte der Sohn.

»Erstens ist das kriminelles Geld«, keuchte der Vater. »Und zweitens gilt das Absenzenreglement des Gymnasiums für alle, also auch für dich und deine Freunde. Es gefällt mir nicht, dass ihr euch jede Freiheit herausnehmt.«

Was der Vater gegen Freiheit einzuwenden habe, fragte der Sohn, und ob er jemals bedacht habe, dass jedes Gesetz, um Beachtung zu verdienen, Ausdruck einer Sinngebung sein müsse.

»Ihr nehmt euch jede Freiheit allein schon deshalb heraus, weil sie eine Freiheit ist«, ächzte der Vater.

»Und?«

»Es ist aber gerade das Wesen eines Reglements, dass es für jeden ohne Ansehen der Person gilt – auch und gerade für jene, die sich für schlauer halten als andere.«

»Es ist doch aber eine nicht zu leugnende Tatsache, dass manche Menschen schlauer sind als andere«, wandte der Sohn vorsichtig ein.

»Erstens tut das nichts zur Sache«, sagte der Vater, »und zweitens hast gerade du dich bisher, soweit ich orientiert bin, im Unterricht keineswegs überragender geistiger Kräfte verdächtig gemacht. Du gehst morgen wieder zur Schule.«

»Nein«, sagte der Sohn.

»Du gehst morgen wieder zur Schule!«, brüllte der Vater.

»Ich gehe überhaupt nie wieder zur Schule!«, brüllte der Sohn.

»Solange du deine Füße unter meinen Tisch streckst, tust du, was ich sage!«

»Du hast mir gar nichts zu befehlen!«

Nach diesem geradezu klassischen Wortwechsel artete die Auseinandersetzung in eine Prügelei aus, bei der die beiden sich auf dem Küchenboden wälzten wie Schulbuben und nur deshalb kein Blut vergossen, weil die Mutter rasch und beherzt eingriff.

»Jetzt ist Schluss«, sagte sie und hob ihre zwei Männer, von denen der eine weinte und der andere zu ersticken drohte, an den Ohrläppchen hoch. »Du, Chéri, nimmst jetzt dein Laudanum und gehst zu Bett, ich komme gleich nach. Und du, Léon, gehst morgen früh zum Bürgermeister und meldest dich zum Arbeitsdienst. Wo dir doch die nationale Kriegswirtschaft so sehr am Herzen liegt.«

Wie sich am nächsten Morgen herausstellte, konnte die nationale Kriegswirtschaft den Gymnasiasten Le Gall aus Cherbourg tatsächlich gebrauchen – aber nicht am Strand, wie er gehofft hatte. Der Bürgermeister drohte ihm im Gegenteil drei Monate Gefängnis an für den Fall, dass er sich noch einmal widerrechtlich Strandgut aneigne, und befragte ihn eingehend nach seinen anderweitigen kriegswirtschaftlich relevanten Kenntnissen und Fähigkeiten.

Dabei erwies es sich, dass Léon zwar kräftig gebaut war, aber keinerlei Neigung zum Einsatz seiner Muskelkraft hatte. Er wollte kein Bauernknecht sein und auch kein Fließbandarbeiter, und den Handlanger für einen Schmied oder Zimmermann machen wollte er auch nicht. Ähnlich war's mit seinen geistigen Kräften: Zwar war er nicht eigentlich dumm, aber am Gymnasium hatte er für kein Fach eine Vorliebe erkennen lassen und in keinem sonderlich dicke Stricke zerrissen, weshalb er auch für seine berufliche Zukunft keine festen Pläne oder Wünsche hatte. Natürlich wäre er gern im Dienst des Vaterlands mit seiner Segeljolle auf Spionagefahrt in die Nordsee gefahren und hätte gefälschte Reichsmark an der deutschen Küste in Umlauf gebracht, um die feindliche Währung zu destabilisieren; aber weil das keine realistische Berufsperspektive war, zuckte er nur mit den Schultern, als der Bürgermeister ihn nach seinen Plänen fragte. Das Interesse an der nationalen Kriegswirtschaft war ihm schon gänzlich abhandengekommen. Erschwerend kam hinzu, dass der Bürgermeister einen Hals wie ein Truthahn und eine rotblau geäderte Nase hatte. Wie die meisten jungen Leute hatte Léon ein starkes ästhetisches Empfinden und konnte sich nicht vorstellen, dass man einen Menschen mit so einem Hals und so einer Nase ernst nehmen konnte. Der Bürgermeister ging mürrisch die Liste der offenen Stellen durch, die der Kriegsminister ihm geschickt hatte.

»Na, mal sehen. Ah, hier. Kannst du Traktor fahren?«

»Nein, Monsieur.«

»Und hier – Lichtbogenschweißer gesucht. Kannst du schweißen?«

»Nein, Monsieur.«

»Verstehe. Optische Linsen schleifen kannst du wohl auch nicht, wie?«

»Nein, Monsieur.«

»Und Spulen für Elektromotoren wickeln? Eine Straßenbahn lenken? Pistolenläufe drehen?« Der Bürgermeister lachte ein wenig, die Sache begann ihm Spaß zu machen.

»Nein, Monsieur.«

»Bist du vielleicht Facharzt für innere Medizin? Experte für internationales Handelsrecht? Elektroingenieur? Tiefbauzeichner? Sattler oder Wagner?«

»Nein, Monsieur.«

»Dachte ich mir. Von Ledergerberei und doppelter Buchhaltung verstehst du auch nichts, wie? Und Kisuaheli – sprichst du Kisuaheli? Kannst du stepptanzen? Morsen? Die Zugkraft von Hängebrückenstahlseilen berechnen?«

»Jawohl, Monsieur.«

»Wie … Kisuaheli? Hängebrückenstahlseile?«

»Morsen, Monsieur. Ich kann morsen.«

Tatsächlich hatte die Jugendzeitschrift *Le Petit Inventeur,* auf die Léon abonniert war, wenige Wochen zuvor das Morsealphabet abgedruckt, und Léon hatte es aus einer Laune heraus auswendig gelernt an einem regnerischen Sonntagnachmittag.

»Stimmt das denn auch, Kleiner? Schwindelst du mich nicht an?«

»Nein, Monsieur.«

»Dann wäre das doch etwas! Der Bahnhof von Saint-Luc-sur-Marne sucht einen Morseassistenten als Stellvertreter des ordentlichen Stelleninhabers. Frachtbriefe ausstellen, Ankunft und Abfahrt der Züge vermelden, aushilfsweise Fahrkarten verkaufen. Traust du dir das zu?«

»Jawohl, Monsieur.«

»Mindestalter sechzehn, männlich, Homosexuelle, Geschlechtskranke und Kommunisten unerwünscht. Du bist doch nicht etwa – Kommunist?«

»Nein, Monsieur.«

»Na, dann morse mir mal was. Morse mir, mal sehen, ah ja:

Aus der Tiefe rufe ich, Herr, zu dir. Na los, gleich hier auf dem Schreibtisch!«

Léon hielt die Luft an, schaute kurz zur Decke hoch und begann mit dem Mittelfinger der rechten Hand zu trommeln. Kurz-kurz-lang, kurz-lang-kurz, kurz-kurz-kurz …

»Das reicht«, sagte der Bürgermeister, der das Morsealphabet nicht beherrschte und außerstande war, Léons Fingerfertigkeit zu bewerten.

»Ich kann morsen, Monsieur. Wo bitte liegt Saint-Luc-sur-Marne?«

»An der Marne, du Holzkopf, irgendwo zwischen Schnittlauch und Stangenbohnen. Keine Angst, die Front verläuft jetzt woanders. Dringliche Ausschreibung, du kannst sofort anfangen. Bekommst sogar Lohn, hundertzwanzig Franc. Wir können es ja versuchen.«

So kam es, dass Léon Le Gall an einem Frühlingstag des Jahres 1918 seinen Pappkoffer aufs Fahrrad band, innig seine Mutter küsste und nach kurzem Zögern auch den Vater umarmte, aufs Rad stieg und in die Pedale trat. Er beschleunigte, als müsste er am Ende der Rue des Fossés vom Boden abheben wie Louis Blériot, der kürzlich mit seinem aus Eschenholz und Fahrradrädern selbstgebastelten Flugzeug den Ärmelkanal überquert hatte. Er raste vorbei an den armseligen, tapfer wohlanständigen Kleinbürgerhäusern, in denen seine Freunde Patrice und Joël gerade sägemehlhaltiges Kriegsbrot vom Vortag in ihren Milchkaffee tunkten, vorbei an der Bäckerei, aus der fast jeder Bissen Brot stammte, den er in seinem Leben gegessen hatte, und vorbei am Gymnasium, an dem sein Vater noch vierzehn Jahre, drei Monate und zwei Wochen sein täglich Brot verdienen würde. Er fuhr vorbei am großen Hafenbecken, in dem ein amerikanischer Getreidetanker friedlich neben britischen und französischen Kriegsschiffen lag, überquerte die Brücke und bog rechts in die Avenue de Paris ein, glücklich und ohne jeden Gedanken daran, dass er das alles möglicherweise nie wiedersehen würde, fuhr vorbei an Lagerhäusern, Hebekränen und Trockendocks, hinaus aus der Stadt und hinein in die endlosen Wiesen und Weiden der Normandie. Nach zehn Minuten Fahrt versperrte eine Herde Kühe die Straße, er musste halten; danach fuhr er langsamer.

In der Nacht zuvor hatte es geregnet, die Straße war angenehm feucht und staubfrei. Auf dampfenden Wiesen standen blühende Apfelbäume und weidende Kühe. Léon fuhr der Sonne entgegen. Er hatte leichten Westwind im Rücken und kam rasch voran. Nach einer Stunde zog er die Jacke aus und band sie auf den Koffer. Er überholte ein Fuhrwerk, das von einem Maulesel gezogen wurde. Dann kreuzte er eine Bäuerin mit einer Schubkarre und fuhr an einem Lastwagen vorbei, der mit rauchendem Motor am Straßenrand stand. Pferde sah er keine; Léon hatte im *Petit Inventeur* gelesen, dass nahezu sämtliche Pferde Frankreichs an der Front Dienst taten.

Am Mittag aß er das Schinkenbrot, das ihm die Mutter eingepackt hatte, und trank Wasser aus einem Dorfbrunnen. Nachmittags legte er sich unter einen Apfelbaum, blinzelte hoch in die weißrosa Blüten und zartgrünen Blätter und stellte fest, dass der Baum seit Jahren nicht mehr geschnitten worden war.

Am Abend traf er in Caen ein, wo er bei Tante Simone übernachten sollte. Sie war die jüngste Schwester jenes Serge Le Gall, dem ein Gefängnisinsasse mit einer Axt den Schädel gespalten hatte. Es war ein paar Jahre her, dass Léon sie zum letzten Mal gesehen hatte; er erinnerte sich an die vollen Brüste unter ihrer Bluse, an ihr Gelächter und ihren großen roten Frauenmund und dass ihr Drachen am Strand höher gestiegen war als alle anderen. Aber dann waren kurz nacheinander ihr Mann und ihre beiden Söhne in den Krieg gezogen, und seither schrieb Tante Simone, fast wahnsinnig vor Kummer und Sorge, jeden Tag drei Briefe nach Verdun.

»Da bist du also«, sagte sie und ließ ihn eintreten. Das Haus roch nach Kampfer und toten Fliegen. Ihr Haar war wirr, der Mund fahl und rissig. In der rechten Hand hielt sie einen Rosenkranz.

Léon küsste sie auf beide Wangen und richtete die Grüße seiner Eltern aus.

»Auf dem Küchentisch stehen Brot und Käse«, sagte sie. »Und eine Flasche Cidre, wenn du willst.«

Er überreichte ihr die gebrannten Mandeln, die seine Mutter ihm als Gastgeschenk mitgegeben hatte.

»Danke. Geh jetzt in die Küche und iss. Du schläfst neben mir heute Nacht, das Bett ist breit genug.«

Léon machte große Augen.

»Das Bubenzimmer kannst du nicht haben, das habe ich zusammen mit dem Schlafzimmer vermieten müssen an Flüchtlinge aus dem Norden. Und das Sofa im Salon habe ich verkauft, weil ich Platz für das Bett brauchte.«

Léon machte den Mund auf und wollte etwas sagen.

»Das Bett ist breit genug, stell dich nicht so an«, sagte sie und fuhr sich mit der Hand durchs matte Haar. »Ich bin müde vom langen Tag und habe nicht die Kraft, mich mit dir herumzuschlagen.«

Ohne ein weiteres Wort ging sie hinüber in den Salon und schlüpfte mit all ihren Röcken, Blusen, Schlüpfern und Strümpfen unter die Decke, drehte sich zur Wand und rührte sich nicht mehr.

Léon ging in die Küche. Er aß Brot und Käse, schaute durchs Fenster auf die Straße und trank, während er auf die Dunkelheit wartete, die ganze Flasche Cidre leer. Erst als er Tante Simone schnarchen hörte, ging er hinüber in den Salon und legte sich neben sie, atmete den süßsauren Duft ihres weiblichen Schweißes und wartete darauf, dass ihn die Zauberkraft des Cidre hinübertrug in die andere Welt.

Als er am nächsten Morgen die Augen aufschlug, lag Tante Simone in unveränderter Haltung neben ihm, aber sie schnarchte nicht mehr. Léon fühlte, dass sie sich schlafend stellte und darauf wartete, dass er aus ihrem Haus verschwand. Er nahm seine Schuhe in die rechte Hand und den Koffer in die linke und schlich leise die Treppe hinunter.

Es war ein windstiller, sonniger Morgen. Léon nahm die Küstenstraße über Houlgate und Honfleur; weil gerade Ebbe war, hievte er sein Fahrrad über die Mauer hinunter zum Strand und fuhr einige Kilometer auf dem nassen, harten Sand der Wasserlinie entlang. Der Sand war gelb, das Meer war grün und wurde zum Himmel hin blau; die wenigen Kinder, die im Sand spielten, trugen rote Badeanzüge, ihre Mütter weiße Röcke; manchmal standen alte Männer in schwarzen Jacketts im Sand und stocherten mit ihren Stöcken in vertrocknetem Algengewirr.

Weil sein Vater und der Bürgermeister von Cherbourg weit

weg waren und ihn unmöglich sehen konnten, hielt Léon ein wenig Ausschau nach Strandgut. Er fand ein ziemlich langes, nicht sehr zerfranstes Stück Seil, ein paar Flaschen, ein Fensterkreuz samt Verschlussgestänge und einen halbvollen Kanister Petroleum.

Mittags traf er in Deauville ein und abends in Rouen, wo er bei Tante Sophie übernachten sollte; zuvor aber, das hatte ihm der Vater dringend ans Herz gelegt, sollte er die Kathedrale besichtigen, weil sie eines der schönsten Zeugnisse gotischer Baukunst sei. Léon zog in Erwägung, sowohl die Tante als auch das Zeugnis gotischer Baukunst fahren zu lassen und irgendwo auf freiem Feld zu übernachten. Dann bedachte er, dass die Tage im April zwar lang, die Nächte aber immer noch feucht und kühl waren und dass Tante Sophie weder Mann noch Söhne in Verdun haben konnte, weil sie zeitlebens ledig geblieben war; zudem war sie berühmt für ihren Apfelkuchen. Als er bei ihr eintraf, stand sie in ihrer weiß gestärkten Schürze im Vorgarten und winkte ihm zu.

Am dritten Tag stellte er beim Aufstehen fest, dass er fürchterlichen Muskelkater hatte. Das Treppensteigen war eine Qual, die erste Stunde auf dem Rad eine Tortur; danach ging es besser. Der Wind hatte auf Norden gedreht, Nieselregen setzte ein. Von Süden her kreuzten lange Kolonnen von Armeelastwagen seinen Weg; unter den Planen saßen Soldaten mit mürrischen Gesichtern, die Zigaretten rauchten und ihre Gewehre zwischen den Knien hielten. Mittags kam er an einem abgebrannten Bauernhof vorbei. Grüne Wicken rankten sich an schwarzen Balken empor, im Schweinekoben wuchsen junge Birken, aus den schwarzen Fensterlöchern drang modriger Kohlegeruch; im Miststock steckte eine rostige Mistgabel ohne Stiel. Er nahm sie an sich und steckte sie zu den anderen Fundsachen auf dem Gepäckträger.

Léon wusste, dass er seinem Ziel nun nahe war; hinter dem nächsten oder übernächsten Hügel musste der Kirchturm von Saint-Luc-sur-Marne auftauchen. Tatsächlich lag hinter der nächsten Anhöhe ein Dorf mit einer Kirche, aber es war nicht Saint-Luc. Léon durchquerte das Dorf und erklomm den nächsten Hügel, fuhr hinunter ins nächste Dorf und hinauf auf den nächsten Hügel, hinter dem wiederum ein Dorf lag und hinter diesem wiederum ein Hügel. Er beugte sich tief über den Lenker, versuchte seine Schmerzen zu ignorieren und stellte sich vor, er sei eine fest mit dem Rad verbundene Maschine, der es gleichgültig war, wie viele Hügel hinter dem nächsten Hügel noch folgen mochten.

Es war später Nachmittag, als es mit den Hügeln endlich ein Ende hatte. Vor Léon lag eine Allee, die schnurgerade über eine endlose Ebene führte. Die Fahrt in der Waagrechten war eine Wohltat, zudem schien es ihm, als schützten ihn die Platanen ein wenig vor dem Seitenwind. Da hörte er in seinem Rücken ein Geräusch – ein kurzes Quietschen, das sich in hastiger Folge gleichmäßig wiederholte und stetig lauter wurde. Léon drehte sich um.

Was er sah, war eine junge Frau auf einem alten, ziemlich rostigen Herrenfahrrad, die locker aufrecht auf dem Sattel saß und rasch näher kam; das Quietschen wurde offenbar durch das rechte Pedal verursacht, das bei jeder Umdrehung das Blech des Kettenschutzes streifte. Sie kam sehr rasch näher, gleich würde sie ihn überholen; um das zu verhindern, stieg er aus dem Sattel. Aber nach wenigen Sekunden war sie heran, winkte ihm zu, rief »Bonjour!« und zog leichthin vorbei, als würde er am Straßenrand stillstehen.

Léon schaute ihr hinterher, wie sie in der weiten Ebene unter leiser werdendem Quietschen klein und immer kleiner wurde und schließlich an jenem Punkt verschwand, an dem die Doppelreihe der Platanen an den Horizont stieß. Ein sonderbares Mädchen war das gewesen. Sommersprossen und dichtes dunkles Haar, das sie, womöglich eigenhändig, am Hinterkopf von einem Ohrläppchen zum anderen durchgehend auf gleicher Höhe abgesäbelt hatte. Ungefähr in seinem Alter, vielleicht etwas jünger oder älter, das war schwer zu sagen. Großer Mund und zartes Kinn. Ein nettes Lächeln. Kleine weiße Zähne und eine lustige Lücke zwischen den oberen Schneidezähnen. Die Augen – grün? Eine weiße Bluse mit roten Punkten, die sie zehn Jahre älter gemacht hätte, wenn nicht der blaue Schülerinnenrock sie wieder zehn Jahre jünger gemacht hätte. Hübsche Beine, soweit er das in der Kürze der Zeit hatte beurteilen können. Und verdammt schnell gefahren war sie.

Léon fühlte seine Müdigkeit nicht mehr, die Beine taten wieder ihren Dienst. Ein sensationelles Mädchen war das gewesen. Er versuchte sich ihr Bild vor Augen zu halten und wunderte sich, dass es ihm schon nicht mehr gelingen wollte. Wohl sah er die rotweiß gepunktete Bluse, die strampelnden Beine, die ausgetretenen Schnürschuhe und das Lächeln, das übrigens nicht nur nett, sondern hinreißend, umwerfend, beglückend, atemberaubend, herzzerreißend gewesen war in seiner Mischung aus Freundlichkeit, Klugheit, Spott und Scheu. Aber die einzelnen Teile wollten sich, sosehr er sich bemühte, nicht zu einem Ganzen fügen, immer sah er nur Glieder, Farben, Formen – die Erscheinung als Ganzes verweigerte sich ihm.

Deutlich im Ohr hatte er immerhin das Quietschen der Pedale auf dem Kettenschutz, ebenso ihr helles »Bonjour!« – da fiel ihm ein, dass er nicht zurückgegrüßt hatte. Verärgert schlug er mit der rechten Hand auf die Lenkstange, dass das Rad einen Schlenker machte und er beinahe gestürzt wäre. »Bonjour, Mademoiselle!«, sagte er leise, als ob er üben würde, dann kräftiger, entschiedener: »Bonjour!«, und dann noch eine Nuance männlicher, selbstbewusster: »Bonjour!«

Léon erneuerte seinen vor der Abreise gefassten Vorsatz, in Saint-Luc ein neues Leben zu beginnen. Er würde ab sofort seinen Kaffee nicht mehr zu Hause, sondern im Bistrot trinken und immer fünfzehn Prozent Trinkgeld auf den Tresen legen, und er würde nicht mehr den *Petit Inventeur* lesen, sondern den *Figaro* und den *Parisien,* und er würde auf dem Trottoir nicht mehr rennen, sondern schlendern. Und wenn eine junge Frau ihn grüßte, würde er nicht mit offenem Mund gaffen, sondern ihr einen kurzen, scharfen Blick zuwerfen und dann lässig zurückgrüßen.

Bleischwer war die Müdigkeit in seine Beine zurückgekehrt. Jetzt verwünschte er die uferlose Ebene. Die Hügellandschaft vorhin hatte immerhin ein Wechselspiel von Hoffnung und Enttäuschung geboten, jetzt gab es nur mehr illusionslose Klarheit, dass das Ziel noch fern war. Um die Weite nicht mehr sehen zu müssen, legte er seine Unterarme auf die Lenkstange und ließ den Kopf zwischen die Schultern fallen, beobachtete das Auf und Ab seiner Füße und behielt, damit er nicht vom Weg abkam, den Straßengraben im Auge.

So bemerkte er nicht, dass weit vor ihm die Wolkendecke aufriss und ein Bündel schräger Sonnenstrahlen auf die grünen Weizenfelder fiel und dass am Horizont zwischen den Platanen ein Punkt auftauchte, der rasch größer wurde und eine rotweiß gepunktete Bluse trug. Léon bemerkte auch nicht, dass die junge Frau diesmal freihändig fuhr, und als er das vertraute Quietschen hörte, war sie schon heran, zeigte ihm ihre Zähne mit der hübschen Lücke in der Mitte, winkte ihm zu und fuhr vorbei.

»Bonjour!«, rief Léon und ärgerte sich, dass er aufs Neue zu spät gekommen war. Fehlte nur noch, dass sie ihn, da sie nun wieder in seinem Rücken war, ein zweites Mal überholte; diese Demütigung wollte er sich ersparen. Er beugte sich über den Lenker, versuchte zu beschleunigen und schaute schon nach wenigen hundert Metern besorgt nach hinten, ob sie wieder am Horizont auftauche; bald aber richtete er sich auf und zwang sich, langsamer zu fahren. Schließlich war es sehr unwahrscheinlich, dass die rasante Person binnen weniger Minuten ein drittes Mal über dieselbe Straße fahren würde. Und falls doch, würde er das Rennen – das für sie ja noch nicht mal eines war – sowieso verlieren. Er hielt an und legte sein Rad in den Kies, sprang über den Straßengraben und streckte sich lang im Gras aus. Nun konnte sie ruhig kommen. Er würde im Gras liegen und an einem Grashalm kauen wie einer, der gerade Lust auf eine kleine Rast hatte, und er würde mit dem Zeigefinger an den Mützenrand tippen und laut und deutlich »Bonjour!« rufen.

Léon aß das letzte der drei Käsebrote, die Tante Sophie ihm mitgegeben hatte. Er zog die Schuhe aus und rieb seine brennenden Füße, und ab und zu schielte er nach links über die einsame Straße. Ein Windstoß brachte etwas Nieselregen, der aber rasch wieder aufhörte. Ein nachtblauer Lastwagen fuhr vorbei, an dessen Seitenwänden in goldener Schrift »L'Espoir« stand, etwas später trottete ein schwarzweißer Hund querfeldein. Plötzlich wurde ihm klar, wie sehr er sich gerade zum Affen machte mit seinem Grashalm und der ostentativen Entspanntheit; selbstverständlich würde das Mädchen, falls es nochmal vorbeikäme, die Komödie auf den ersten Blick durchschauen. Er spuckte den Grashalm aus und zog seine Schuhe wieder an, sprang über den Wassergraben zurück auf die Straße und stieg aufs Rad.

3. KAPITEL

Der Bahnhof von Saint-Luc-sur-Marne lag einen halben Kilometer vor der Stadt zwischen Weizenfeldern und Kartoffeläckern an einer Nebenlinie der *Chemins de Fer du Nord*. Das Stationsgebäude bestand aus rotem Backstein, der Güterschuppen aus verwittertem Fichtenholz. Léon bekam eine schwarze Uniform, die Sergeantenstreifen an den Ärmeln hatte und ihm erstaunlicherweise wie angegossen saß. Er war der einzige Untergebene seines einzigen Vorgesetzten, des Bahnhofsvorstehers Antoine Barthélemy. Dieser war ein hageres, friedfertiges Männchen mit Tabakpfeife und einem Schnurrbart à la Vercingetorix, das wortkarg und gewissenhaft seinen Dienst tat. Tag für Tag brachte er viele Stunden damit zu, im Dienstbüro kleine geometrische Muster auf seinen Schreibblock zu zeichnen in geduldiger Erwartung des Augenblicks, da er in seine Dienstwohnung im Obergeschoss über der Schalterhalle zurückkehren durfte. Dort erwartete ihn seit vielen Jahrzehnten rund um die Uhr sehnsüchtig seine Frau Josianne, die rosige Wangen und runde Hüften hatte, leicht in herzhaftes Lachen ausbrach und eine ausgezeichnete Köchin war.

Gerade viel zu tun gab es nicht am Bahnhof von Saint-Luc-sur-Marne. Am Morgen wie am Nachmittag hielten fahrplanmäßig je drei Regionalzüge in beide Richtungen; die Schnellzüge fuhren mit großer Geschwindigkeit vorüber und zogen einen Fahrtwind hinter sich her, dass einem auf dem Bahnsteig die Atemluft wegblieb. Nachts um zwei Uhr siebenundzwanzig fuhr der Nachtzug Calais-Paris vorbei mit seinen dunklen Schlafwagen, in denen ab und zu ein Fenster erleuchtet war, weil ein reicher Reisender in seinem weichen Bett nicht in den Schlaf fand.

Zu Léon Le Galls eigener Überraschung war er seiner Aufgabe als Morseassistent vom ersten Tag an einigermaßen gewachsen. Sein Dienst begann morgens um acht und endete abends um acht, mit einer Stunde Pause am Mittag. Sonntags hatte er frei. Es gehörte zu seinen Pflichten, bei der Einfahrt eines Zuges auf den Bahnsteig hinauszutreten und dem Lokführer mit einer kleinen roten Fahne zu winken. Morgens musste er den Postsack und den Sack mit den Pariser Zeitungen gegen die leeren Säcke vom Vortag tauschen. Wenn ein Bauer eine Kiste Lauch oder Frühlingszwiebeln als Stückgut zum Spedieren aufgab, musste er die Ware wiegen und einen Frachtbrief ausstellen. Und wenn das Morsegerät tickte, musste er den Papierstreifen abreißen und die Nachricht auf ein Telegrammformular übertragen. Es waren stets dienstliche Mitteilungen, das Morsegerät diente ausschließlich der Bahn.

Natürlich hatte Léon dreist gelogen, als er behauptet hatte, er könne morsen, und den Praxistest auf dem Schreibtisch hatte er nur deswegen bestanden, weil der Bürgermeister von der Materie noch weniger Ahnung hatte als er selbst. Glücklicherweise aber war der Bahnhof von Saint-Luc ein abgeschiedener Ort, an dem höchstens vier oder fünf Telegramme täglich eintrafen; so hatte Léon alle Zeit der Welt, diese mithilfe des *Petit Inventeur*, den er vorsorglich eingesteckt hatte, zu entziffern.

Etwas umständlicher war's, wenn er selbst eine Nachricht verschicken musste, was etwa jeden zweiten Tag vorkam.

Dann schloss er sich, bevor er ans Morsegerät ging, mit Papier und Bleistift auf der Toilette ein und übertrug die lateinischen Buchstaben in Punkte und Striche. Das ging gut, solange die Telegramme aus nur wenigen Wörtern bestanden. Am Montag der dritten Woche aber drückte ihm der Chef den Monatsrapport in die Hand und beauftragte ihn, diesen vollumfänglich und wortgetreu an die Kreisdirektion nach Reims zu übermitteln.

»Per Post?«, fragte Léon und blätterte den Rapport durch, der aus vier ziemlich eng beschriebenen Seiten bestand.

»Telegrafisch«, sagte der Chef. »Ist Vorschrift.«

»Wieso?«

»Keine Ahnung. Ist einfach Vorschrift. War schon immer so.«

Léon nickte und überlegte, was zu tun sei. Als der Chef wie gewohnt pünktlich um halb zehn zum Kaffeetrinken hinauf zu seiner Josianne stieg, griff er zum Telefon, ließ sich mit der Kreisdirektion in Reims verbinden und begann den Rapport zu diktieren, als wäre das seit Jahrzehnten so und nicht anders guter Brauch. Und als die Telefonistin sich über die ungewohnte Mehrarbeit beschwerte, erklärte er ihr, letzte Nacht habe der Blitz eingeschlagen und das Morsegerät außer Funktion gesetzt.

Léons Zimmer lag weitab von der Wohnung des Bahnhofsvorstehers im Obergeschoss des Güterschuppens. Er hatte ein eigenes Bett und einen Tisch samt Stuhl sowie einen Waschtisch mit Spiegel und ein Fenster mit Blick auf das Gleis. Hier war er ungestört und konnte tun und lassen, was er wollte. Meist tat er nicht viel, sondern lag nur auf dem Bett mit am Hinterkopf verschränkten Händen und betrachtete die Maserung des Gebälks.

Mittags und abends brachte ihm die Frau des Bahnhofsvorstehers, die er Madame Josianne nennen durfte, sein Essen; dabei überschüttete sie ihn mit mütterlicher Fürsorge und verbalen Zärtlichkeiten, nannte ihn Liebling, Engel, Pferdchen und Goldstück, erkundigte sich nach der Qualität seiner Verdauung, seines Schlafs und seines seelischen Befindens und bot sich an, ihm die Haare zu schneiden, Wollsocken zu stricken, die Beichte abzunehmen und die Wäsche zu waschen.

Ansonsten behelligte ihn niemand, das genoss er sehr. Wenn ein Zug vorbeifuhr, trat er ans Fenster, zählte die Personen-, Güter- und Viehwagen und versuchte zu erraten, was sie transportierten. Einmal nahm er eine Zeitung mit aufs Zimmer, die ein Reisender auf der Wartebank liegen gelassen hatte, aber nach wenigen Minuten war er der Meldungen über Clemenceaus Kabinettsbildung, die Butter-Rationierung, Truppenverschiebungen am Chemin des Dames und Goldabgaben an die *Banque de France* müde; auch für die nationale Kriegswirtschaft brachte er nun, da der Strand von Cherbourg so weit weg war, kein rechtes Interesse mehr auf. Und allmählich gestand er sich ein, dass ihn auf dieser Welt genau genommen nur eines interessierte – das war das Mädchen mit der rotweiß gepunkteten Bluse.

Obwohl er sie seit dem Tag seiner Ankunft nicht mehr gesehen hatte, musste er immerzu, ob er wollte oder nicht, an sie denken. Wie sie wohl heißen mochte – Jeanne? Marianne? Dominique? Virginie? Françoise? Sophie? Jeden Namen sprach er zur Probe leise aus und schrieb ihn mit dem Finger auf die geblümte Tapete neben seinem Bett.

Léon fühlte sich wohl in seinem neuen Zuhause, sein altes

Leben fehlte ihm nicht. Weshalb hätte er Heimweh haben sollen? Wenn er wollte, konnte er jederzeit auf sein Rad steigen und nach Cherbourg zurückkehren. Seine Eltern würden ihn bis ans Ende ihrer Tage mit offenen Armen empfangen in ihrem ewig gleichen Häuschen an der Rue des Fossées, und der Strand von Cherbourg würde am Tag seiner Heimkehr genau gleich daliegen, wie er ihn verlassen hatte, und er würde mit Joël und Patrice auf der Segeljolle ausfahren, als sei inzwischen keine Zeit vergangen, und schon nach drei Tagen würde jedermann in Cherbourg vergessen haben, dass er überhaupt weggegangen war. Zu überstürzter Heimkehr bestand also, auch wenn er sich zuweilen einsam fühlte, kein Anlass. Fürs Erste konnte er genauso gut in Saint-Luc bleiben und sein neues, selbstbestimmtes Leben erproben.

Unangenehm an seinem Zimmer war nur, dass das Gebälk und die Holzwände des Güterschuppens knarrten, ächzten und knirschten, dass es einem unheimlich werden konnte. Sie quarrten tagsüber, wenn die Sonne sie erwärmte, und sie girrten abends, wenn sie sich wieder abkühlten; sie knackten im Morgengrauen, wenn die Kälte der Nacht am größten war, und sie knarzten bei Sonnenaufgang, wenn sie sich wieder erwärmten. Mal klang es, als würde jemand die Treppe hinauf zu Léons Zimmer steigen, dann wieder, als schleiche einer durch den Dachstock oder als kratze jemand nebenan mit einem Schraubenzieher über die Wand. Léon wusste wohl, dass da niemand war, musste aber trotzdem immer horchen und fand nie vor Mitternacht in den Schlaf.

So gewöhnte er sich an, nach dem Abendessen mit dem Fahrrad ausgedehnte Streifzüge durchs Umland zu unternehmen und erst lang nach Einbruch der Nacht, wenn er richtig müde war, heimzukehren. Weil aber das Meer weit weg war und es in weitem Umkreis nichts anderes zu sehen gab als Weizen- und Kartoffelfelder, zwischen denen undurchdringliche Haselhecken und brackige kleine Entwässerungskanäle verliefen, wurden seine Ausfahrten immer kürzer und endeten immer rascher im Städtchen.

In jenem Frühsommer 1918 bestand Saint-Luc-sur-Marne aus etwa hundert Häusern, die in konzentrischen Kreisen um die Place de la République angeordnet waren. Im innersten Kreis standen ein pompöses klassizistisches Rathaus, eine im selben Stil erbaute Grundschule sowie ein paar Bürgerhäuser. Außerdem gab es eine Markthalle, die *Brasserie des Artistes* und das *Café du Commerce* sowie eine romanische Kirche, an deren hinterem Ende der Bürgermeister gegen den erbitterten Widerstand des Pfarrers mit republikanischer Boshaftigkeit ein Urinal hatte anbauen lassen. Im mittleren Kreis gab es das Postamt und zwei Bäckereien, einen Friseur und einen Spezereiladen, zudem eine Metzgerei sowie einen Eisenwarenladen und eine Kleiderboutique namens *Aux Galeries Place Vendôme*, in der die Bürgerinnen des Städtchens und die Bäuerinnen des Umlands einkauften, was sie für Pariser Chic hielten. Im äußersten Kreis fanden sich zwischen einfachen Wohnhäusern die Schmiede und die Tischlerei sowie der Verkaufsladen der landwirtschaftlichen Genossenschaft, weiter die Sattlerei und das Kriegerdenkmal für die Gefallenen von 1870 und schließlich das Bestattungsinstitut sowie eine mechanische Werkstatt und das Feuerwehrlokal.

Im ersten Jahr war die Front für ein paar Wochen ungemütlich nahe gerückt und im dritten Jahr nochmal, und beinahe in Sichtweite gab es Trümmerfelder zu besichtigen, die früher blühende Dörfer gewesen waren; Saint-Luc selbst aber war verschont geblieben von den Schrecken des Krieges. Das Schlimmste, was das Städtchen zu erdulden gehabt hatte, war die Requisition des Feuerlöschwagens durch einen vorbeiziehenden Truppenkommandanten sowie der gelegentliche Einfall von Soldatenhorden auf Fronturlaub, die wild entschlossen waren, ihren Sold in einer Nacht zu verprassen. Ansonsten hatte man sich in Saint-Luc an den eigenartigen Umstand gewöhnt, dass der Krieg nur dort wütete, wo er tatsächlich stattfand, während gleich um die Ecke die Butterblumen blühten, die Marktfrauen ihre Waren feilboten und die Mütter ihren Töchtern bunte Bänder ins Haar flochten.

Als Neuankömmling hatte Léon geglaubt, das *Café du Commerce* sei das Stammlokal der Gewerbetreibenden, die *Brasserie des Artistes* hingegen Treffpunkt der lokalen Künstler und Intellektuellen; aber natürlich war es umgekehrt. Denn wie überall auf der Welt litten auch in Saint-Luc die erfolgreichsten Rechtsanwälte, Händler und Handwerker abends, wenn sie ihre Tageseinnahmen gezählt und sicher im Geldschrank versperrt hatten, auf moderate Weise unter einem gewissen Mangel an Witz und Schönheit in ihrem Leben, weshalb sie ihre spärliche Freizeit gern in der *Brasserie des Artistes* verbrachten, die sie für den Künstlertreffpunkt hielten, weil an den Wänden nikotingelbe Kunstdrucke von Henri de Toulouse-Lautrec hingen. Aber wie überall auf der Welt gab es im vermeintlichen Künstlertreff längst keine Künstler mehr, weil diese vor den allzu Lebenstüchtigen quer über den Platz ins *Café du Commerce* geflohen waren. Dort saß nun nach dieser Rochade die lokale Bohème

Abend für Abend in sicherer Entfernung zur Bourgeoisie, langweilte sich genauso wie diese und litt an der unleugbaren Tatsache, dass auch das Künstlerleben bei Weitem nicht so lustig und abwechslungsreich ist, wie es gerechterweise sein müsste.

Die Bohème von Saint-Luc bestand aus zwei schriftstellernden Lehrern, die sich einander künstlerisch weit überlegen glaubten, dann dem chronisch schwermütigen Kirchenorganisten und einer aquarellierenden Jungfer sowie dem lispelnden Grabsteinmetz und ein paar alteingesessenen Trinkern, Quatschköpfen und Pensionisten. Alle saßen sie Abend für Abend trotzig fröhlich beisammen an ihrem Stammtisch nahe beim runden Kohleofen, dessen Rohr quer durch den Saal führte und zur Küche hin in der Wand verschwand, tranken Pernod und dünsteten Knoblauch aus, während in knapp hundert Kilometern Entfernung komplette Jahrgänge junger Männer erschossen, vergast und durch den Fleischwolf gedreht wurden.

Gerechterweise muss man sagen, dass es nicht die Schuld der Quatschköpfe war, dass es ihnen so gut ging. Das Geld lag nun mal auf der Straße, seit der Staat seine Soldaten und deren Familien mit großzügigen Renten, Stipendien und Pensionen bei Laune hielt; zwar konnte man mit dem Geld nicht immer alles kaufen, worauf man gerade Lust hatte, aber Brot und Speck und Käse gab es reichlich. Im *Commerce* war der Wein vielleicht manchmal ein wenig mit Wasser verdünnt, dafür war er billig, nicht allzu sauer und verursachte keine Kopfschmerzen.

Natürlich hatte unter den Stammgästen die Nachricht längst die Runde gemacht, dass der alte Barthélemy am Bahnhof fürs Nichtstun einen neuen Assistenten bekommen hatte, weshalb Léon, als er in seiner Eisenbahneruniform zum ersten Mal durch die gläserne Eingangstür trat, sich ihnen gar nicht mehr vorstellen musste. »Zu Ihren Diensten, mein General!«, hatte der dienstälteste Quatschkopf gerufen und im Sitzen salutiert, und einer der Lehrer hatte sich zu ihm an den Tresen gestellt, um ihn namens der Einwohnerschaft eingehend zu seinem Vorleben, seinen aktuellen Lebensumständen und seinen Zukunftsplänen zu befragen. Befriedigt nahmen die Stammgäste im Lauf der folgenden Abende zur Kenntnis, dass Léon keine großen Reden schwang und keine Keilereien anzettelte, sondern still am Tresen ein oder zwei Gläser Bordeaux trank und nach einer halben Stunde höflich das Feld räumte, wie es sich für einen Jungen seines Alters gehörte.

Léon war jeden Abend im *Commerce*. Manchmal sprach er mit dem Wirt ein paar Worte, manchmal auch mit dessen Tochter, die montags, mittwochs und freitags hinter dem Tresen stand und ein großgewachsenes, ernstes Mädchen war, das immer ein wenig abwesend schien, aber selbst bei den größten Saufgelagen jederzeit die Übersicht behielt über die Trinkschulden jedes einzelnen Gasts. Léon wusste, dass sie ihm gelegentlich aus den Augenwinkeln prüfende Blicke zuwarf, und er versuchte vor ihr zu verheimlichen, dass er seinerseits die Eingangstür im Auge behielt.

Denn natürlich war er nicht nur wegen des Rotweins da, sondern hauptsächlich in der Hoffnung, dass irgendwann das Mädchen mit der rotweiß gepunkteten Bluse auftauchen würde. Sie hatte kein Gepäck auf dem Fahrrad gehabt, also musste sie in der Gegend leben; wenn nicht in Saint-Luc selbst, so doch in einem der umliegenden Weiler. Der Ort war klein, schon nach wenigen Tagen war ihm kaum ein Gesicht mehr unbekannt; er kannte den Pfarrer und die drei Polizisten und den Gemeindediener und sämtliche Gassenjungen und das Blumenmädchen. Die schöne Radfahrerin aber fand er nicht mehr, weder in der Bäckerei noch im Postamt, noch auf der Straße oder in der Sonntagsmesse, weder auf dem Friedhof noch in der Wäscherei oder im Blumenladen, nicht auf den Sitzbänken auf der Place de la République und nicht unter den Platanen, die den Kanal säumten, und auch nicht am Eingangstor zur Ziegelbrennerei auf der anderen Seite des Bahngleises. Einmal war er einer Radfahrerin hinterhergerannt, bis sie abstieg und sich als die Ehefrau des Bäckers in der Rue des Moines entpuppte, und einmal hatte er ein regelmäßiges Quietschen gehört, dessen Herkunft aber nicht orten können, bevor es leiser wurde und verstummte.

Oft war Léon nahe daran, den Wirt des *Commerce* oder dessen Tochter nach einem Mädchen mit rotweiß gepunkteter Bluse zu fragen; er tat es aber nicht, weil er wusste, dass es in kleinen Orten zu nichts Gutem führt, wenn ein fremder Mann sich nach einem einheimischen Mädchen erkundigt. Eines Abends aber, als Léon gerade bezahlt hatte, ging schwungvoll die Tür auf, und herein kam leichten, schnellen Schrittes das Mädchen mit der rotweiß gepunkteten Bluse, nur dass sie diesmal keine Bluse, sondern einen blauen Pullover trug. Sie warf in vollem Lauf mit wohldosiertem Schwung die Tür hinter sich zu, ging zielstrebig zum Tresen und grüßte unterwegs die Stammgäste links und rechts. Nur eine Armlänge von Léon entfernt blieb sie stehen und bestellte beim Wirt zwei Schachteln Turmac-Zigaretten. Während er die Zigaretten aus dem Regal nahm, kramte sie Münzen hervor und legte sie in die Geldschale, dann räusperte sie sich und strich sich mit den Fingerspitzen der rechten Hand eine Strähne hinters Ohr, die dort aber nicht bleiben wollte und sofort wieder nach vorne schnellte.

»Bonsoir, Mademoiselle«, sagte Léon.

Sie wandte sich nach ihm um, als bemerke sie ihn erst jetzt. Léon schaute ihr in die Augen, und in der ersten Sekunde schien ihm, als erkenne er in der Tiefe ihres grünen Augengrunds die Ahnung einer großen Freundschaft.

»Dich kenne ich«, sagte sie, »aber woher?« Ihre Stimme war noch bezaubernder, als Léon sie in Erinnerung gehabt hatte.

»Von der Landstraße«, sagte er. »Sie haben mich auf dem Fahrrad überholt. Zweimal.«

»Ach ja.« Sie lachte. »Ist eine Weile her, nicht?«

»Fünf Wochen und drei Tage.«

»Ich erinnere mich, du sahst müde aus. Hattest komisches Zeug hinten aufs Rad gebunden.«

»Einen Kanister Petroleum und ein Fensterkreuz«, sagte er. »Und eine Mistgabel ohne Stiel.«

»Sowas schleppst du mit dir rum?«

»Manchmal finde ich sowas, dann schleppe ich es mit mir rum. Übrigens bin ich froh, dass es Ihrem rechten Auge besser geht.«

»Was ist mit meinem rechten Auge?«

»Das war damals ziemlich rot. Vielleicht war eine Mücke hineingeflogen oder eine Fliege.«

Das Mädchen lachte. »Ein Maikäfer war's, groß wie ein Hühnerei. Daran erinnerst du dich?«

»Und Ihr Fahrrad hat gequietscht.«

»Das quietscht immer noch«, sagte sie und steckte sich eine

Zigarette an, die sie zwischen Daumen und Zeigefinger hielt wie ein Straßenjunge. »Und du? Stehst dir hier jeden Abend die Beine in den Bauch?«

Oh, dachte Léon. Das Mädchen weiß, dass ich hier jeden Abend rumstehe. Oh, oh. Das bedeutet doch wohl, dass es meine Existenz bereits zur Kenntnis genommen hat, und zwar verschiedentlich. Oh, oh, oh. Und jetzt kommt es her und lügt und tut, als ob es mich nicht wiedererkennen würde. Oh, oh, oh, oh.

»So ist es, Mademoiselle. Sie finden mich hier, wann immer Sie wollen.«

»Wieso?«

»Weil ich nicht weiß, wo ich mir sonst die Beine in den Bauch stehen soll.«

»Ein großer Bursche wie du? Sonderbar«, sagte sie, verstaute die Zigarettenschachteln in der Tasche und wandte sich zum Gehen. »Ich habe immer gedacht, Eisenbahner seien regsame Leute, vielleicht sogar mit Fernweh. Da habe ich mich wohl getäuscht.«

»Ich wollte gerade gehen«, sagte er. »Darf ich Sie ein Stück begleiten?«

»Wohin denn?«

»Wohin Sie wollen.«

»Lieber nicht. Mein Heimweg führt durch eine dunkle Gasse. Dort würdest du mir womöglich etwas über Geschwisterseelen erzählen. Oder versuchen, mir die Zukunft aus der Hand zu lesen.«

Und weg war sie.

4. KAPITEL

Während das Mädchen und Léon miteinander sprachen, war es im *Café du Commerce* ungewöhnlich still geworden; der Wirt hatte ausgiebig das immergleiche Weinglas abgetrocknet, die Stammgäste hatten Rauchringe zur Decke hinauf geblasen und mit den glühenden Spitzen ihrer Zigaretten die Asche in den Aschenbechern zu kleinen Haufen zusammengeschoben. Als nun das Mädchen hinter der Glastür verschwunden war, erwachten sie aus ihrer Erstarrung und begannen zu reden – nur schleppend und stockend vorerst, aber schon in froher Erwartung des Augenblicks, da Léon ebenfalls verschwinden würde und man die eben beobachtete Komödie eingehend in all ihren Facetten würde besprechen können. Tatsächlich knöpfte Léon wenig später seine Uniformjacke zu und winkte dem Wirt zum Abschied – aber da konnte dieser seinen Mitteilungsdrang nicht länger im Zaum halten und hielt Léon am Ärmel fest, drängte ihm ein Glas Bordeaux für den Heimweg auf und erzählte ihm alles, was er über das Mädchen mit der rotweiß gepunkteten Bluse wusste.

Die kleine Louise – eigentlich war sie nicht auffällig klein gewachsen, sondern wurde von den Leuten nur so genannt, damit man sie unterscheiden konnte von der dicken Louise, welche die Ehefrau des Totengräbers war –, die kleine Louise also war den Einwohnern von Saint-Luc vor zwei Jahren zugelaufen wie eine Katze. Manche Leute behaupteten, sie

sei ein Waisenkind und stamme aus einem jener Backstein-
dörfer an der Somme, von denen nach der deutschen Früh-
jahrsoffensive 1915 kein Stein auf dem anderen geblieben
war. Genaueres wusste niemand; die wenigen, die in den
ersten Wochen Louise nach ihrer Herkunft befragt hatten,
waren von ihr mit derart katzenhafter Schärfe zum Schweigen gebracht worden, dass fortan keiner es mehr wagte,
das Thema zur Sprache zu bringen. Sie sprach ein klares,
akzentfreies Französisch, das keine geographische Zuord-
nung zuließ, aber die Vermutung nahelegte, dass sie aus
gutem Hause stammte und gute Schulen besucht hatte.
Wie Léon war Louise mit dem Stellenvermittlungspro-
gramm des Kriegsministers ins Städtchen gekommen. Sie
arbeitete als Gehilfin im Büro des Bürgermeisters, wo sie
Botengänge erledigte, Kaffee kochte und die Topfpflanzen
goss. Auf eigene Faust hatte sie den Umgang mit der
Schreibmaschine gelernt, die bis dahin unbenutzt im Vor-
zimmer gestanden hatte. Die kleine Louise war ein waches,
flinkes Mädchen, das sich in allem geschickt anstellte – die
Topfpflanzen gediehen wie nie zuvor, der Kaffee mundete
bestens, und schon bald schrieb sie auf der Maschine feh-
lerfreie Briefe.
Der Bürgermeister war sehr zufrieden mit ihr, und erstaunt
stellte er nach ein paar Wochen fest, dass er gegen seinen
Willen äußerst empfänglich war für ihren raubeinigen,
absichtslosen Charme; da ihm aber bewusst war, dass dreißig Jahre Altersunterschied immer dreißig Jahre Altersunterschied bleiben, erlegte er sich im Umgang mit seiner
Bürogehilfin demütig äußerste Zurückhaltung auf und behandelte sie mal mit gespielter Zerstreutheit, dann mit dis-
tanzierter Höflichkeit oder falscher Strenge. Immerhin ge-

stattete er sich die Schwäche, Louise für ihre Botengänge, die sie zuverlässig und rasch erledigte, sein altes Herrenfahrrad zu schenken, das seit Jahren unbenutzt in seiner Scheune gestanden hatte.

Frühmorgens fuhr sie damit zum Postamt und leerte das Postfach, um halb zehn besorgte sie Croissants, und wenn kurz vor Mittag unerwartet im Büro noch dringende Amtsgeschäfte anstanden, holte sie den Bürgermeister aus dem *Café des Artistes*, wo er seinen Apéritif zu nehmen pflegte. Nachmittags war sie ebenfalls mit dem Rad unterwegs. Sie trug Zahlungsbefehle, Verfügungen und kleinere Geldbeträge aus, und sie überbrachte amtliche Aufträge an den Gemeindediener, den Wegmacher, die Gendarmerie und den Schornsteinfeger.

Das Schwerste aber waren jene förmlichen, kurz gehaltenen Vorladungen, die Louise im Auftrag des Bürgermeisters den Familien gefallener Soldaten überbringen musste. Diese Vorladungen waren durchaus nichtssagend und enthielten nichts weiter als die Aufforderung an die Ahnungslosen, an diesem oder jenem Tag zu genannter Uhrzeit im Rathaus vorstellig zu werden. In den ersten Kriegsmonaten hatten die Betroffenen diese Vorladungen noch schulterzuckend entgegengenommen und sich gehorsam auf den Weg gemacht, um arglos vor dem Schreibtisch des Bürgermeisters zu stehen, ihre Mützen zu kneten und sich zu erkundigen, was es denn so Wichtiges gebe, dass man sie von der Arbeit weg aufs Amt bestelle. Darauf brachte der Bürgermeister ihnen mit blecherner Stimme in einer hochoffiziellen Mitteilung, die er von einem Blatt ablas, zur Kenntnis, dass ihr Sohn, Ehemann, Vater, Enkel oder Neffe dann und dann dort und dort im Dienst des Vaterlands den Heldentod auf dem Feld der Ehre gestorben sei, wofür ihnen der Kriegsminister persönlich sowie er selbst, der Bürgermeister, ihr tief empfundenes Beileid und den Dank der ganzen Nation aussprächen.

Die darauf folgenden Szenen der Verzweiflung, denen der Bürgermeister schutzlos ausgeliefert war, versuchte er zu mildern, indem er die Untröstlichen unter Verweis auf Ruhm, Vaterland und Jenseits tröstete, was diese als Verspottung ihres Leids empfinden mussten, da sie, wenn man ihnen schon ihren Liebsten nicht zurückgeben konnte, wenigstens ihre Trauer behalten wollten.

Es kam sogar vor, dass der Bürgermeister in seinem Büro an einem Tag zwei oder drei solche Dramen zu überstehen hatte. Er begann sich mit großen Mengen Pastis zu betäuben und konnte nachts trotzdem nicht schlafen, seine Verdauung geriet durcheinander, und der Kopf wurde ihm schwer, und in seinem Büro, das bisher ein Ort würdevoller Selbstzufriedenheit gewesen war, machten sich Trauer und namenloses Grauen breit. So groß war seine Not, dass er mehrmals kurz davor stand, in die Kirche zu laufen und den seelsorgerischen Beistand des Pfarrers zu erbitten, obwohl der doch sein Erzfeind war, seit er sich den Scherz mit dem Urinal geleistet hatte.

So war die Lage, als im Frühjahr 1915 die kleine Louise in Saint-Luc eintraf und ihre Botengänge aufnahm. Sie begriff rasch den Zusammenhang zwischen den Vorladungen und den bäurisch ungelenken Dramen im Büro des Bürgermeisters. Zehn, vielleicht fünfzehn Mal beobachtete Louise, wie der Stadtvater hinter seinem Schreibtisch schwitzte und zitterte, um Worte und Haltung rang und doch nie aus seiner hölzernen Amtswürde hinausfand; und als sie mit Bestimmtheit wusste, dass sich daran bis zum Kriegsende nichts ändern würde, beschloss sie zu handeln.

»Bitte entschuldigen Sie, Monsieur le Maire«, sagte sie am folgenden Nachmittag, als sie wieder eine Vorladung ausliefern sollte.

»Was denn«, sagte der Bürgermeister, fuhr sich mit Daumen und Zeigefinger über die Brauen und gestattete sich einen Blick auf die schön geschwungene Linie ihres Halses.

»Ist das hier eine dieser Vorladungen?«

»Was denn sonst, meine kleine Louise, was denn sonst.«

»Um wen handelt es sich?«

»Um Lucien, den einzigen Sohn der Witwe Junod«, sagte der Bürgermeister. »Neunzehn Jahre alt, die Mädchen nannten ihn Lulu. Gefallen am 7. Februar in Ville-sur-Cousances. Hast du ihn gekannt?«

»Nein.«

»Er war an Weihnachten noch auf Urlaub, ich habe ihn in der Mitternachtsmesse gesehen. Hatte eine schöne Stimme.«

Louise nahm den Umschlag und ging hinaus, stieg aufs Rad und fuhr mit großer Geschwindigkeit quer über die Place de la République auf direktem Weg an den westlichen Stadtrand, wo das Haus der Witwe Junod stand. Sie klingelte und überreichte ihr den Umschlag, und als sie ihn mit dem Zeigefinger aufriss und ratlos die Vorladung betrachtete, sagte Louise:

»Sie müssen da nicht unbedingt hingehen.«

Dann nahm sie die Frau am Ellbogen und führte sie ins Haus, setzte sich mit ihr aufs Sofa und sagte ihr, dass ihr Lulu nicht wiederkommen werde, weil er im Krieg gestorben sei.

Louise saß schweigend auf dem Sofa, während die Frau

sich schreiend zu Boden warf und sich büschelweise Haare ausriss, und später ließ sie zu, dass die Frau mit den Fäusten auf sie einschlug und sich ihr an den Hals warf, um sich gründlich auszuweinen, wie sie es bei einem Verwandten oder Freund vielleicht nicht hätte tun können. Louise reichte ihr ein Taschentuch und später noch eins, und als die Witwe Junod einigermaßen zur Ruhe gekommen war, steckte sich Louise eine ihrer zuckerbestäubten Zigaretten an, bettete die Witwe auf ein Kissen und ging in die Küche, um Tee zu bereiten. Und als sie mit der dampfenden Tasse zurückkehrte, sagte sie:

»So, ich werde jetzt gehen. Kümmern Sie sich nicht weiter um die Vorladung, Madame Junod. Ich sage dem Herrn Bürgermeister, dass Sie nicht kommen werden.«

Als Louise dem Bürgermeister Minuten später berichtete, wie sie die Angelegenheit erledigt hatte, machte dieser ein strenges Gesicht und sagte etwas von Anmaßung und Amtsgeheimnisverletzung; aber natürlich war er heilfroh und von Herzen dankbar, dass ihm das unausweichliche Drama diesmal erspart geblieben war. Und als am folgenden Tag gleich zwei solcher Vorladungen anstanden, gab er Louise keine Ermahnung mit auf den Weg, sondern im Gegenteil ungefragt jene Auskünfte, die sie zur Erfüllung ihrer neuen Mission benötigte.

»Dieser hier hieß Sébastien«, sagte der Bürgermeister und schaute, während er ihr den ersten Umschlag reichte und sie sich vorbeugte, zur Decke hoch, um nicht den Ausschnitt ihrer Bluse sehen zu müssen. »Er war der jüngste Sohn des Bauern Petitpierre. Gefallen am 16. April auf dem Damloup-Rücken. Ein braver Junge, hatte eine Hasenscharte und ein gutes Händchen für Pferde.«

»Und der zweite?«

»Notar Delacroix. Fünfzig Jahre alt und kinderlos, keine Eltern mehr. Da gibt's nur die Frau. Und jetzt lauf, meine kleine Louise. Na geh, mach schon.«

Fortan mussten die Hinterbliebenen nicht mehr im Rathaus vorsprechen. Louise brachte nur die Vorladung ins Haus, dann wussten die Leute Bescheid und konnten sich, während sie als stiller, freundlicher Todesengel auf dem Sofa saß, ganz der ersten großen Welle ihres Schmerzes hingeben. Am nächsten oder übernächsten Tag war es dann meistens so weit, dass die Angehörigen nach Louise schickten, weil sie Genaueres wissen wollten über die Todesumstände; dann machte sie einen zweiten Besuch und berichtete alles, was man amtlich hatte in Erfahrung bringen können – wann und wo genau und unter welchen Umständen David oder Cédric oder Philippe ums Leben gekommen war, ob er Qualen gelitten habe oder einen gnädigen Tod gestorben sei, und schließlich die drängendste aller Fragen: ob sein Körper zur ewigen Ruhe in die Erde gefunden habe oder zerfetzt, verbrüht und verfault, irgendwo im Schlamm verstreut, den Raben zum Fraß umherliege.

Louise hatte kaum je etwas Tröstliches zu berichten, aber sie enthielt sich falscher Schonung und erzählte immer ungeschminkt die Wahrheit, soweit sie sie kannte, denn sie wusste, dass auf Dauer nur diese Bestand haben kann. Sie versah ihre Aufgabe mit großem Ernst, und die Einwohner von Saint-Luc dankten es ihr mit zärtlicher Zuneigung. Sie gewöhnten sich an das unheilverkündende Quietschen ihres rostigen Herrenfahrrads, und alle lauschten ihm hinterher und waren froh, wenn es leiser wurde und nicht abrupt vor ihrem Haus verstummte.

Manche verehrten Louise wie eine Heilige. Davon aber wollte sie nichts wissen. Um die Gloriole zu zerstören, die man ihr aufsetzen wollte, rauchte sie ihre gezuckerten Zigaretten, badete sonntags halbnackt im Kanal und legte sich ein Arsenal ordinärer Schimpf- und Fluchwörter zu, die eigentümlich mit ihrer zarten Gestalt, ihrer hellen Stimme und ihrem gepflegten Französisch kontrastierten.

Schlimm war, dass die Nachricht vom Tod eines Soldaten häufig lange Zeit vor der ministeriellen Verlautbarung in Saint-Luc eintraf – etwa, wenn ein Soldat auf Heimaturlaub am Küchentisch berichtete, dass der Lehrer Jacquet nur eine Armlänge von ihm entfernt mit zerschmettertem Schädel in einen schlammigen Bombenkrater gesunken sei, worauf die Nachricht in Windeseile von Haus zu Haus ging und sämtliche Küchentische des Städtchens erreichte – sämtliche Küchentische bis auf den einen, an den der Lehrer Jacquet nie mehr zurückkehren würde; denn das Verbreiten von Gerüchten war bei Strafe verboten, und Todesnachrichten durften den Hinterbliebenen, um schmerzvolle Irrtümer und Verwechslungen auszuschließen, nicht anders als auf dem Dienstweg überbracht werden. So geschah es, dass die Witwe des Lehrers Jacquet, die noch keine Ahnung hatte, dass sie eine war, auf dem Markt voller Vorfreude auf den Heimaturlaub ihres Gatten ein großes Stück Rindfleisch kaufte, während die anderen Frauen sie scheu mitfühlend aus den Augenwinkeln musterten und dann, um keinen Verdacht zu erregen, möglichst beiläufig grüßten.

Mit Louises Amtsübernahme aber war auch dieses Problem gelöst. »Erzähl das gleich der kleinen Louise!«, sagte man fortan jedem Soldaten, der eine schlimme Nachricht heimbrachte; und wenn dann Louise mit ihrem quietschenden Rad vor der Tür der ahnungslosen Witwe vorfuhr, wusste diese gleich, dass sie für lange Zeit kein großes Stück Rindfleisch mehr kaufen würde.

Léon Le Gall ging an jenem Abend, nachdem ihm der Wirt das alles erzählt hatte, in sehr nachdenklicher Stimmung nach Hause. Es war die erste warme Nacht des Jahres und einer jener Abende, an denen man das Wetterleuchten der Kriegsfront hinter Saint-Quentin sehen konnte, und gelegentlich, wenn der Wind aus Nordosten wehte, hörte man fernes Donnergrollen. Léon knöpfte seine Jacke auf und nahm die Mütze ab. Er beobachtete das Spiel seines eigenen Schattens, der jedes Mal, wenn er unter einer Straßenlaterne durchging, kurz und scharf vor seine Füße fiel, dann allmählich länger wurde und im heller werdenden Licht der nächsten Laterne ausbleichte, bis er ihm wiederum vor die Füße fiel und aufs Neue heller und bleicher wurde. Er zog seine Uniformjacke aus und warf sie sich über die Schulter, sie war viel zu warm für die Jahreszeit; überhaupt wunderte er sich nun, dass es ihm in den letzten fünf Wochen und drei Tagen nie in den Sinn gekommen war, für den Abendspaziergang das Dienstgewand mit den albernen Sergeantenstreifen abzulegen.

Das Stationsgebäude am Ende der Platanenallee stand dunkel da, auch im Obergeschoss brannte kein Licht; Léon stellte sich vor, dass der alte Barthélemy, selig angeschmiegt an die tröstliche Wärme seiner Josianne, unter einer dicken Daunendecke dem Dienstbeginn am nächsten Morgen entgegenschlummerte. Er ging über den Bahnhofplatz zum Güterschuppen, dann die knarrende Treppe hoch; die Stille in seinem Zimmer sirrte vom Nachhall seiner Erinnerungen an den vergangenen Tag.

Er dachte daran, dass er auch am nächsten Morgen und an allen folgenden Tagen mit seiner roten Fahne die einfahrenden Züge begrüßen würde. Er dachte an seine Schlaumeiereien mit dem Morsegerät, an seine Furcht vor dem knackenden Gebälk und an die wortkargen Abende am Tresen des *Café du Commerce*, und er kam zu dem Schluss, dass alles, was er in seinem Leben machte, nicht gut war; es war auch nicht schlecht, denn immerhin hatte er bisher keinen nennenswerten Schaden angerichtet, niemandem Leid zugefügt und auch sonst nicht viel getan, wofür er sich vor seinen Eltern hätte schämen müssen; aber wahr war eben auch, dass nichts von all dem, was er Tag für Tag machte, richtig wichtig, schön oder gut war. Und ganz gewiss hatte er keinerlei Anlass, auf irgendetwas stolz zu sein.

Léon wusste nicht, wie lange er geschlafen hatte, als ihn Stimmengewirr aus dem Schlaf holte. Die Stimmen drangen durchs Fenster, das er offen gelassen hatte, weil die Nacht so warm war, und sie wurden begleitet von einem ungewohnten Gestank – einer Mischung ekelhafter Gerüche, deren Herkunft Léon sich nicht erklären konnte. Er stand auf und schaute hinunter aufs Gleis – im spärlichen Licht der Gaslaternen stand ein endlos langer Zug von Güter- und Viehwagen, und auf dem Bahnsteig gingen der alte Barthélemy und Madame Josianne eilig von einem Wagen zum nächsten. Léon stieg barfuß und nur mit seiner Hose bekleidet die Treppe hinunter.

Der Zug war so lang, dass er keinen Anfang und kein Ende

zu haben schien. Manche Wagen waren geschlossen und manche standen offen, und aus allen strömte dieser fürchterliche Gestank nach Fäulnis und Exkrementen, und aus allen drangen Stimmen von Männern, die stöhnten und schrien und um Wasser bettelten.

»Junge, was machst du hier!«, sagte Madame Josianne, die Wasser aus einem großen Krug an die Soldaten verteilte. Die Soldaten lagen und saßen im Stroh auf nackten Holzbohlen, ihre Gesichter waren schweißnass und leuchteten im Licht der Gaslaterne, die Uniformen waren schmutzig, ihre Bandagen blutgetränkt.

»Madame Josianne …«

»Geh schlafen, mein kleiner Liebling, das ist nichts für dich.«

»Was ist hier los?«

»Nur ein Verwundetentransport, mein Engel, nur ein Verwundetentransport. Man bringt die armen Kerle in den Süden, in die Krankenhäuser von Dax, Bordeaux, Lourdes und Pau, damit es ihnen bald wieder besser geht.«

»Kann ich helfen?«

»Das ist lieb von dir, mein Goldschatz, aber geh jetzt. Lauf!«

»Ich könnte Wasser holen.«

»Nicht nötig, wir sind das gewohnt, dein Chef und ich. Ihr jungen Leute solltet das nicht sehen.«

»Madame Josianne …«

»Geh auf dein Zimmer, mein Liebling, sofort! Und mach das Fenster zu, hörst du!«

Léon wollte protestieren und schaute sich hilfesuchend nach Barthélemy um, aber der kam, kaum dass er gehört hatte, wie seine Josianne die Stimme erhob, schon herbeigeeilt. Er durchbohrte Léon mit strengem Blick und schürzte die Lippen, dass die Borsten seines Schnurrbarts waagrecht vorstanden, deutete mit ausgestrecktem Arm auf den Güterschuppen und zischte:

»Tu, was Madame dir sagt! Abmarsch!«

Da kapitulierte Léon und ging auf sein Zimmer, aber das Fenster ließ er gegen Josiannes Anweisung offen stehen. Er stellte sich in den Schatten hinter dem Vorhang und beobachtete, was auf dem Bahnsteig vor sich ging; als der Zug anrollte, warf er sich aufs Bett. Und weil ihn das alles ermüdet hatte, schlief er ein, bevor der Nachtwind die letzten Schwaden des Gestanks davontrug.

Wie es der Zufall wollte, kam am folgenden Morgen kurz vor Dienstbeginn, als er auf dem Weg vom Güterschuppen zum Stationsgebäude war, unter eiligem Quietschen die kleine Louise durch die Allee gefahren. Die Platanen waren feucht vom Tau und glänzten im frühen Sonnenlicht, und in der Luft lag der Duft von hohem Gras und von Eisenbahnschotter, der sich an der Sonne erwärmt. Auf dem Bahnhofplatz trat Louise auf die Rücktrittbremse, dass der Kies unter ihren Rädern knirschte und eine Staubwolke über den Platz wehte. Sie stellte ihr Rad in den Unterstand und lief die drei Stufen hinauf zur Schalterhalle. Léon wäre ihr gern gefolgt, hatte aber die unaufschiebbare dienstliche Pflicht, seine rote Fahne aus dem Büro zu holen und rechtzeitig zur Ankunft des Personenzugs um acht Uhr sieben auf dem Bahnsteig zu stehen.

Als der Zug einfuhr, kam als einziger Fahrgast Louise aus dem Stationsgebäude. Erleichtert stellte er fest, dass sie eine Fahrkarte in der rechten Hand, aber kein Gepäck dabeihatte; also würde sie wohl nicht für längere Zeit verreisen. Unangenehm war ihm aber, dass sie ihm just in jenem Augenblick zuwinkte, als er seinerseits mit der roten Fahne der einfahrenden Lokomotive winken musste.

»Salut, Léon!«, rief sie, während sie neben dem Zug hertrabte und an einem Wagen dritter Klasse die Tür öffnete.

Oh, dachte Léon, sie kennt meinen Vornamen. Hatte er sich am Vorabend im *Café du Commerce* mit Namen vorgestellt? Nein, das hatte er nicht. Natürlich hätte er das tun müssen, das wäre der mindeste Anstand gewesen, aber er hatte es nicht getan. Also hatte sie seinen Namen sonstwie erfahren – vielleicht gar aktiv in Erfahrung gebracht? Oh, oh. Und dann hatte sie seinen Namen über Nacht nicht etwa vergessen, sondern im Gegenteil in Erinnerung behalten. Und jetzt hatte sie seinen Namen mit ihrem Mund, ihren Lippen und ihren weißen Zähnchen ausgesprochen, hatte seinen Namen mit dem Atem ihres Leibes in die Welt hinaus gehaucht. Oh, oh, oh.

»Salut, Louise!«, rief er, als er die Fassung wiedererlangt hatte und sie eben dabei war, auf den haltenden Zug aufzuspringen. Léon stand im zischenden Dampf der Lokomotive und wartete die Minute ab, nach der er dem Lokomotivführer fahrplangemäß das Signal zur Weiterfahrt geben musste; dann rollte der Zug an, und Léon lief mit gestrecktem Hals die Fenster entlang, jener Tür entgegen, hinter der Louise verschwunden war. Weil aber der Bahnsteig zu tief und die Fenster zu hoch lagen, konnte er die Fahrgäste auf den gegenüberliegenden Bänken nicht sehen, und dann war der Zug weg und Louise fort.

Léon sah dem roten Rücklicht hinterher, bis es hinter der Ziegelfabrik verschwunden war, und behielt noch lange die

Rauchfahne der Lokomotive im Auge. Dann kehrte er mit seiner roten Fahne ins Büro zurück, wo ihm Madame Josianne Milchkaffee und zwei Butterbrote bereitgestellt hatte.

Als er zur Mittagspause hinaus auf den Bahnhofplatz trat, sah er Louises Rad im Unterstand stehen. Er schaute sich um, ob er nicht beobachtet wurde, trat näher und betrachtete das Fahrzeug. Es war ein gewöhnliches altes Herrenfahrrad, das einmal schwarz gewesen sein mochte, und es hatte rostige Zahnkränze, eine ausgeleierte Antriebskette und abgewetzte Hartgummireifen, und die Nabenschaltung war kaputt und das Kettenschutzblech verbeult. Vorsichtig legte er die Hände auf die verbleichten, rissigen Ledergriffe an der Lenkstange, umfasste sie fest und hielt sich dann beide Handteller an die Nase, um einen Hauch von Louises Duft zu erhaschen; aber da war nur der Geruch von Leder und der seiner eigenen Hände.

Er ging in die Hocke, unterzog das Kettenschutzblech einer Prüfung und stellte fest, dass es tatsächlich die Ursache des Quietschens sein musste. Er versuchte, die verbeulte Stelle mit beiden Daumen zurechtzubiegen, aber das gelang nicht, weil der dahinterliegende Kettenkranz dagegen hielt. Also holte er aus der Werkstatt zwei Schraubenschlüssel und einen Hammer, demontierte das Blech und klopfte es an der hölzernen Wand des Güterschuppens flach. Dann schmierte er die rostige Kette, schraubte das Blech wieder fest und drehte zur Probe eine Runde auf dem Bahnhofplatz.

Als Léon nach dem Abendessen zur gewohnten Spazierfahrt in die Stadt aufbrach, trug er seine lange Hose, sein weißes Hemd und die graue Strickjacke, die seine Mutter ihm in ihren schlaflosen Nächten vor seinem Abschied gestrickt hatte. Er überquerte im Abglanz des sonnigen Tages den Bahnhofplatz, bog in die Platanenallee ein – und sah beim fünften Baum am rechten Straßenrand jemanden stehen.

Sie lehnte an der Platane und trug ihre rotweiß gepunktete Bluse und ihren blauen Schülerinnenrock. Ihre linke Hand lag in der rechten Armbeuge, in der rechten hielt sie eine glimmende Zigarette. Ihre rechte Braue hatte sie weit in die glatte Stirn hinaufgezogen, die andere hing tief übers linke Auge hinunter. Ob dieser scharfe Blick wirklich ihm galt?

»Grüß dich, Louise. Hast du auf mich gewartet?«

»Ich warte nie auf jemanden, schon gar nicht auf einen wie dich.« Sie nahm einen tiefen Zug an ihrer Zigarette. »Was du mir an kostbarer Lebenszeit stiehlst, wird dir am Ende deines Lebens abgezogen.«

»Die paar Minuten ist mir das wert«, sagte Léon.

»Mein Fahrrad quietscht nicht mehr«, sagte sie.

»Das freut mich zu hören.«

»Hat dich jemand gebeten, mein Rad zu reparieren?«

»Man musste etwas tun«, sagte er. »Die Bauern der Umgebung haben sich beklagt.«

»Wieso?«

»Du hast ihre Kinder aus dem Mittagsschlaf geweckt.«

»Ach ja?«

»Und den Kühen wurde die Milch in den Eutern sauer.«

»Deswegen haben die Bauern der Umgebung den Morseassistenten am Bahnhof von Saint-Luc um Hilfe gebeten?«

»Ich konnte nicht Nein sagen.«

»Da werden die Bauern der Umgebung dem Morseassistenten aber dankbar sein.«

»Das nehme ich an.«

»Und ich?«

»Was?«

»Muss ich auch dankbar sein?«

»Nein, wieso denn.«

»Aber etwas gut hast du jetzt bei mir?«

»Doch nicht für diese Kleinigkeit.«

»Was willst du dafür – mir die Sternzeichen am Himmel erklären?«

»Die kenne ich nicht.«

»Mir deine Briefmarkensammlung zeigen?«

»Ich habe keine Briefmarkensammlung.«

»Was willst du dann?«

»Ich habe nur das Blech zurechtgebogen.«

»Und dafür willst du mir jetzt an den Hintern fassen?«

»Nein. Aber ich kann das Blech gern wieder verbeulen.«

»Das wäre mir recht.«

»Fehlt dir das Quietschen?«

»Den Leuten fehlt's. Sie können mich nicht mehr hören, wenn ich komme. Und wenn ich plötzlich da bin, erschrecken sie sich.«

»Ich werde dir eine Glocke an den Lenker schrauben, dann können dich die Leute wieder hören. Darf ich dich ein Stück begleiten?«

»Nein.«

»Wo gehst du hin – da lang oder da?«

»Du jedenfalls gehst ins *Commerce*.«

»Ja.«

»Wie jeden Abend.«

»Genau.«

»Ganz der sesshafte Eisenbahner, vom Scheitel bis zur Sohle.«

»Wohin bist du eigentlich heute mit der Bahn gefahren?«
»Das geht dich einen Dreck an. Du jedenfalls gehst jetzt ins *Commerce*. Ich muss auch da lang. Stell dein Rad hier ab, ich begleite dich ein Stück.«

Am nächsten Abend bei Sonnenuntergang wartete Louise wiederum an der fünften Platane auf Léon, am übernächsten Abend auch und am überübernächsten ebenfalls. Sie brauchten für die paar hundert Meter ins Städtchen jeweils mehr als eine Stunde, denn sie gingen langsam und blieben oft stehen, wechselten ohne Grund die Straßenseite oder gingen gar ein Stück zurück, und dabei sprachen sie ohne Unterlass. Sie redeten über Kleinigkeiten und Nichtigkeiten – über die Zigarren des Bürgermeisters und über den Postboten, der angeblich ein unehelicher Halbbruder des Bürgermeisters war, dann über den Bahnhof und Léons Kenntnisse in moderner Fernmeldetechnik, den alten Barthélemy und dessen Affenliebe zu seiner Josianne, über den bösen Kettenhund, der vor der Schlosserei die Schulkinder erschreckte und über die leckeren *Eclairs au Chocolat* in der katholischen Bäckerei; sie redeten über die Witwe Junod, die immer exakt an jenen Tagen zu ihrer Schwester nach Compiègne fuhr, an denen auch der Pfarrer in seelsorgerischer Mission nach Compiègne fuhr; sie redeten über die Sandgrube hinter dem Bahnhof, in der man versteinerte Haifischzähne aus dem Miozän finden konnte, über die schwarze Madonna in der Kirche und über das Wäldchen an der *Route Nationale*, in dem die wilden Kirschen bald reif sein mussten, und sie redeten über die Romane von Colette, die Louise alle gelesen hatte, Léon aber nicht.

Vom dritten Abend an berichtete Louise über ihre Arbeit als Todesengel, und Léon schwieg, sah zu den Baumwipfeln hoch und hörte zu. Später erzählte er ihr von Cherbourg, vom Kanal, den Inseln und dem knallbunt lackierten Segelboot, und Louise schwieg, schaute ihm aufmerksam ins Gesicht und tat, als höre sie ihm zu.

Als er sich aber einmal nach ihrer Herkunft erkundigen wollte, unterbrach sie ihn und sagte: »Keine Fragen. Ich frage dich nichts, und du fragst mich nichts.«

»Einverstanden«, sagte Léon.

Während sie so miteinander sprachen, hatte Léon die Hände in den Hosentaschen vergraben und spielte mit kleinen Kieseln Fußball. Louise rauchte eine Zigarette nach der anderen, gestikulierte mit den Händen und ging rückwärts vor ihm her, um zu sehen, ob er verstehe und auch gutheiße, was sie sagte. Léon verstand und hieß alles gut, was Louise sagte – und zwar einfach, weil sie es war, die es sagte. Er fand ihr Lachen schön, weil es ihr Lachen war, und er liebte ihren aufmunternd forschenden Blick, weil es ihre grünen Augen waren, die ihn so anschauten, als würden sie beständig fragen: Sag mir, bist du's? Bist du's wirklich? Die verirrte Haarsträhne quer über Louises Stirn fand er hinreißend, weil es ihre Haarsträhne war, und über die Pantomime, mit der sie den Bürgermeister beim Zigarrenanzünden nachahmte, musste er lachen, weil es eben ihre Pantomime war.

Schon beim ersten Spaziergang hatten sie bemerkt, dass die Bürger des Städtchens hinter ihren Gardinen sie auf Schritt und Tritt beobachteten, und deshalb hielten sie sich gut sichtbar auf der Straße und sprachen besonders laut und deutlich, damit jeder, der das wollte, hören konnte, wor-

über sie sich unterhielten. Vor dem *Café du Commerce* angekommen, blieben sie dann jeweils stehen und nahmen
ohne Kuss oder Händedruck voneinander Abschied.

»Auf Wiedersehen, Louise.«

»Auf Wiedersehen, Léon.«

»Bis morgen.«

»Bis morgen.«

Dann verschwand sie um die Ecke, und er trat ein ins Lokal
und bestellte ein Glas Bordeaux.

5. KAPITEL

Zu Pfingsten 1918 hatte Léon erstmals zwei Tage in Folge dienstfrei. Entgegen seiner Gewohnheit erwachte er schon am frühen Morgen und beobachtete, wie in seinem Fenster das Dunkel der Nacht fahlem Morgenlicht und dann dem Glanz des Sonnenaufgangs wich. Er wusch sich am Brunnen auf der Rückseite des Güterschuppens, dann legte er sich wieder aufs Bett, lauschte dem Gesang der Amseln und dem Knacken des Gebälks und wartete, bis es endlich acht Uhr wurde und Zeit, ins Büro zu gehen und unter Madame Josiannes überschwänglich-zärtlicher Fürsorge Milchkaffee zu trinken.

Nach dem Frühstück fuhr er mit dem Rad in die Stadt. In der Nacht war ein Gewitter übers Land gezogen und hatte die Maisfelder zerzaust, die letzten dürren Blätter des Vorjahrs von den Platanen gerissen und die Kanäle und Straßengräben mit Regenwasser gefüllt. Léon drehte eine Runde durch die sonntäglich stille Stadt mit ihren glänzenden Hausdächern, nassen Straßen und gurgelnden Kanalisationsschächten. Ein sanfter Sommerwind trug den Duft von blühenden Jasminsträuchern aus den Gärten in die Gassen, und die Sonne machte sich daran, alles wieder trockenzulegen, bevor die Bürger blinzelnd aus ihren Häusern traten und zur Messe gingen.

Auf der Place de la République hielt Léon an, lehnte sein Rad gegen eine Litfaßsäule und setzte sich auf eine schon halbwegs trockene Bank. Er musste nicht lange warten.

Ein paar Tauben näherten sich ihm vorsichtig mit ruckelnden Köpfen und tippelten, als er keine Brotkrumen verstreute, zögerlich wieder davon. Irgendwo johlte eine rollige Katze. Ein alter Mann mit bordeauxrotem Morgenmantel, braungelb karierten Hausschuhen und Baguette unter dem Arm schlurfte vorbei und verschwand in der Gasse zwischen Rathaus und Ersparniskasse. Eine Wolke schob sich vor die Sonne und gab sie wieder frei. Da zerriss hinter Léons Rücken – Rrii-Rring, Rrii-Rring! – das Klingeln einer Fahrradglocke die morgendliche Stille, und eine Sekunde später stand Louise vor ihm.

»Ich habe jetzt eine Glocke am Fahrrad«, sagte sie. »Schulde ich dir dafür etwas?«

»Aber nein.«

»Ich habe dich nicht drum gebeten. Trotzdem vielen Dank. Wann hast du's getan?«

»Gestern Abend, nach der Kneipe.«

»Da hattest du zufällig eine Glocke und einen Schraubenzieher dabei.«

»Und den passenden Vierkantschlüssel.«

Louise lehnte ihr Fahrrad gegen die Litfaßsäule, setzte sich neben ihn auf die Bank und steckte sich eine Zigarette an.

»Was hast du da wieder für komisches Zeug auf dem Gepäckträger?«

»Vier Wolldecken und einen Kochtopf«, sagte Léon. »Und eine Tasche mit Brot und Käse.«

»Wieder alles am Straßenrand gefunden?«

»Ich mache einen Ausflug ans Meer«, sagte er. »Heute hin, morgen zurück.«

»Einfach so?«

»Ich will wieder mal den Ozean sehen. Achtzig Kilometer, in fünf Stunden bin ich dort.«

»Und dann?«

»Ich gehe über den Klippen spazieren, sammle am Strand komisches Zeug ein und suche mir ein trockenes Plätzchen zum Schlafen.«

»Und dafür brauchst du vier Decken?«

»Zwei würden reichen.«

»Soll ich mitkommen?«

»Das wäre schön.«

»Wenn ich mitkomme, willst du mir an die Wäsche.«

»Nein«, sagte er.

»Wofür hältst du mich, für eine Idiotin? Jeder Mann will einem Mädchen an die Wäsche, wenn er allein mit ihm in den Dünen ist.«

»Das stimmt«, gab Léon zu. »Aber ich tu's nicht.«

»Ach nein?«

»Nein. Was man will und was man tut, ist nicht dasselbe.«

Léon stand auf und ging zu seinem Rad. »Übrigens gibt es in Le Tréport keine Dünen.«

»Ach nein?« Louise lachte.

»Nur Klippen. Und einen Kieselstrand. Im Ernst, ich tu's nicht. Nicht, solange du es nicht tust.«

»Ehrlich?«

»Ich schwör's.«

»Wie lang gilt dein Schwur normalerweise?«

»Mein ganzes Leben lang. Ich mein's ernst.«

Louise legte die Stirn in Falten und schürzte die Lippen, dann stieß sie durch die Nase Luft aus. »Warte eine Minute. Ich hole rasch Zigaretten.«

Sie fuhren nebeneinander hinaus aus der Stadt und westwärts dem Ozean entgegen auf der breiten, schnurgeraden und menschenleeren Straße durch die anmutige Weidelandschaft der Haute Normandie, die seit Menschengedenken ihre Bewohner so großzügig mit allem Lebensnotwendigen versorgt. Der Himmel stand hoch, und der Horizont war weit, und links und rechts flogen fahlgrüne Kriegsweizenfelder vorbei, die spärlich und fleckig wuchsen wie Jünglingsbärte, weil sie von unerfahrenen Frauen- und Kinderhänden angesät worden waren; später im Hügelland, weitab von den Dörfern, gab es abschüssige, jahrelang nicht mehr gepflügte Äcker, auf denen schon Birkenwälder wuchsen.

Louise fuhr schnell, und Léon hielt sich, da er ausgeruht und bei Kräften war, mit Leichtigkeit neben ihr. Sie schauten geradeaus auf die Straße, ihre Beine traten die Pedale rund und gleichmäßig, und weil ihre Gedanken ganz mit Unterwegssein und Weiterkommen und Ankommen beschäftigt waren, redeten sie nicht viel; sie waren glücklich. Gelegentlich warf er Louise aus dem Augenwinkel einen Blick zu, und sie tat, als bemerke sie es nicht. Einmal gaben sie einander in voller Fahrt die Hände und fuhren eine Weile so nebeneinander her, dann wieder betätigte sie aus reinem Glück die Fahrradglocke.

Nachmittags um halb drei erreichten sie ihr Ziel, unvermittelt und früher als erwartet. Der Ozean hatte sein Nahen nicht angekündigt – die Luft war nicht salziger, der Himmel nicht weiter, die Flora nicht karger, der Boden nicht sandiger geworden; irgendwann war die normannische Landschaft mit ihren fetten Äckern und saftigen Wiesen einfach abgebrochen und hatte hundert Meter tiefer am Fuß der Kreidefelsen in der grauen Brandung der Nordsee ihre Fortsetzung gefunden. Sie fuhren vorbei am kanadischen Militärhospital, das sich über den Klippen in einem Meer von weißen Zelten einquartiert hatte, dann dem Fluss entlang hinein nach Le Tréport.

Der Ort war früher ein Fischerdorf gewesen. Seit die Eisenbahn aus der Hauptstadt bis hierher fuhr, verdingten sich die Eingeborenen hauptberuflich den Pariser Sommerfrischlern, die am Fuß der Klippen prächtige Herrenhäuser mit Meeresblick gebaut hatten. Léon und Louise stellten ihre Räder am Quai François 1er ab und spazierten am Hafen entlang. Sie beobachteten die Fischer auf den Booten, die kalte, halbgerauchte Zigaretten in den Mundwinkeln hatten und mit knotigen Händen ihre Netze in Ordnung brachten, Segel ausbesserten, Taue aufrollten und das Deck fegten, und sie musterten die flanierenden Feriengäste mit ihren rosa Bottinen und gleißenden Gamaschen, ihren weißen Matrosenkostümen und durchscheinenden Leinenröcken, ihren Panamahüten, kunstvoll blondierten Haarzöpfen und ihrem zur Schau getragenen Pariser Akzent. Plötzlich fühlte Léon, dass Louise sich bei ihm einhakte; das hatte sie noch nie getan.

»Schau dir die gezuckerten Arschgesichter mit ihren Sonnenschirmen an«, sagte sie. »Solltest du mich jemals mit so einem Schirmchen erwischen, musst du mich erschießen.«

»Nein.«

»Ich befehle es dir.«

»Nein.«

»Ich habe sonst niemanden.«

»Na gut.«

Dann gingen sie wieder schweigend nebeneinander, als ob sie ein lange vertrautes Paar wären, das sich nichts mehr zu beweisen hat. Als sie noch auf ihren Rädern gesessen und in die Pedale getreten hatten, waren sie frei und unbefangen gewesen, weil das Ziel noch in der Zukunft gelegen hatte und die Gegenwart nicht das Eigentliche gewesen war; jetzt gab es keinen Hinderungsgrund und keine Ausflucht mehr – was nun war, zählte. Aber auch jetzt, da sie so über den Hafen spazierten, gab es zwischen ihnen keine Vorsicht und kein Unbehagen, nur die Schwierigkeit, sich in Worten auszudrücken.

Was Léon betraf, so reichte schon die Wärme ihrer Hand an seinem Arm, ihn wunschlos glücklich zu machen. Es war das erste Mal in seinem Leben, dass er so nah an der Seite eines Mädchens spazieren durfte; dass er, wenn er nur den Kopf ein wenig zur Seite neigte, den Duft ihres sonnenbeschienenen Haars schnuppern konnte, war schon fast mehr, als er ertragen konnte.

Sie gingen über die Hafenmole zum Leuchtturm hinaus, der den Eingang des Hafens markierte, setzten sich auf die Mauer und betrachteten die ein- und ausfahrenden Dampfschiffe und Segelboote. Als die Sonne sich dem Ozean näherte, kehrten sie ins Städtchen zurück, stiegen die Rue de Paris hinauf und besichtigten die Eglise Saint-Jacques, das Wahrzeichen der Stadt.

Gleich rechts neben dem Eingang gab es eine Madonnenstatue, vor der sie lange stehen blieben; es war eine einfach gefertigte Gipsfigur mit flachem Gesicht, rot bemalten Wangen und schwarzen Knopfaugen. Ihr Gewand bestand aus blauem, goldbesticktem Samt und war über und über bedeckt mit mehrfach gefalteten und gerollten Zetteln. Sie waren mit Stecknadeln am Kleid befestigt, aber auch zwischen den Fingern und am Kopftuch der Muttergottes steckten Zettel, auf ihrem Heiligenschein und auf ihren Füßen lagen Zettel, sogar zwischen ihren Lippen und in ihren Ohren steckten Zettel in allen Größen und Farben.

»Was sind das für Zettel?«, fragte Louise.

»Die Matrosenfrauen bitten die Muttergottes um Schutz für ihre Ehemänner«, sagte Léon. »Ich kenne das von zu Hause. Sie zeichnen ihr Fischerboot auf einen Zettel und hoffen, dass es unter dem Schutz der Heiligen Jungfrau heil wiederkehrt. Andere legen eine Haarlocke ihres schwindsüchtigen Kindes in den Zettel und bitten die Jungfrau, es gesund zu machen. In letzter Zeit hat's auch Fotos von Soldaten dabei.«

»Wollen wir ein paar anschauen?«

»Das bringt Unheil«, sagte Léon. »Das Schiff sinkt. Das Kind stirbt. Der Soldat wird von einer Granate in Stücke gerissen. Und dir faulen die Finger ab, wenn du auch nur einen Zettel anfasst.«

»Dann lassen wir's. Wollen wir gehen?«

»Nur eine Minute noch.« Léon nahm sein Notizbuch und einen Bleistift aus der Brusttasche.

»Du schreibst einen Zettel?« Louise lachte. »Wie ein Matrosenweib?«

Léon riss die Seite aus dem Notizbuch, rollte sie zu einem Röhrchen und steckte sie der Muttergottes unter die rechte Achsel. »Lass uns gehen, es ist bald Ebbe. Ich hole uns fürs Abendbrot Muscheln aus den Felsen.«

In einem Spezereiladen in der Rue de Paris kaufte Léon zwei Baguettes sowie Karotten, Lauch, Zwiebeln, Thymian und eine Flasche Muscadet, dann holten sie ihre Fahrräder und schoben sie im Sonnenuntergang hinunter zum Casino; von dort führte ein breiter Gehweg aus Eichenbohlen über den Kieselstrand an einer langen Reihe weiß getünchter Badehäuschen vorbei. Dahinter erhoben sich stolze Villen mit ringsum laufenden Veranden und weißen Gardinen, die sich in der Meeresbrise leicht und lautlos blähten, erschlafften und blähten, als würden sie atmen.

Léon hatte vom Leuchtturm aus gesehen, dass sich weit hinter den Villen, in den Felsen am südlichen Ende des Strands, ziemlich viel Treibgut verfangen hatte; das wollte er als Brennholz benutzen. Es war kühl geworden, die letzten Badenden waren heimgekehrt, um sich das Meersalz vom Leib zu spülen und sich fein zu machen fürs Abendessen. Léon und Louise fanden am Fuß der Kreidefelsen zwischen zwei mächtigen Felsblöcken ein trockenes, windgeschütztes Plätzchen. Sie räumten die Kiesel weg, bis der Sand zum Vorschein kam, dann breiteten sie eine Decke aus, und Léon machte Feuer aus trockenem Seetang und Treibholz. Louise saß währenddessen auf der Decke, schlang die Arme um ihre Knie und schaute hinaus aufs orange-lila Wellenspiel des Ozeans, als wäre es das dramatischste Märchenspiel.

»Lass uns die Miesmuscheln holen«, sagte er, krempelte seine Hose über die Knie und nahm den Kochtopf vom Fahrrad. »Dort vorn in den Felsen, wo die Möwen in den Tümpeln umherstaksen, müsste es welche geben. Die Touristen holen nie welche, die kaufen sie lieber im Laden. Crevetten hat's da wahrscheinlich auch, aber ohne Netz erwischen wir die nicht.«

Die Möwen kreischten ärgerlich und breiteten widerwillig ihre Flügel aus, machten ein paar Hüpfer und erhoben sich mit zwei, drei Schlägen in die Luft, ließen sich von den Aufwinden erfassen und segelten an der Felswand hoch hinauf bis zu den grünen Wiesen, um sofort wieder in die Tiefe zu stürzen mit ihren spitzen, bedrohlich abwärtsgerichteten Schnäbeln, kurz vor dem Aufprall wieder in Gleitflug überzugehen und wiederum in die Höhe zu segeln.

In den Tümpeln gab es reichlich Muscheln, der Topf war rasch voll. Léon nahm zwei Messer aus der Tasche und zeigte Louise, wie man Algen und Bärte von den Muscheln schabte. Dann kehrten sie zurück an ihren Platz zwischen den Felsbrocken. Er ließ sich auf die Wolldecke fallen und seufzte; dieser Tag war perfekt, sein Glück war vollkommen. Louise aber blieb stehen, machte unschlüssig ein paar Schritte hin und her und steckte sich eine Zigarette an.

»Komm her, mach es dir bequem«, sagte er. »Ich tu dir nichts.«

»Sei du froh, dass ich dir nichts tue.«

»Ist dir kalt?«

»Nein.«

»Möchtest du noch etwas unternehmen, bevor es dunkel wird? Wollen wir einen Spaziergang hinauf zu den Klippen machen?«

»Ich habe Hunger.«

»Ich koche gleich.«

»Soll ich etwas einkaufen?«

»Wir haben alles«, sagte Léon. »Ich muss nur noch die Karotten, die Zwiebeln und den Knoblauch schneiden und das Ganze ein paar Minuten kochen.«

»Soll ich etwas Süßes für den Nachtisch holen? Zwei *Eclairs au Chocolat*?«

»Es ist halb zehn«, sagte Léon. »Sollte mich wundern, wenn die Konditorei noch offen wäre.«

»Ich versuch's.«

Nach einer halben Stunde war sie wieder da. In der Zwischenzeit hatte die Erde sich in die Dunkelheit gedreht. Am Himmel blinkten die ersten Sterne, der Mond war noch nicht aufgegangen. Ein paar schwarze Wolken trieben so niedrig über die Bucht, dass sie vom Blinksignal des Leuchtturms gestreift wurden.

Léon nahm den Topf vom Feuer. Er konnte hinter sich das Knirschen der Kiesel unter Louises Schritten hören. Er drehte sich nicht nach ihr um.

»Das Essen ist fertig. Hast du die Eclairs?«

Sie gab keine Antwort.

Léon rührte im Kochtopf, fischte ein Stück Seegras und eine leere Schale heraus. Ihre Schritte wurden langsamer und verstummten. Dann konnte er fühlen, wie Louise von hinten an ihn herantrat und ihre Hände auf seine Schultern legte. Ihr Haar streifte seinen Hals, ihr Atem strich an seinem rechten Ohr vorbei.

»Du hast mich reingelegt.« Ihre rechte Hand löste sich von seiner Schulter, glitt unter seiner Achsel hindurch und kniff ihn in die Nase. »Du hast es absichtlich eingefädelt und mich vorgeführt wie einen Tanzbären.«

»Dir werden heute Nacht die Finger abfaulen.«

»Stimmt das, was auf dem Zettel steht?«

»Ganz sicher. Auf immer und ewig.«

Léon befreite seine Nase aus Louises Griff, drehte sich um und schaute ihr in die grünen Augen, die im Licht des Feuers leuchteten. Und dann küssten sie sich.

6. KAPITEL

Léon konnte nicht wissen, dass im selben Augenblick, da er vom Nebelhorn eines Dampfers erwachte, eine halbe Million erschöpfte deutsche Soldaten ihre Stiefel schnürte, um zum allerletzten Sturmlauf auf Paris anzusetzen; vielleicht wäre er sonst still an Louise Seite geblieben und hätte sich nicht vom Strand weggerührt, und dann wäre alles anders gekommen. Die Luft war kühl und feucht, der Himmel fahl und diesig. Die Flut war gekommen und wieder gegangen, der Kieselstrand glänzte nass; an den Fusseln der Wolldecken perlten Tautropfen. Hinter der Brandung ragten die Spiere eines gesunkenen Schiffes aus dem Wasser.

Léon schaute hinauf zu den weißen Kreidefelsen, in denen die Möwen in ihren Nestern hockten und ihre Schnäbel im Gefieder wärmten, und weiter hinauf bis zur dünnen Grasnarbe ganz oben, über die der Wind bleigraue Regenwolken trieb. Bis dort gegen Mittag die wärmende Sonne auftauchte, würde es unten am Strand kühl und feucht bleiben. Je länger er hinaufschaute, desto deutlicher hatte er die Empfindung, dass nicht die Wolken über ihn hinwegflogen, sondern er selbst mit dem Strand und den Klippen unter den Wolken hindurchfuhr.

Léon stützte sich auf den Ellbogen und betrachtete die Umrisse von Louises schmaler Gestalt, die sich unter den Decken im Gleichtakt mit der Brandung hob und senkte. Ihr schwarzer, verstrubbelter Haarschopf sah aus wie Katzenfell. Er löste sich von ihrer Seite und stand auf, um Holz zu holen und das Feuer wieder anzufachen. Als die Flammen hochschlugen, ging er der Flutlinie entlang über den Strand und suchte nach Dingen, die das Meer über Nacht angespült haben mochte. Am östlichen Ende des Strands fand er eine rotweiße Boje, auf dem Rückweg eine zwei Meter lange Planke und vier Jakobsmuscheln. Er legte alles neben die Feuerstelle. Da Louise noch immer schlief, ging er hinunter ans Meer und zog sich bis auf die Unterhose aus.

Das Wasser war kühl. Er watete hinaus, tauchte unter einem Brecher durch und schwamm ein paar Züge. Er schmeckte das Salz auf den Lippen, fühlte das vertraute Brennen in den Augen und drehte sich auf den Rücken, ergab sich dem sanften Schaukeln der Wellen und ließ die Ohren unter Wasser sinken, während zur gleichen Zeit am *Chemin des Dames* zum ersten Mal seit vielen Monaten wieder der süßlich-faulige Bananengeruch des Phosgen-Gases durch die Schützengräben kroch und sich in den Lungenbläschen der Soldaten in Salzsäure verwandelte, Zehntausende von jungen Männern sich buchstäblich die Lunge aus dem Leib kotzten und die Überlebenden, falls die Artillerie sie nicht in Stücke schoss, mit blinden, weit aufgerissenen und entsetzlich verdrehten Augen in Richtung Paris flüchteten, während ihnen die vergiftete und verbrannte Haut in Fetzen vom Gesicht und von den Händen fiel.

Léon schaukelte in den Wellen, genoss die Schwerelosigkeit und schaute hinauf in den Himmel, an dem noch immer schwarze Wolken hingen. Nach einer Weile ertönte ein Pfiff – das war Louise, die sich aufgesetzt hatte und ihm zuwinkte. Er ließ sich von der nächsten Welle zurück an den Strand tragen, zog Hemd und Hose über den nassen

Leib und setzte sich zu ihr ans Feuer. Louise schnitt das Brot vom Vorabend in Scheiben und röstete es über der Glut.

»Du hast in der Nacht ein bisschen geschnarcht«, sagte sie.

»Und du hast im Schlaf meinen Namen geflüstert«, sagte er.

»Du bist ein schlechter Lügner«, sagte sie. »Ein Kaffee wäre jetzt gut.«

»Es fängt an zu regnen.«

»Das ist kein Regen«, sagte sie. »Nur eine Wolke, die zu tief fliegt.«

»Die Wolke wird uns nass machen, wenn wir hierbleiben.«

Louise rollte die Wolldecken ein, während Léon mit Sand den Kochtopf putzte, dann schoben sie ihre Räder zurück in die Stadt. Am Hafen gab es ein Bistrot, das schon geöffnet hatte und wie Léons Stammkneipe *Café du Commerce* hieß. Am Tresen standen vier unrasierte Männer in zerknitterten Leinenanzügen, die an ihren Kaffeetassen nippten und sorgfältig aneinander vorbeischauten. Léon und Louise setzten sich an einen Tisch am Fenster und bestellten Milchkaffee.

»Oh, wir sind in schlechte Gesellschaft geraten.« Louise deutete mit ihrem angebissenen Croissant zum Tresen. »Schau dir die Blödmänner an.«

»Die Blödmänner können dich hören.«

»Das macht nichts. Je lauter wir sprechen, desto weniger können sie glauben, dass wir über sie reden. Typische Pariser Blödmänner sind das. Kleine Pariser Blödmänner erster Güte, alle vier.«

»Du kennst dich da aus?«

»Der mit der blauen Sonnenbrille, der seine Visage unter

dem Hut versteckt, hält sich für mindestens so berühmt wie Caruso oder Zola, dabei heißt er Fournier oder so. Und der mit dem Schnurrbart, der die Börsenzeitung liest und dabei Kummerfalten macht: Der hält sich für Rockefeller, weil er drei Eisenbahnaktien besitzt.«

»Und die anderen beiden?«

»Die sind einfach hochwohlgeborene Blödmänner, die keinen grüßen und mit niemandem reden, damit ihnen keiner draufkommt, was für Langweiler sie sind.«

»Das kann schon mal vorkommen, dass man sich langweilt«, entgegnete Léon. »Ich langweile mich auch gelegentlich. Du nicht?«

»Das ist etwas anderes. Wenn du oder ich uns langweilen, dann in der Hoffnung, dass sich irgendwann etwas ändern wird. Die dort aber langweilen sich, weil sie immerzu wünschen müssen, dass alles beim Alten bleibt.«

»Für mich sehen sie alle vier aus wie ganz normale Familienväter. Die haben sich aus dem Haus geschlichen unter dem Vorwand, dass sie zum Bäcker gehen. Jetzt gönnen sie sich eine Viertelstunde Frieden, bevor sie in ihre Villen zurückkehren zu ihren schwierigen Gattinnen und ihren anspruchsvollen Kindern.«

»Meinst du?«

»Der mit der blauen Brille hat die ganze Nacht mit seiner Frau gestritten, weil sie ihn nicht mehr liebt und er das bitte nicht wissen möchte. Und der mit der Zeitung fürchtet sich vor den endlos langen Nachmittagen am Strand, an denen er mit seinen Kindern spielen muss und keine Ahnung hat, wie er das anstellen soll.«

»Wollen wir zu den Fischern gehen?«, fragte Louise. »In die Fischerkneipe?«

»Wir sind keine Fischer.«

»Das ist doch egal.«

»Uns schon, aber den Fischern nicht. Die halten uns für Pariser Blödmänner. Allein schon, weil wir keine Fischer sind.« Léon schob die Gardine zur Seite und schaute aus dem Fenster. »Die nasse Wolke ist weg.«

»Dann lass uns gehen«, sagte Louise. »Lass uns nach Hause fahren, Léon. Das Meer haben wir jetzt gesehen.«

Durchdrungen von Sonne, Wind und Regenschauern, der frischen Luft des Ozeans und einer Nacht mit wenig Schlaf machten Léon und Louise sich auf den Heimweg. Er führte über dieselben Straßen, durch dieselben Hügel und an denselben Dörfern vorbei, die sie schon am Tag zuvor gesehen hatten; sie tranken Wasser am selben Dorfbrunnen und kauften Brot in derselben Bäckerei. Ihre Fahrräder surrten zuverlässig, und bald zeigte sich auch wieder die Sonne – alles war genau wie am Tag zuvor, und doch war jetzt ein Zauber in alles gefahren. Der Himmel war weiter, die Luft war frischer, die Zukunft strahlend, und es schien Léon, als sei er zum ersten Mal im Leben richtig wach, als sei er müde zur Welt gekommen und hätte sich sein ganzes bisheriges Leben müde von Tag zu Tag geschleppt bis zu ebendiesem Wochenende, an dem er nun endlich aufgewacht war. Es gab ein Leben vor Le Tréport und eines nach Le Tréport.

Am Mittag aßen sie Suppe in einem Landgasthof, dann machten sie Rast in einem Heuschober am Wegrand – und während alles, was bisher geschah, reine Legende ist, setzt zu jener Mittagsstunde, da sie im Heuschober schliefen, die Überlieferung meines Großvaters ein, der viele Jahrzehnte später gern und oft zum Besten gab, wie er Ende Mai 1918 zum ersten und einzigen Mal in den Großen Krieg geriet. Er erzählte seine Geschichte stets mit charmanter Zurückhaltung, detailgetreu auch nach vielfacher Wiederholung und glaubwürdig bis auf den kleinen, von allen Familienmitgliedern durchschauten Schwindel, dass Louise in seiner Version aus Gründen der Schamhaftigkeit kein Mädchen war, sondern ein Arbeitskamerad namens Louis.

Als nun also Léon und Louise – oder eben Louis – nach einer Stunde Schlaf im Heuschober wieder aufwachten, hörten sie durchs Ziegeldach entferntes Donnergrollen, das sie für ein Gewitter hielten. In aller Eile kletterten sie vom Heuschober hinunter, schoben ihre Räder ins Freie und fuhren los, die Haare und Kleider noch voller Stroh, um möglichst lang vor dem nahenden Unwetter herzufahren und es vielleicht erst nach der Ankunft in Saint-Luc über sich ergehen zu lassen.

Wie sich aber herausstellen sollte, handelte es sich beim Donner nicht um ein atmosphärisches Phänomen, sondern um das Mündungsfeuer deutscher Artillerie. Allmählich wandelte sich das Grollen in Knallen, dann wurde die Luft von Zischen, Sirren und Heulen zerschnitten, und dann stiegen hinter einem Wäldchen die ersten Rauchsäulen auf. In Panik flohen die beiden über die Landstraße, während hinter ihnen, vor ihnen und neben ihnen Rauchsäulen aufstiegen, und dann fuhren sie auch schon an einem frischen, rauchenden Bombenkrater vorbei, an dessen Rand ein gestürzter Apfelbaum seine Wurzeln in den Himmel streckte. Beißender Rauch lag in der Luft, Himmelsrichtungen gab es keine mehr, an Umkehr und Rückzug war, da die Gefahr von überall und nirgendwo herzukommen schien, nicht zu denken.

Immer schneller und noch schneller fuhren sie durch die detonierende Landschaft, Louise voraus und Léon in ihrem Windschatten, und als der Abstand zwischen ihnen sich vergrößerte und sie sich fragend umsah, winkte er ihr: Geh, geh!, und da sie zögerte und auf ihn zu warten schien, wurde er wütend und schrie: »Jetzt geh, verdammt!«, worauf sie entschlossen aus dem Sattel stieg und davonfuhr.

Louise war eben hinter einem Hügel verschwunden, als gerade dort eine Explosionswolke aufstieg. Léon schrie und stürmte hügelan. Als er die Anhöhe erreichte, explodierte einen Steinwurf vor ihm die Straße. Geröll flog baumhoch in die Luft, eine braune Wand aus Staub breitete sich aus. Dann tauchte ein Kampfflugzeug auf, bestrich die Straße mit Maschinengewehrfeuer und drehte wieder ab, während Léon mit Höchstgeschwindigkeit und zwei Kugeln im Bauch blindlings in den Krater stürzte, wo er einen Backenzahn, das Bewusstsein und in den folgenden Stunden ziemlich viel Blut verlor.

7. KAPITEL

Als Léon Le Gall am 17. September 1928 nachmittags um halb sechs wie gewohnt seine Laborschürze in den Spind hängte, Hut und Mantel herausnahm und sich auf den Heimweg machte, ahnte er nicht, dass sein Leben in den nächsten Minuten eine entscheidende Wendung nehmen würde. Wie tausendmal zuvor lief er am Quai des Orfèvres der Seine entlang und schaute gewohnheitsmäßig im Vorübergehen in die Kästen der Bouquinisten, dann ging er über die Brücke ans linke Ufer zur Place Saint-Michel.

Diesmal aber lief er ausnahmsweise nicht weiter den Boulevard hinauf ins Quartier Latin und bog nicht in die Rue des Écoles ein, wo er in Haus Nummer 14, gleich gegenüber vom Collège de France und von der Ecole Polytechnique, mit seiner Frau Yvonne und dem vierjährigen Michel in der vierten Etage eine neue, helle Dreizimmerwohnung mit Riemenparkett und Stuckaturen an der Decke bewohnte – diesmal stieg er in Abweichung vom üblichen Heimweg an der Place Saint-Michel in die Métrostation hinunter und fuhr zwei Stationen in Richtung Porte d'Orléans, um in Yvonnes Lieblingskonditorei Erdbeertörtchen zu besorgen. Es war Dienstschluss in allen Banken, Büros und Kaufhäusern der Hauptstadt, die Straßen und die Métro waren bevölkert mit Tausenden von Männern, die einander zum Verwechseln ähnlich sahen in ihren schwarzen oder grauen Anzügen, ihren weißen Hemden und ihren dezenten Krawatten; manche trugen einen Hut und die meisten einen Schnurrbart, einige einen Gehstock und viele Gamaschen, und jeder Einzelne war unterwegs auf seinem Trampelpfad von seinem ganz persönlichen Schreibtisch zu seinem ganz persönlichen Küchentisch, von wo er nach seinem ganz persönlichen Abendbrot in seinen ganz persönlichen Ohrensessel und schließlich in sein ganz persönliches Bett sinken würde, wo ihn, wenn er Glück hatte, seine ganz persönliche Ehefrau durch die Nacht warm hielt, bevor er nach der morgendlichen Rasur aus seiner ganz persönlichen Tasse Kaffee trinken und wieder aufbrechen würde zu seinem ganz persönlichen Schreibtisch.

Léon war längst darüber hinweg, sich über die banale Absurdität dieser täglichen Völkerwanderung zu wundern. In den ersten Jahren, nachdem er der Gravitation der Hauptstadt erlegen war, hatte er noch Heimweh gehabt und sich schwergetan mit dem Gebell der Stadtmenschen und der aggressiven Selbstverliebtheit der Pariser, dem Lärm der Automobile und dem Gestank der Kohleheizungen, und täglich aufs Neue hatte er sich darüber gewundert, dass er ein Glied jener Heerscharen geworden war, die Tag für Tag über die Trottoirs liefen und ihre neuen Anzüge herzeigten, die Ellbogen ausfuhren oder die Wände entlangstrichen, manche nur ein paar Monate, andere für die Höchstdauer von dreißig oder vierzig Jahren, einige in der Überzeugung, die Welt habe nur auf sie gewartet, andere in der Hoffnung, die Welt werde schon noch auf sie aufmerksam werden, und wieder andere im bitteren Wissen, dass die Welt, seit es sie gibt, noch nie auf jemanden gewartet hat.

Damals hatte Léon sich von der Welt getrennt und in seinen Gedanken eingeschlossen gefühlt, und es war ihm ein

Rätsel gewesen, wie all die anderen Kerle genussvoll Suppe schlürfen und Ehrgeiz in absurden Berufen entwickeln, alberne Witze reißen und blondierten Weibern den Hof machen konnten, ohne sich im Geringsten von der Welt getrennt oder eingeschlossen zu fühlen. Aber dann hatte sein erster Sohn Michel das Licht der Welt erblickt und ihm vom ersten Tag an lautstark zur Kenntnis gebracht, dass man im Leben selbstverständlich unbedingt Suppe essen muss, weshalb ein gewisser Ehrgeiz in absurden Berufen nicht a priori sinnlos ist, und dass sich diese Anstrengung leichter ertragen lässt, wenn man gelegentlich alberne Witze reißt oder einem blondierten Weib den Hof macht; zudem zog die Vaterschaft derart viele häusliche Pflichten nach sich, dass Léon schlicht die Muße nicht mehr hatte, sich von der Welt getrennt und in seinen Gedanken eingeschlossen zu fühlen, weshalb eine erhebliche Anzahl philosophischer Fragen ziemlich rasch dramatisch an Dringlichkeit einbüßte.

Stattdessen lernte er die Zartheit eines absichtslosen Lächelns schätzen und die seltene Köstlichkeit ungestörter Nachtruhe, und nach dem ersten Frühlingsspaziergang mit Frau und Kind und Kinderwagen im leuchtenden Sonnengespinst des Jardin des Plantes hatte er sich sogar so weit mit dem Leben in der Großstadt ausgesöhnt, dass er nur noch selten Heimweh nach dem Strand von Cherbourg hatte und sich nur in stillen Augenblicken danach sehnte, mit seinen Freunden Patrice und Joël das alte Segelboot wieder flottzumachen und auf den Ärmelkanal hinauszufahren.

Aber an Louise dachte er noch immer jeden Tag. Léon war nun achtundzwanzig Jahre alt; zehn Jahre war es her, seit er auf halbem Weg zwischen Le Tréport und Saint-Luc in einen Bombentrichter gefahren war. Er hatte nie in Erfahrung bringen können, wie lange er dort, triefend nass von stundenlangem Regen, in Schutt und Schlamm und seinem eigenen Blut gelegen hatte, mal ohnmächtig vor Schmerz, dann vom selben Schmerz wieder wachgehalten, bis aus östlicher Richtung in der Abenddämmerung ein hellbrauner Lastwagen mit rotem Kreuz auf weißem Grund heranrumpelte und am Trichterrand stehen blieb. Zwei Sanitäter, die ein ulkiges Französisch sprachen und sich als Kanadier herausstellten, hoben Léon mit routinierten Handgriffen aus dem Schlamm, legten ihm einen Druckverband um den Bauch und betteten ihn auf die Ladebrücke zwischen zwölf verwundete Soldaten.

»Warten Sie«, rief Léon und packte den einen Sanitäter am Ärmel. »Dort vorne liegt noch jemand.«

»Wo denn?«, fragte der Soldat.

»Auf der Straße. Hinter dem Hügel.«

»Da sind wir eben hergekommen. Dort ist keiner.«

»Ein Mädchen.« Léon keuchte, das Sprechen fiel ihm schwer.

»Ach ja? Eine Blondine oder eine Brünette? Ich mag Rothaarige. Ist's eine Rothaarige?«

»Mit einem Fahrrad.«

»Hat sie hübsche Beine? Und die Möpse, was hat sie für Möpse, Kamerad? Ich mag die milchig weißen Möpse der Rothaarigen. Besonders, wenn sie nach außen schielen.«

»Ihr Name ist Louise.«

»Wie ist ihr Name, was sagst du? Sprich lauter, Kamerad, ich kann dich nicht verstehen!«

»Louise.«

»Hör zu, dort liegt keine Louise, die wäre mir aufgefallen. Ganz bestimmt wäre mir eine Louise aufgefallen, verflucht nochmal, da kannst du dich drauf verlassen. Wo sie doch so hübsche Möpse hat.«

»Auch kein Fahrrad?«

»Was für ein Fahrrad – deins, das da? Das ist hinüber, Kamerad.«

»Das Mädchen war mit einem Fahrrad unterwegs.«

»Die rote Louise? Mit den schielenden Möpsen?«

Léon schloss die Augen und nickte.

»Dort hinter dem Hügel? Tut mir leid, da ist nichts. Keine Möpse, kein Fahrrad.«

»Bitte«, hauchte Léon.

»Wenn ich es doch sage«, sagte der Sanitäter.

»Ich bitte Sie.«

»Verfluchte Scheiße. Na gut, ich schau nochmal nach.«

Der Sanitäter gab dem Fahrer ein Zeichen und ging zu Fuß zurück hinter die Hügelkuppe. Fünf Minuten später kam er wieder.

»Ich sag's doch, da liegt nichts«, sagte der Soldat.

»Wirklich nicht?«

»Ein kaputtes Fahrrad liegt da.« Der Soldat lachte und öffnete die Beifahrertür. »Aber weder Möpse noch Möse. Leider.«

Dann kehrte der Transporter, der keine Federung und keine Kupplung zu haben schien, in endlos langer Fahrt ausgerechnet zurück nach Le Tréport ins kanadische Militärhospital. Die zwei Sanitäter trugen ihre dreizehn menschlichen Frachtstücke eins ums andere in die Notaufnahme, und wenig später wurde Léon im Operationszelt unter Lachgas gesetzt von einem blutverschmierten und schweigsamen

Arzt, der ihm die zwei Maschinengewehrkugeln mit raschen, großzügigen Schnitten aus dem Leib holte und anschließend seinen Bauch mit raschen, großzügigen Stichen wieder zunähte. Wie er später erfahren sollte, war das eine Projektil in seinem rechten Lungenflügel stecken geblieben, das andere hatte ihm zwei Löcher in die Magenwand geschlagen und war am linken Beckenknochen zum Stillstand gekommen.

Da er viel Blut verloren hatte und die Operationsnarbe dreißig Zentimeter lang war, musste er mehrere Wochen im Lazarett bleiben. Nach dem Aufwachen aus der Narkose war sein erster Anblick von dieser Welt das freundliche, runde und sommersprossige Gesicht einer Pflegerin, die mit gerunzelter Stirn auf die Uhr schaute, ihre Fingerkuppen auf sein Handgelenk presste und stumm die Lippen bewegte.

»Verzeihung, Mademoiselle, ist hier vielleicht ein Mädchen eingeliefert worden?«

»Ein Mädchen?«

»Louise? Grüne Augen, kurzes schwarzes Haar?«

Die Pflegerin lachte auf, schüttelte ihre Locken und rief einen Arzt herbei. Da auch er den Kopf schüttelte, befragte Léon im Lauf des Tages sämtliche Pflegerinnen, Sanitäter, Ärzte und Patienten, die an seinem Bett vorüberzogen, und da alle nur lachten und niemand ihm Auskunft geben konnte, schrieb er am Abend drei Briefe nach Saint-Luc-sur-Marne: einen an den Bürgermeister, einen an den Bahnhofsvorsteher Barthélemy und einen an den Wirt des *Café du Commerce*. Und obwohl er wusste, dass die Feldpost langsam arbeitete und er mit Antwort erst nach Wochen oder Monaten rechnen konnte, ließ er schon am nächsten

Morgen bei der Lazarettverwaltung nachfragen, ob Post für ihn angekommen sei.

Drei Wochen nach der Operation konnte er erstmals allein aufstehen; weitere drei Wochen später, es war schon Mitte Juli, unternahm er einen ersten kurzatmigen Spaziergang zu den Klippen. Er ging an der schroffen Kante den hundert Meter tiefer liegenden Strand entlang, setzte sich am westlichen Ende ins Gras und schaute hinunter auf die schwarzen Muschelbänke, die Überreste der Feuerstelle und auf das sandige Plätzchen zwischen den Felsen, an dem er mit Louise eine Nacht verbracht hatte.

Zweiundvierzig Tage war das erst her. Das Meer war dieselbe bleigraue Paste wie damals, der Wind trieb dieselben Regenwolken über den Kanal, und die Möwen spielten genauso mit dem Aufwind, und die Welt schien unbeirrt von den Entsetzlichkeiten, die sich in der Zwischenzeit an Land ereignet hatten; die Möwen würden auch morgen und übermorgen mit dem Aufwind spielen, und sie würden auch dann noch mit dem Aufwind spielen, wenn hinter den Klippen im Norden Frankreichs nicht nur ein paar hunderttausend Männer, sondern sämtliche Menschenvölker dieser Erde sich vollzählig versammeln würden, um einander in einem letzten wirklich großen Blutrausch milliardenweise hinzuschlachten, und die Möwen würden auch dann noch ihre Eier legen und ausbrüten, wenn über diese Klippen sich ein letzter Strom von Menschenblut hinab ins Meer ergoss – die Möwen würden mit dem Aufwind spielen bis in alle Ewigkeit, weil sie eben Möwen sind und keine Veranlassung haben, sich in ihrem Möwenleben mit den Dummheiten von Menschen, Buckelwalen oder Spitzmäusen herumzuschlagen.

Weil Léon als Zivilist das Diensttelefon im Lazarett unter keinen Umständen benutzen durfte, schleppte er sich drei Tage später gegen das ausdrückliche Verbot des Chefarztes die vierhundert Treppenstufen hinunter ins Städtchen und ließ sich auf dem Postamt mit dem Rathaus von Saint-Luc-sur-Marne verbinden; als dort niemand abnahm, rief er den Bahnhof an.

Es war Madame Josianne, die nach viel Rauschen und Knacken und der Vermittlung dreier aufeinanderfolgender Telefonistinnen den Hörer abnahm, und Léon musste seinen Namen mehrmals wiederholen, bis sie verstand, wer am Apparat war. Sie brach in weinerlichen Jubelsingsang aus, nannte ihn ihren herzallerliebsten Engel und wollte wissen, wo um Jesumariawillen er die ganze Zeit gesteckt habe, ließ ihn dann aber nicht zu Wort kommen, sondern befahl ihm, auf der Stelle nach Hause zu kommen, da hier alle in großer Sorge um ihn seien, wobei man sich ehrlich gesagt schon gar keine Sorgen mehr gemacht habe, er müsse das verstehen, fünf Wochen nach seinem spurlosen Verschwinden und nach Ausbleiben jedes Lebenszeichens, sondern mit großer Sicherheit davon ausgegangen sei, dass er wie die kleine Louise, mit der man ihn ja aus der Stadt habe fahren sehen, dass er also wie die arme kleine Louise in der letzten deutschen Offensive von Ende Mai, in der allerletzten deutschen Offensive nach vier Jahren Krieg, dieses Pech müsse man sich mal vorstellen, denn es sei jetzt doch wohl klar, dass die *Boches* nun zurück über den Rhein geprügelt würden, das sei die Rache für Siebzigeinundsiebzig, der Krieg sei entschieden und praktisch schon vorbei, seit die Amerikaner mit ihren Panzern und ihren Negersoldaten …

»Was ist mit Louise?«, fragte Léon.

Jedermann im Städtchen habe angenommen, dass Léon irgendwie in die deutsche Offensive vom 30. Mai geraten sei, weshalb man übrigens, sie sage das ungern, seinen Posten als Morseassistent neu habe besetzen müssen, er werde das gewiss verstehen, die Arbeit habe nicht warten können, was ihn aber nicht daran hindern solle, auf der Stelle nach Hause zu kommen, eine Suppe und ein Plätzchen zum Schlafen finde er bei Madame Josianne immer, alles Weitere werde sich fügen.

»Was ist mit Louise?«, fragte Léon.

»Scheiße«, seufzte Madame Josianne in ungewohnt burschikoser Wortwahl und zog dabei die Vokale in die Länge, als könne sie so die unausweichliche Antwort hinauszögern.

»Was ist mit Louise?«

»Hör zu, mein Goldschatz, die kleine Louise ist bei einem Bombenangriff ums Leben gekommen.«

»Nein.«

»Doch.«

»Scheiße.«

»Ja.«

»Wo?«

»Ich weiß es nicht, mein Liebling, niemand weiß es. Man hat ihre Tasche und ihre Identitätskarte gefunden auf der Landstraße zwischen Abbeville und Amiens. Keine Ahnung, was sie dort verloren hatte. Die Leute sagen, dass die Tasche leer war bis auf eine Boje und vier Jakobsmuscheln und dass auf dem Ausweis Blutflecken waren. Ob's stimmt, weiß ich nicht, du weißt ja, mein Engel, wie die Leute sind, geredet wird viel.«

»Und das Fahrrad?«, fragte Léon und schämte sich schon eine Sekunde später für seine belanglose Frage. Auch Madame Josianne schwieg verwundert und sprach dann taktvoll in sanftem Tonfall weiter.

»Wir sind hier alle sehr traurig, mein kleiner Léon, jedermann in Saint-Luc hat Louise sehr gemocht. Sie war eine Heilige, jawohl, das war sie. Léon, bist du noch da?«

»Ja.«

»Du kommst jetzt heim, mein Augenstern, ja? Sieh zu, dass du es zum Abendessen schaffst, es gibt Ratatouille.«

Tatsächlich traf Léon rechtzeitig zum Abendessen am Bahnhof von Saint-Luc ein. Er ließ sich von Madame Josianne küssen und füttern und mit Kosenamen überschütten, dann kleidete sie ihn in frische Kleider und schimpfte ihn aus, weil er bleich und mager sei wie der Tod. Bahnhofsvorsteher Barthélemy seinerseits wollte, als Josianne in der Küche den Abwasch besorgte, Léons frische Narben sehen und alles wissen über das deutsche Kampfflugzeug an jenem Junimorgen, den Bombenkrater auf der Straße und die Rocklänge an den Uniformen der kanadischen Krankenschwestern.

Weil aber weder er noch Josianne etwas über Louise zu sagen wussten, entschuldigte sich Léon nach dem Kaffee und ging auf einen Spaziergang durch die Platanenallee, um die Quatschköpfe im *Café du Commerce* zu befragen. Als er das Lokal betrat, feierten sie ihn, als sei er von den Toten auferstanden, redeten und brüllten durcheinander und bestellten Lokalrunden Pernod, die hernach keiner bezahlen wollte; als er aber die Rede auf Louise brachte, wurden sie einsilbig, schauten beiseite und beschäftigten sich mit ihren Zigaretten und ihrem Pfeifentabak.

Auch der Bürgermeister, den Léon am nächsten Morgen

im Rathaus aufsuchte, konnte ihm keine Auskunft geben.

»Ich spreche im Namen der ganzen Stadt und des Kriegs-ministeriums, wenn ich dir sage, dass wir das Ableben der kleinen Louise zutiefst bedauern«, sagte er in seiner gewohnt staatsmännischen Manier, strich aber gleichzeitig ganz hausfraulich auf dem Schreibtisch mit beiden Händen eine inexistente Tischdecke glatt. »Das brave Mädchen hat viel für das Vaterland und die Hinterbliebenen unserer Kriegshelden geleistet.«

»Gewiss, Monsieur le Maire«, sagte Léon, dem das pompöse Getue des Alten schon auf die Nerven ging. Zum ersten Mal fiel ihm auf, dass er einen Hals wie ein Truthahn hatte und eine blau geäderte Nase wie sein Amtskollege in Cherbourg. »Aber weiß man denn mit Sicherheit …«

»Leider Gottes, mein Sohn«, sagte der Bürgermeister, dem das Interesse des Jungen an seiner kleinen Louise fehl am Platz schien, »sprechen die Fakten eine deutliche Sprache, jeder Zweifel ist ausgeschlossen.«

»Hat man denn … ihren Körper gefunden?«

Der Bürgermeister versank in seinem Sessel und schnaufte vernehmlich aus, teils aus Trauer um die runden Brüste der kleinen Louise, teils aus Ärger über die Hartnäckigkeit des jungen Spundes und aus Eifersucht darüber, dass er sein zärtliches Andenken mit diesem teilen musste.

»Du sollst nicht hadern, mein Kleiner.«

»Hat man ihren Körper gefunden, Monsieur le Maire?«

»Wir selbst haben bis zuletzt gehofft …«

»Hat man Louises Körper gefunden, Monsieur le Maire?«

»Ich will nicht annehmen, dass du mein Wort in Zweifel ziehst«, entgegnete der Bürgermeister mit ungewollter Schärfe. Und um den Jungen zum Schweigen zu bringen und endgültig zu besiegen, eröffnete er ihm aus einer Eingebung heraus, dass man von der kleinen Louise eingesammelt habe, was man von ihr in weitem Umkreis um ihre Tasche habe finden können, und dass man ihre Überreste laut Mitteilung des Kriegsministeriums in einem anonymen Massengrab bestattet habe.

»Ich danke Ihnen, Monsieur le Maire«, flüsterte Léon. Alle Farbe war aus seinem Gesicht gewichen, und seine eben noch sprungbereit angespannte Gestalt war in sich zusammengesunken. »Weiß man denn, wo sich das Grab …«

»Leider nein«, sagte der Bürgermeister, der nun Mitleid hatte mit dem Jungen und sich seines schändlichen Triumphs bereits schämte. Zwar hatte er für sein Empfinden nicht eigentlich gelogen, sondern nur eine an Gewissheit grenzende Vermutung als verbürgte Tatsache ausgegeben; weil er aber im Grunde seines Wesens ein aufrichtiger Mensch war, hätte er viel darum gegeben, die Worte, die ihm entschlüpft waren, wieder einfangen zu können. Nun versuchte er zu retten, was zu retten war.

»Im Krieg geht vieles drunter und drüber, verstehst du? Kopf hoch, sage ich immer. Vergessen wir, was war, und schauen vorwärts, das Leben muss weitergehen. Was hast du nun vor, wo gehst du hin?«

Léon antwortete nicht.

»Deine Stelle am Bahnhof hat man ja wieder besetzen müssen, das wirst du verstehen. Brauchst du etwas Neues, kann ich dir behilflich sein?«

Léon stand auf und knöpfte seine Jacke zu.

»Lass mal sehen, ich habe mit der heutigen Post die neue Liste mit Stellenangeboten des Kriegsministeriums erhalten. Sag mir, was kannst du denn?«

Wie es sich ergab, suchte die *Police Judiciaire* am Quai des Orfèvres in Paris dringend einen zuverlässigen Fernmelde-spezialisten mit langjähriger Erfahrung in Morsetechnik, Stellenantritt per sofort. Der Bürgermeister griff zum Telefon, und anderntags nahm Léon den Frühzug um acht Uhr sieben nach Paris.

8. KAPITEL

Seit jenem Tag waren zehn Jahre vergangen. Léon war ein noch immer junger Mann von achtundzwanzig Jahren. Sein Haar war vielleicht nicht mehr ganz so voll wie damals, aber seine Gestalt war leicht und jugendlich, und auf der Treppe zur Métrostation nahm er, auch wenn er nicht in Eile war, nach wie vor zwei Stufen aufs Mal, manchmal sogar drei.

Er legte Kleingeld in die Messingschale und nahm seinen Fahrschein, ging am automatischen Portillon vorbei und die Treppe hinunter in den weißgekachelten Tunnelschacht. Es war die Stunde, da seine Frau Yvonne, die dreiunddreißig Jahre später meine Großmutter werden sollte, das Abendessen zubereitete und sein erstgeborenes Söhnchen, das zu meinem Onkel Michel heranwachsen sollte, im goldenen Trapez, das die Sonne im Salon auf den Parkettboden warf, mit seiner Blechlokomotive spielte. Léon stellte sich vor, wie die beiden sich über die Erdbeertörtchen freuen würden, und gab sich der Hoffnung hin, dass der Abend wieder einmal einen friedlichen Verlauf nehmen werde.

In den letzten Wochen waren friedliche Stunden selten gewesen. Kaum ein Abend war vergangen ohne häusliches Drama, das stets ohne ersichtlichen Grund, gegen ihrer beider Willen und aus nichtigstem Anlass über sie hereingebrochen war; und die Wochenenden waren eine einzige Folge tapfer verheimlichten Unglücks, überdrehter, falscher

Fröhlichkeit und plötzlicher Tränenausbrüche gewesen. Während die Métro in die Station einfuhr, rief Léon sich das Drama vom Vorabend in Erinnerung. Es hatte seinen Anfang genommen, nachdem er den Kleinen zu Bett gebracht und ihm wie jeden Abend eine Gutenachtgeschichte erzählt hatte. Als er in den Salon zurückkehrte und die Schachtel mit den Einzelteilen jener Napoléon-III.-Wanduhr aus dem Schrank nahm, die er auf dem Flohmarkt als rostiges Gerippe gekauft hatte und seit Monaten in Gang zu bringen versuchte, hatte Yvonne ihn aus scheinbar heiterem Himmel ein Monstrum an Gleichgültigkeit und Gefühlskälte genannt, war in Pantoffeln aus der Wohnung gestürzt und durchs Treppenhaus hinunter in die Rue des Écoles gerannt, wo sie ratlos und blind vor Tränen in der Abenddämmerung stehen blieb, bis Léon sie einholte und am Arm zurück in die Wohnung geleitete. Er hatte sie zum Sofa geführt, ihr eine Decke über die Schultern gelegt und Briketts in den Ofen geschoben, die Schachtel mit der Wanduhr zum Verschwinden gebracht und Tee aufgesetzt, und dann hatte er sich halb heuchelnd, halb aufrichtig für seine Unaufmerksamkeit entschuldigt und sich erkundigt, womit er sie denn so betrübt habe. Und da sie keine Antwort wusste, war er in die Küche zurückgekehrt und hatte Schokolade geholt, während sie auf dem Sofa sitzen blieb und sich unnütz, dumm und hässlich fühlte.

»Sei ehrlich, Léon, gefalle ich dir noch?«

»Du bist meine Frau, Yvonne, das weißt du doch.«

»Ich habe Flecken im Gesicht und trage Stützstrümpfe wegen der Krampfadern. Wie eine alte Frau.«

»Das geht vorbei, Liebes. Das ist doch nicht wichtig.«

»Siehst du, es ist dir egal.«

»Aber nein.«

»Du hast gerade gesagt, es sei nicht wichtig. Ich verstehe dich ja, mir wär's an deiner Stelle auch egal.«

»Es ist mir nicht egal, was redest du denn.«

»An deiner Stelle hätte ich mich längst verlassen. Sei ehrlich, Léon, hast du eine andere?«

»Aber nein. Ich betrüge dich nicht, das weißt du doch.«

»Ja genau, das weiß ich doch.« Yvonne nickte bitter. »So etwas würdest du nie tun, und zwar aus dem einen schlichten Grund, weil es falsch wäre. Du tust stets das Richtige, nicht wahr? Du bist immer so beherrscht, du könntest mich gar nicht betrügen, mein gewissenhafter Léon, selbst wenn du es dir noch so dringend wünschtest. Das wird dir nie passieren, dass du etwas tust, was du nicht für richtig hältst.«

»Hältst du das für falsch, dass ich nichts Falsches tun will?«

»Manchmal wünschte ich, ich könnte dich aus dem Gleichgewicht bringen, verstehst du? Manchmal wünschte ich, du würdest nur einmal, ein einziges Mal die Beherrschung verlieren – mich und das Kind schlagen, dich betrinken, die Nacht bei einer Prostituierten verbringen.«

»Du wünschst dir Dinge, die du nicht willst, Yvonne.«

»Sag mir, weshalb behandelst du mich, als wäre ich deine Mutter?«

»Wie meinst du das?«

»Wieso umarmst du mich nie, und weshalb liegst du nachts seit Wochen ganz außen am äußersten Bettrand?«

»Weil du, wenn ich dich küsse, zusammenzuckst. Weil du, wenn ich dir das Haar streichle, in Tränen ausbrichst und mich einen Heuchler nennst. Weil du mich im Bett einen triebhaften Schimpansen geschimpft hast und verlangtest, dass ich dich in Ruhe lasse. Das habe ich getan, und jetzt brichst du gerade deshalb in Tränen aus. Sag mir, was ich tun soll.«

Yvonne lachte auf und wischte sich mit dem Handrücken die Tränen aus den Augen. »Du hast es wirklich nicht leicht, mein armer Léon. Wir wollen uns nicht mehr zanken, ja? Aber wir wollen einander auch nicht belügen und uns nichts vorspielen. Lass uns offen reden. Was ich will, kann ich nicht von dir verlangen, und was du willst, kann ich dir nicht geben.«

»Das ist Unsinn, Yvonne. Du bist meine Frau, und du bist mir eine gute Frau. Ich bin dein Mann und gebe mir Mühe, dir ein guter Mann zu sein. Das allein zählt. Alles Weitere wird sich finden.«

»Nein, das wird sich nicht finden, das weißt du besser als ich. Was nun mal nicht ist, findet sich nicht. Man kann sich wohl Mühe geben, aber für seine Wünsche kann man nichts.«

»Was wünschst du dir denn? Sag es mir.«

»Lass gut sein, Léon. Ich kann nicht von dir verlangen, was ich mir wünsche, und ich kann dir nicht geben, was du dir wünschst. Wir kommen ganz gut zurecht und machen einander das Leben nicht zur Hölle, aber wirklich zusammen sind wir nicht. Damit müssen wir leben bis zum Ende.«

»Was sprichst du vom Tod, Yvonne, wir sind erst achtundzwanzig.«

»Willst du die Scheidung? Sag's mir, willst du die Scheidung?«

So ging das immerzu. Es war für sie beide geradezu eine Erleichterung gewesen, als auf Yvonnes abendliche Gefühlsausbrüche Anfälle morgendlicher Übelkeit folgten; nach dem Besuch beim Gynäkologen war sie kleinlaut und voller Reue gewesen, hatte Léon um Verzeihung gebeten, verwundert ihren Bauch betrachtet und die Vermutung geäußert, dass dieses Kind wohl ein Mädchen sei; denn den kleinen Michel, daran erinnerte sie sich deutlich, hatte sie drei Jahre zuvor ausgetragen in einer Stimmung selbstgenügsamer, in sich selbst hineinlauschender Zufriedenheit, die übrigens zu Léons Gunsten gewürzt gewesen war mit häufigen Anfällen animalischer Lüsternheit, die sie an sich selbst zuvor nicht gekannt hatte.

Dass von animalischer Lüsternheit diesmal keine Rede sein konnte, trug Léon mit Fassung. Er war zu einem Mann von einiger Lebenserfahrung herangewachsen, und nach fünf Jahren Ehe war ihm bekannt, dass die Seele einer Frau auf geheimnisvolle Weise in Verbindung steht mit den Wanderungen der Gestirne, dem Wechselspiel der Gezeiten und den Zyklen ihres weiblichen Körpers, möglicherweise auch mit unterirdischen Vulkanströmen, den Flugbahnen der Zugvögel und dem Fahrplan der französischen Staatsbahnen, eventuell sogar mit den Förderquoten auf den Ölfeldern von Baku, den Herzfrequenzen der Kolibris am Amazonas und den Gesängen der Pottwale unter dem Packeis der Antarktis.

Trotzdem überstiegen die ständig wiederkehrenden Dramen, in denen es, bei Lichte betrachtet, um wenig oder nichts ging, allmählich seine Kräfte. Zwar wusste er um die Flüchtigkeit ihrer Launen und dass es seinem Eheglück förderlich war, wenn er diese Anfälle temporärer Unzurechnungsfähigkeit gelegentlich überhören oder rasch wieder vergessen konnte. »Man darf ihnen das nicht übelnehmen«, hatte sein Vater ihm einmal eingeschärft, als er ihn in einem Augenblick der Not telefonisch um Rat gebeten hatte. »Sie können nichts dafür, es ist wie eine milde Art von Epilepsie, verstehst du?«

Allerdings widerstrebte es Léon, ein zentrales Wesensmerkmal seiner Frau als chronische Krankheit zu interpretieren. Hatte er nicht die Pflicht, die Nöte seiner Gefährtin ernst zu nehmen? Durfte er, da er vor dem Traualtar geschworen hatte, sie zu ehren und zu lieben bis ans Ende seiner Tage, die Seelenqualen seiner Frau gering schätzen als bloßes Echo von Walfischgesängen?

Léon hielt die Nase in den süßlichwarmen Wind, den der einfahrende Zug vor sich herschob, und ging im Strom der Menschen mit, der sich auf die Bahnsteigkante zubewegte. Vor ein paar Jahren, als er noch ledig gewesen und in einem kleinen Mansardenzimmer in den Batignolles gewohnt hatte, war er täglich mit der Métro zur Arbeit gefahren und hatte das Kreischen der Stahlräder, die Hitze und den Gestank in den Waggons, die fleckigen Polster, die glitschigfeuchten Lattenböden und die schmierigen Haltestangen hassen gelernt.

Damals hatte er sich die überlebenswichtige Geschmeidigkeit des routinierten Pendlers angeeignet, der in der dichtesten Menschenmenge ohne Drängeln und Rempeln seinen Weg findet und dem Nebenmann stets höflich den Vortritt lässt, ohne dabei zu erkennen zu geben, dass er ihn überhaupt bemerkt hat. Léon wusste, dass er von seinen Mitreisenden dieselbe in sich gekehrte Aufmerksamkeit erwarten konnte und dass es zu Drängeleien, Rempeleien und Beschimpfungen eigentlich nur kam, wenn eine größere Zahl Touristen oder ältere Herrschaften in der Nähe waren.

Er überließ seinem rechten Nebenmann den Vortritt und trat dafür in die hinter diesem entstehende Lücke, machte Platz für eine Frau mit Kinderwagen und gelangte in ihrer Heckwelle zur Schiebetür, dann mit zwei, drei Ausfallschritten zur Ecke an der gegenüberliegenden Schiebetür, wo ein ordentlicher Stehplatz frei war. Er knöpfte seinen Mantel auf und schob den Hut in den Nacken, lehnte sich, um sich an keiner Haltestange festhalten zu müssen, in die Ecke und vergrub die Hände in den Manteltaschen. Während der freie Raum vor ihm sich rasch füllte, vergewisserte er sich nach Pendlerart mit einem Rundumblick unter Vermeidung jedes Augenkontakts, dass ihm von keiner Seite Ärger drohte.

Dann fuhr der Zug an, und Léon betrachtete durchs Fenster die wartenden Fahrgäste auf dem gegenüberliegenden Bahnsteig, dann das Wippen der Stromkabel an der schwarzbraunen Tunnelwand, das Vorüberhuschen der roten und weißen Signallaternen und die schwarz gähnenden Seitenstollen. An der nächsten Station wurde es wieder hell und dann wieder dunkel, und als es wiederum hell wurde, stieg er aus und kletterte ans Tageslicht, kaufte seine Erdbeertörtchen und kehrte sofort zurück in den Untergrund, wo gerade ein Zug zurück in Richtung Porte de Clignancourt einfuhr.

Léon ließ sich im Strom der Reisenden über den Bahnsteig in einen Wagen treiben bis in dieselbe Ecke an der gegenüberliegenden Tür, in der er auf der Hinfahrt gestanden hatte, und als auf dem Nebengleis ein Zug einfuhr, betrachtete er die vorüberziehenden Passagiere – die Männer mit ihren Zeitungen, die Kriegsversehrten mit ihren Krücken, die Frauen mit ihren Einkaufskörben. Erst waren es undeutliche, verwischte Gestalten, die an ihm vorbeihuschten, dann wurden sie langsamer und erhielten deutliche Konturen, und als der Zug schließlich still stand, bemerkte er in der Ecke neben der Schiebetür – nur einen Meter, vielleicht anderthalb von ihm entfernt – eine junge Frau.

Sie trug einen schwarzen Mantel, einen schwarzen Rock und eine hellblaue Bluse, sie hatte grüne Augen, Sommersprossen und dichtes dunkles Haar, das am Hinterkopf von einem Ohrläppchen zum anderen durchgehend auf gleicher Höhe abgesäbelt war, und sie hatte einen großen Mund und ein zartes Kinn, und sie rauchte eine Zigarette, die sie zwischen Daumen und Zeigefinger hielt wie ein Straßenjunge, und sie war, davon war Léon von der ersten Sekunde an überzeugt, ganz eindeutig seine Louise.

Natürlich hatte sie sich verändert in den zehn Jahren, die seither vergangen waren; aus den noch kindlich weichen Gesichtszügen des jungen Mädchens waren schärfer und bestimmter die Züge einer erwachsenen Frau hervorgetreten. Unter ihren feinen, geraden Brauen schauten wache, unbestechlich aufmerksame Augen hervor, und die Mundwinkel hatten einen Zug von Entschlossenheit, der ihm neu war. Und als sie mit den Fingerspitzen der rechten Hand eine Haarsträhne hinters Ohr strich, blitzten lackierte Fingernägel auf.

Endlich löste Léon sich aus seiner Erstarrung, hob die Hand und winkte. Er trat einen Schritt vor, um sich in ihr Blickfeld zu schieben, und klopfte unsinnigerweise gegen die Scheibe. Aber sie, nur durch einen Meter Luft und zweimal fünf Millimeter Fensterglas von ihm getrennt, zog an ihrer Zigarette und blies den Rauch zu Boden, schnippte die Asche ab und schaute ins Leere. Er rüttelte an der verschlossenen Tür, die ihn von Louises Tür trennte, und versuchte abzuschätzen, wie viel Zeit er benötigen würde, um über die Treppen auf den anderen Bahnsteig zu gelangen. Da wurden rumpelnd die offenen Türen geschlossen, Léon war gefangen. Er nahm den Hut ab und schwenkte ihn durch die Luft – jetzt endlich wandte sie sich ihm zu.

Jetzt endlich trafen sich ihre Blicke, und seine letzten Zweifel schwanden, als der fragende Ausdruck in ihren grünen Augen erst ungläubigem Staunen, dann freudigem Erkennen wich und in ihrem Lächeln eine Zahnlücke aufschien. Aber dann nahmen beide Züge gleichzeitig in entgegengesetzte Richtungen Fahrt auf, die Entfernung zwischen ihnen wurde größer und der Blickwinkel enger, und dann hatten sie einander schon wieder verloren.

Während Léon durch den Tunnel fuhr, überlegte er in panischer Eile, was zu tun sei, und kam auf drei Möglichkeiten, die ihm alle ähnlich vernünftig schienen. Er konnte erstens mit dem nächsten Zug nach Saint-Sulpice zurückkehren und hoffen, dass sie dasselbe tat; oder er konnte eine Station über Saint-Sulpice hinaus fahren in der Annahme, dass sie dort ausgestiegen war und auf ihn wartete. Oder er konnte selber an der nächsten Station warten in der Hoffnung, dass sie ihm hinterherfuhr.

In jedem Fall war es ein aussichtsloses Unterfangen, während der Stoßzeit in den prall gefüllten Zügen, Bahnsteigen und Treppenaufgängen einen einzelnen Menschen wiederzufinden, von dem man nicht einmal wusste, ob er irgendwo wartete oder selber suchend durch den Untergrund eilte. Als Erstes fuhr Léon zurück nach Saint-Sulpice, stieg auf eine Sitzbank unter einem Werbeplakat, das ein knallrotes Citroën-Cabriolet 10cv B14 bei der Durchquerung einer Dünenlandschaft zeigte, und versuchte sich über die Köpfe hinweg einen Überblick über beide Bahnsteige zu verschaffen. Da er nur graue Hüte und fremde Frisuren sah, fuhr er mit dem nächsten Zug eine Station weiter nach St-Placide, für den Fall, dass Louise nur ausgestiegen wäre und sich nicht vom Fleck gerührt hätte. Dann kehrte er zurück nach Saint-Germain-des-Près, um nachzusehen, ob Louise dort nach ihm suchte, und dann wiederum nach Saint-Sulpice und von dort ein zweites Mal nach St-Placide.

Nach sechzehn solcher Fahrten sah Léon ein, dass er auf diese Weise Louise niemals finden würde. Er war verschwitzt und erschöpft, sein Anzug war ihm zu eng, und aus der Schachtel mit den Erdbeertörtchen, die auf ihrer stundenlangen Odyssee zwischen den immergleichen drei Métrostationen im Gedränge erheblich gelitten hatte, lief rosa und fahlgelb Erdbeersaft und Vanillecreme aus. Langsam ging er unter den herbstlich goldenen Platanen den Boulevard Saint-Michel hinauf und blinzelte ins Licht der Autoscheinwerfer, das sich auf dem nassen Kopfsteinpflaster spiegelte.

Er fühlte sich, als sei er nach unruhigem Schlaf aus einem wirren Traum erwacht, und wunderte sich, dass er den halben Abend in der Métro nach einem Mädchen hatte jagen können, das er zehn Jahre nicht gesehen hatte und das mit größter Wahrscheinlichkeit lange tot war. Gewiss hatte die junge Frau Louise erstaunlich ähnlich gesehen, und tatsächlich hatte sie ihm ein Lächeln geschenkt, als würde sie ihn wiedererkennen. Aber wie viele junge Frauen mit grünen Augen gab es in Paris – hunderttausend? Und wenn jede Zehnte eine Lücke zwischen den oberen Schneidezähnen hatte und von diesen jede Fünfzigste sich das Haar eigenhändig absäbelte, konnte es dann nicht sein, dass von diesen zweihundert die eine oder andere am Ende eines angenehm verlaufenen Arbeitstags auf dem Heimweg in der Métro einem Unbekannten, der seinen Hut schwenkte wie ein Clown, aus reiner Freundlichkeit ein Lächeln schenkte?

Léon war nun sicher, dass er einem Phantom hinterhergerannt war – einem Phantom allerdings, das ihn seit zehn Jahren treu begleitete. Es war sein heimliches Laster, dass er oft frühmorgens schon beim Aufstehen Louises Bild vor Augen hatte, wie sie an einer Platane lehnte und auf ihn wartete, und nachmittags, wenn die Stunden im Labor zäh verrannen, verschaffte er sich selbst Unterhaltung mit Erinnerungen an jenes eine Wochenende in Le Tréport; abends schließlich, wenn er einsam auf seiner Seite des Ehebetts lag, half er sich in den Schlaf, indem er an seine erste Begegnung mit Louise und ihrem quietschenden Fahrrad dachte.

Leise drehte er den Hausschlüssel im Schloss, sachte stieß er die Tür hinter sich zu; nur selten gelang es ihm, unbemerkt an der Loge der Concierge vorbeizukommen, die ihm seit Jahren zärtlich zugetan war, weil er für ihre zwei Töchter, als sie noch klein gewesen waren, zu Weihnachten kleine Löwen, Giraffen und Flusspferde aus Holzwolle und Stoffresten angefertigt hatte. Der Vorhang hinter der Loge war zugezogen, durch den Türspalt drang das Brutzeln von

Fett und der Geruch gedünsteter Zwiebeln. Auf Zehenspitzen ging er an der Glastür vorbei, erreichte den Fuß der Treppe und wähnte sich schon in Sicherheit – da ging die Tür auf, und heraus kam Madame Rossetos in ihrem schwarzen Witwenrock, ihrer schwarzen Witwenhaube und ihrer blau geblümten Küchenschürze.

»Monsieur Le Gall, haben Sie mich erschreckt! Sich so ins Haus zu schleichen wie ein Verbrecher, um diese Uhrzeit!«

»Verzeihen Sie, Madame Rossetos.«

»Sie sind spät dran heute – Ihnen ist doch nichts zugestoßen?« Die Concierge streckte ihm ihre Nasenspitze entgegen, als würde sie Witterung aufnehmen.

»Aber nein, was soll mir denn zustoßen.«

»Sie sind blass, Monsieur, Sie sehen zum Fürchten aus. Und was haben Sie da Scheußliches in der Hand? Geben Sie mir das. Na los, geben Sie's her, keine Widerrede, ich bringe das in Ordnung.«

Die Frau schnellte vor und nahm Léon den Karton aus der Hand, dann kehrte sie rückwärts in ihr gläsernes Kabuff zurück und behielt ihn dabei im Auge wie eine Muräne, die sich mit ihrer Beute ins Korallenriff zurückzieht. Léon sah keine andere Möglichkeit, als ihr hinter die Glastür zu folgen. Er ging hinein in den Zwiebeldunst und schaute ihr zu, wie sie den Karton auf den Küchentisch stellte, die ramponierten Erdbeertörtchen herausnahm und auf einen geblümten Teller legte, sie mit ihren geschwollenen Fingern eifrig zurechtdrückte und die heruntergefallenen Erdbeeren wieder auf die Vanillecreme türmte. Er roch den Zwiebelduft ihrer Wohnhöhle und den süßsauren Schweißgeruch ihres Rockes über dem runden Leib, betrachtete das Rot ihres Lippenstifts, der in die Kummerfalten ihrer Lippen ausgeströmt war, die grellbunte Madonnenstatuette auf dem Hausaltärchen und die brennende Kerze vor dem kolorierten Portrait ihres Ehemanns in Sergeantenuniform, dann die Spitzendecke auf dem Polstersessel und die rußiggraue Ecke über dem Kohleofen, und er lauschte dem Kokeln des Kohleofens und dem konzentrierten Schnaufen aus Madame Rossetos' geblähten Nüstern.

Ein schwerer Vorhang trennte den Wohnraum von der Schlafkammer, in der die zwei Mädchen in ihren quietschenden Eisenbetten unter dunkelroten Wolldecken dem nächsten Morgen entgegenschliefen und jede Nacht einen viertel Millimeter Körperlänge zulegten in der ruhigen Gewissheit, dass sie in nicht allzu ferner Zukunft zu kleinen Fräuleins erblühen und ihrer Mutter bei der erstbesten Gelegenheit für immer entwischen würden. Sie würden einem Galan folgen, der ihnen seidene Unterwäsche versprach, oder in die Dienste einer Dame treten, die sie als Zimmermädchen nach Neuilly mitnahm. Madame Rossetos aber würde allein zurückbleiben, noch eine Weile einsam in ihrem Kabuff dahinleben und auf die immer seltener werdenden Besuche ihrer Töchter warten, bis sie eines Tages an irgendetwas erkranken, sich ins Krankenhaus schleppen und wenig später nach einem letzten Blick auf die Wasserflecken an der Zimmerdecke widerstandslos und demütig aus dieser Welt verschwinden würde.

Die Concierge bestreute die Törtchen mit Puderzucker, um die schlimmsten Schäden zu kaschieren, wischte die Hände an ihrer Schürze ab und schaute zu ihm hoch mit einem Blick, in dem alle Arglosigkeit und Verletzlichkeit der gequälten Kreatur lagen.

»Hier bitte, Monsieur Le Gall, besser kriegen wir das nicht hin.«

»Ich danke Ihnen sehr.«

»Sie müssen jetzt gehen, Ihre Frau wartet auf Sie.«

»Ja.«

»Schon lange.«

»Tatsächlich.«

»Zwei Stunden. Sie sind sehr spät dran heute.«

»Ja.«

»Ich kann mich nicht erinnern, dass Sie jemals so spät heimgekommen sind. Madame macht sich bestimmt Sorgen.«

»Sie haben recht.«

»Hauptsache, es ist nichts passiert. Ich werde jetzt meine Rindsleber in die Pfanne geben. Ich esse selber immer erst, wenn die Kinder im Bett sind, dann habe ich meinen Frieden. Mögen Sie Rindsleber in Rotweinsauce, Monsieur Le Gall?«

»Sogar sehr.«

»Und Bratkartoffeln mit Rosmarin?«

»Dafür würde ich kilometerweit laufen.«

»Dabei haben Sie zu Hause alles, was Sie brauchen, Sie Glücklicher. Und Ihnen ist gewiss nichts zugestoßen?«

»Aber nein, was sollte mir denn zustoßen. Ich muss mich beeilen.«

»Natürlich, Madame erwartet Sie, und ich halte Sie hier auf mit Scherzen über Rindsleber.«

»Oh, das dürfen Sie nicht sagen, Madame Rossetos. Rindsleber in Rotweinsauce ist kein Scherz. Das ist eine sehr ernsthafte Sache. Besonders wenn noch Bratkartoffeln mit Rosmarin im Spiel sind.«

»Wie schön Sie das sagen, Monsieur Le Gall! Sie sind ein Mann mit Kultur, das sage ich immer. Sie wollen bestimmt nicht kosten? Nur ganz rasch?«

»Das klingt verlockend, aber …«

»Madame hat Ihnen natürlich Abendessen zubereitet. Und ich halte Sie auf mit meinem Geplauder.«

»Ein anderes Mal gern.«

»Sie ist gewiss schon in Sorge.«

»Ich sollte jetzt los.«

»Einen schönen Abend wünsche ich Ihnen, beste Grüße an Madame!«

9. KAPITEL

Léon stieg mit seinen Erdbeertörtchen ins dritte Stockwerk hinauf. Die Treppe war frisch gewienert, der Läufer staubfrei und leuchtend rot, die Messingstangen glänzten. Er sog den Duft von Bohnerwachs ein, der ihm ein Gefühl von Ruhe, Beständigkeit und Heimat vermittelte, und lauschte dem Rauschen der Rohre im Treppenhaus und den kleinen Geräuschen aus den Nachbarswohnungen, die ihm ein Gefühl von Zugehörigkeit und Geborgenheit gaben.

Vor seiner Tür blieb er stehen. Was er da hörte, war seine Frau Yvonne, die mit ihrer hellen, ein bisschen heiseren Jungmädchenstimme eine Ballade sang. »Si j'étais à ta place, si tu prenais la mienne ...« Léon wartete, bis der Gesang verstummte, dann öffnete er die Tür. Yvonne stand im Flur in einem hellen Sommerrock, der viel zu leicht war für die Jahreszeit, und arrangierte einen Strauß Astern in einer Vase. Sie wandte sich nach ihm um und lächelte.

»Endlich bist du da! Das Abendessen steht auf dem Tisch. Der Kleine schläft schon. Ich habe mit dem Essen auf dich gewartet und eine Flasche Wein aufgemacht.«

Sie nahm ihm den Teller mit den Erdbeertörtchen ab und lachte über deren traurigen Zustand, schickte ihren Mann mit gespielter Strenge zum Händewaschen und zupfte mit einem raschen Seitenblick in den Spiegel ihre Frisur zurecht. Léon wunderte sich; das war nicht das verzweifelte, in Gefangenschaft zerquälte Wesen, das er am Morgen zurückgelassen hatte, sondern das singende und lachende junge Mädchen, in das er einst verliebt gewesen war.

»Komisch siehst du aus«, sagte sie nach dem Essen, nachdem sie in den Salon umgezogen waren, um Kaffee und die zertrümmerten Erdbeertörtchen zu sich zu nehmen. »Ist etwas passiert?«

»Ich bin nach Saint-Sulpice gefahren und habe Erdbeertörtchen geholt.«

»Ich weiß, das war sehr nett von dir. Dafür hast du aber lange gebraucht, nicht wahr?«

»Ja.«

»Mehr als zwei Stunden. Bist du aufgehalten worden?«

»Ich habe dieses Mädchen getroffen.«

»Was für ein Mädchen?«

»Ich bin nicht sicher.«

»Du bist nicht sicher? Du triffst ein Mädchen, bist aber nicht sicher und verspätest dich um zwei Stunden?«

»Ja.«

»Mein Lieber, das klingt, als hätten wir etwas zu besprechen.«

»Ich glaube, es war Louise.«

»Welche Louise?«

»Die kleine Louise aus Saint-Luc-sur-Marne, du weißt schon.«

»Das tote Mädchen?«

Léon nickte, und dann berichtete er seiner Ehefrau in allen Einzelheiten von der Begegnung in der Métro, seiner Irrfahrt durch den immergleichen Tunnel, von seinen Zweifeln auf dem Heimweg und von den Zweifeln, die ihm an seinen Zweifeln gekommen waren. Zum Schluss berichtete er auch von seinem Besuch bei der Concierge und vom anschließenden Treppensteigen, bei dem ihm Tränen in die Augen gestiegen waren aus Mitleid mit Madame Rossetos, aber auch aus Mitleid mit sich selbst und mit der ganzen Welt.

Als er geendet hatte, stand Yvonne auf und trat ans Fenster, schob die Gardine beiseite und schaute hinunter auf die nächtlich stille Straße.

»Das haben wir beide immer gewusst, dass so etwas eines Tages geschehen würde, nicht wahr?« Ihre Stimme war heiter, um ihre Lippen spielte ein Lächeln, und ihre Gestalt wurde umspielt vom Widerschein der Straßenlaterne, die vor dem Haus im Regen stand. »Du wirst das tote Mädchen suchen, du musst Gewissheit haben.«

»Das Mädchen gibt es nicht mehr, Yvonne, so oder so. Es ist viel Zeit vergangen seither.«

»Trotzdem wirst du sie suchen.«

»Nein, das werde ich nicht tun.«

»Irgendwann wirst du sie suchen. Du wirst nicht leben können ohne Gewissheit.«

»Die Gewissheiten, die ich habe, reichen mir«, erwiderte er. »Weitere Gewissheiten brauche ich nicht. Ich renne nicht anderen Frauen hinterher, das solltest du wissen.«

»Weil du mit mir verheiratet bist?«

»Weil ich dein Mann bin und du meine Frau bist.«

»Du willst nichts Falsches tun, das ehrt dich, Léon. Trotzdem wird dich die Frage quälen, solange du ihr nicht auf den Grund gegangen bist. Das will ich nicht mit ansehen, und ich will es vor allem mir selbst nicht antun. Du musst das Mädchen suchen, ich befehle es dir.«

Am nächsten Morgen kämpfte Léon auf dem Weg zur Arbeit gegen seinen Wunsch, mit der Métro auf gut Glück ein paarmal hin und her zu fahren. An der Place Saint-Michel gab er den Kampf auf und stieg unter der gusseisernen Jugendstilleuchte in den Untergrund. In der folgenden Stunde begegnete er unter Tag einer großen Zahl Menschen jeden Alters, jeder Hautfarbe, jeder Größe und beiderlei Geschlechts, zudem ein paar Hunden, einer Katze in einem Weidenkäfig und sogar einem Bauern mit trüben gelben Hundeaugen und zwei lebenden Schafen, der wohl seinen Karren an der Porte de Chatillon abgestellt hatte und nun unterirdisch zu den Markthallen fuhr. Aber ein Mädchen mit grünen Augen sah er nicht.

Dass er zu spät zur Arbeit kam, bemerkte niemand. Das chemische Labor der *Police Judiciaire* befand sich in der vierten Etage des Quai des Orfèvres hoch über den Büros des Kommissariats, in dem rund um die Uhr geschrien, geheult und geflucht wurde. In Léons Abteilung hingegen herrschte Ruhe. Es roch nicht nach regennassen Polizistenmänteln und nicht nach dem Angstschweiß der Verhörten, nicht nach Bier und nicht nach Sauerkraut, nicht nach den Sandwichs und den Zigaretten der Reporter, die im Flur auf Neuigkeiten warteten; hier roch es nach Chlor, Javelwasser, Äther und Aceton. Im Labor gab es viel Messing und Glas und Mahagoni, und die Beamten arbeiteten in weißen Chemikermänteln still und konzentriert zum Zischen der Bunsenbrenner.

Sie gingen auf leisen Sohlen und unterhielten sich im Flüsterton, und wenn es einem ungeschickten Praktikanten passierte, dass er mit zwei Erlenmeyerkolben oder Reagenzgläsern gegeneinanderstieß, hoben die Kollegen verärgert die Brauen. Hier siezten die Vorgesetzten ihre Untergebenen und erteilten ihre Befehle höflich in Frageform, und jeder bereitete seinen Pausenkaffee selber zu, und keinem wäre es eingefallen, das Zuspätkommen eines Kollegen überhaupt zu bemerken.

Zehn Jahre war es her, dass Léon in der Fernmeldezentrale der *Police Judiciaire* eingetroffen war, die sich zwei Stockwerke unter dem Labor und eine Etage über dem Kommissariat befand. In den ersten Wochen hatte er es schwer gehabt, seiner Funktion als Morsespezialist gerecht zu werden, denn hier zählte nur die Leistung, und er konnte, um seine Inkompetenz zu kaschieren, auf keine schicke Eisenbahneruniform und keine rote Fahne zurückgreifen. So war von der ersten Arbeitsstunde an unbestreitbar zutage getreten, dass er vom Morsen keine Ahnung hatte, und Léon hatte dies gegenüber seinen Vorgesetzten mühevoll mit vagen Hinweisen auf langjährige Arbeitsabstinenz infolge Kriegsdienst und Rekonvaleszenz nach Verwundung an der Front gerechtfertigt; einmal hatte er sogar das Hemd aus der Hose gerissen und seine vernarbten Schusswunden gezeigt.

Weil er aber bei der Arbeit großen Fleiß an den Tag legte und abends in seinem Mansardenzimmer in den Batignolles bis spät nach Mitternacht die offiziellen Handbücher der französischen und der internationalen Fernmeldegesellschaften studierte, hatte er sein Handicap bald aufgeholt und galt schon nach wenigen Monaten als vollwertiger Fernmeldespezialist.

Allerdings musste er in der Folge feststellen, dass die Morserei, wenn man sie erst einmal beherrschte, eine recht einförmige Angelegenheit ohne Aussicht auf nennenswerte

Abwechslung war. Zu seinem Glück hatte ihn nach drei Jahren der Vizedirektor des Wissenschaftlichen Dienstes, mit dem er gelegentlich Mittagessen ging, vom Morsedienst befreit, indem er ihm eine Assistentenstelle im neu eingerichteten chemischen Labor besorgte.

Zwar war der Stellenwechsel für Léon gleichbedeutend mit der erneuten Rückkehr in den Zustand kompletter Inkompetenz gewesen, denn schon am Gymnasium war er in Chemie wegen totalen Desinteresses der schwächste Schüler seiner Klasse gewesen; und in den Jahren, die seither vergangen waren, hatte er auch die rudimentären Kenntnisse, die gegen seinen Willen an ihm hängen geblieben waren, restlos vergessen.

Mit seiner bewährten Methode nicht einklagbaren Hochstaplertums aber gelang es ihm auch diesmal, seine Ahnungslosigkeit binnen nützlicher Frist zu beheben. Die Kollegen verziehen ihm seine anfängliche Unbeholfenheit auch deshalb, weil er jeden freundlich grüßte und keinem seine hierarchische Position streitig machte. In jenem Herbst 1928 schließlich, da das zweite Kind unterwegs war, gehörte er im Labor schon zu den Dienstältesten und war keinem mehr Rechenschaft schuldig. Die Chancen standen gut, dass er in ein paar Jahren zum stellvertretenden Abteilungsleiter ernannt werden würde.

An jenem Morgen hatte er eine Probe Kartoffelgratin auf Arsenrückstände zu prüfen; ein Verfahren, das er gewiss schon hundertmal durchgeführt hatte. Er nahm die Schüssel mit dem angeblich vergifteten Gratin aus dem Eisschrank, löste eine Messerspitze in Wasserstoff auf und goss die Lösung über ein Stück Filtrierpapier, auf das er eine Natriumgoldchloridlösung aufgetragen hatte. Obwohl ihm jeder einzelne Handgriff durch vielfache Wiederholung vertraut war, behandelte er die Proben, von denen im langjährigen Durchschnitt immerhin jede zweite oder dritte tatsächlich Giftstoffe in gesundheitsschädigendem Maß enthielt, noch immer mit der gebotenen Vorsicht. Diesmal war der Befund negativ, das Natriumgoldchlorid verfärbte sich unter dem Einfluss der Kartoffellösung nicht violett, sondern behielt seine braune Farbe bei. Léon ging zum Spülbecken und wusch sein Geschirr, setzte sich an den Schreibtisch und tippte zuhanden des Untersuchungsrichters auf der schwarzgoldenen Remington einen Bericht mit drei Durchschlägen.

In den ersten Jahren hatte er sich noch interessiert für die gebrochenen Liebesschwüre und die erkalteten Leidenschaften, die zu den vergifteten Kartoffelgratins und Schweinekoteletts geführt haben mochten, ebenso für die Geschichten von Habgier, Betrug und Vergeltung; er hatte sich die Verzweiflung der Giftmischerinnen vorzustellen versucht – es waren fast immer Frauen, die zu Rattengift griffen, Männern standen im Überlebenskampf andere Waffen zur Verfügung –, und er hatte das Gefühl erleichterter Enttäuschung jener Ehemänner nachzuempfinden versucht, die ihre Magenkrämpfe, Schwindelanfälle und Schweißausbrüche als Vergiftungssymptome missdeutet hatten; er hatte die zuständigen Kommissare im Erdgeschoss aufgesucht und im Flur mit ihnen geplaudert, um Einzelheiten in Erfahrung zu bringen über die Schicksale jener Menschen, die er, Léon Le Gall, mit seiner Pipetten- und Rührstabschwenkerei entweder in die Freiheit, in den Kerker oder aufs Schafott beförderte. Manchmal hatte er sogar inoffiziell und gegen den Rat seiner Kollegen die Tatorte aufgesucht oder sich die Wohnhäuser der Giftmischerinnen angesehen, hatte den Opfern im Leichenschauhaus seine Aufwartung gemacht und den Mörderinnen bei der Urteilsverkündung in die Augen geschaut.

Mit der Zeit aber hatte er festgestellt, dass die allermeisten dieser Dramen einander auf entsetzlich banale Weise ähnelten und dass es letztlich die gleichen Geschichten von Raffgier, Grobheit und Blödheit des Herzens waren, die sich in geringfügiger Variation immer und immer wiederholten, weshalb er sich spätestens ab dem dritten Dienstjahr darauf beschränkte, im Namen des Gesetzes nach Arsen, Rattengift oder Zyankali zu suchen und alle Fragen nach Schuld, Sinn und Schicksal sowie Strafe, Sühne und Vergebung anderen zu überlassen – den Richtern in ihren würdigen Roben etwa oder dem Herrgott im Himmel oder dem kleinen Mann auf der Straße oder den Biertrinkern am Stammtisch. Zu dieser professionellen Haltung engagierter Resignation hatten ihm die erfahrenen Kollegen von Anfang an geraten.

Immerhin konnte er die einfachen Fragen, um die er sich im Labor zu kümmern hatte – Arsen ja oder nein? Zyankali ja oder nein? –, in fast jedem Fall eindeutig, klar und erschöpfend beantworten; das empfand er als sehr angenehm. Und den moralischen Grundsatz, der seiner Arbeit zugrunde lag – dass es nicht gut sei, Menschen mit Gift vom Leben zum Tode zu befördern –, konnte er auch nach Jahren und zahllosen behandelten Fällen noch immer vorbehaltlos unterschreiben.

So gesehen fand er den Sinn seiner Aufgabe – potenziellen Giftmörderinnen klarzumachen, dass sie vielleicht nicht ungeschoren davonkommen würden – noch immer gut und wichtig und richtig. Was den repetitiven Charakter seines Arbeitsalltags betraf, den Léon zuweilen nur schwer ertrug, so tröstete er sich darüber hinweg mit der guten Bezahlung, dank der er sich nach der Hochzeit den Umzug von den Batignolles in die Rue des Écoles hatte leisten können, sowie mit der Hoffnung, dass er bei einem einigermaßen günstigen Lauf der Dinge irgendwann in eine abwechslungsreichere Position aufsteigen würde.

Nach dem Kartoffelgratin untersuchte er ein Glas weißen Bordeaux auf Zyankali, kam erneut zu einem negativen Befund und nahm den Roquefort aus dem Kühlschrank, den er auf Rattengift prüfen sollte. Ein Blick auf die Wanduhr über der Tür zeigte ihm, dass es schon elf Uhr war. Er würde sich den Roquefort für den Nachmittag aufsparen und ausnahmsweise zu Hause Mittag essen; und weil er so früh dran war, würde er die freie Zeit nutzen und auf dem Heimweg zwei- oder dreimal zwischen den Métrostationen von Saint-Michel und Saint-Sulpice hin und her fahren.

Als Léon vom Boulevard Saint-Michel in die Rue des Écoles einbog, riss die Wolkendecke auf. Weiter vorne leuchtete die Sorbonne auf in jenem strahlenden Weiß, das es nur in den Straßen von Paris gibt, und der Himmel war plötzlich von einem Glanz, als enthalte er Goldstaub. Von einem Augenblick zum anderen fingen die Amseln in den Bäumen an zu singen, klangen die Automotoren fröhlicher, die Absätze der Damenschuhe heller, die Trillerpfeifen der Gendarmen freundlicher.

Nach ein paar Schritten schien es Léon, als höre er von Weitem durch den Straßenlärm das glückliche Kreischen seines Sohnes Michel. Im Näherkommen sah er, dass er sich nicht getäuscht hatte – der Kleine befand sich tatsächlich in der kleinen Grünfläche neben dem Collège de France, welche die Stadtgärtnerei wenige Wochen zuvor direkt vor seinem Wohnzimmer angelegt hatte. Seine Wangen waren rot und seine Augen leuchteten, und mit dem ganzen Lebensglück eines Vierjährigen umrundete er in einem knallroten Tretauto, das die Form eines Feuerwehrmobils hatte und komplett ausgerüstet war mit Drehleiter, Bimmelglocke und Suchscheinwerfer, Mal um Mal die steinerne Büste des schwerhörigen Dichters Pierre de Ronsard, die in der Mitte der Anlage stand.

Auf einer steinernen Parkbank saß wie hingegossen seine Frau Yvonne. Ihr linker Arm baumelte hinter der Lehne, der rechte Unterarm ruhte waagrecht auf ihrem Scheitel, und sie hatte die Beine lang ausgestreckt und war versunken in den Anblick des kindlichen Glücks, zufrieden wie eine Katzenmutter, die ihr Junges ausgiebig gefüttert hat. Sie trug ein langes weißes Leinenkleid, das Léon an ihr noch nie gesehen hatte und unter dem sich selbstbewusst ihr schwellendes Bäuchlein abzeichnete, dazu einen hübschen kleinen Strohhut und eine Sonnenbrille mit rosa Gläsern, der ihrer sommerlichen Aufmachung etwas Verwegenes gab.

Léon wunderte sich. Das war nicht das Schlager trällernde Mädchen, das er am Morgen zurückgelassen hatte, auch nicht das in häuslicher Gefangenschaft zerquälte Wesen, das ihn durch die vergangenen Monate begleitet hatte – diese Frau hatte er noch nie gesehen. Eine jener russischen Adligen hätte sie sein können, die stundenlang im Jardin du Luxembourg spazieren gingen, oder eine amerikanische Filmschauspielerin, die schon den dritten Highball intus hatte.

Als Yvonne ihn erblickte, winkte sie ihm mit allen fünf Fingern der rechten Hand einzeln zu. Er winkte zurück, dann kauerte er sich zu seinem Söhnchen nieder und ließ sich von ihm die Bimmelglocke und das Handschuhfach zeigen.

»Léon, wie schön, dass du mal mittags nach Hause kommst!«, sagte sie, als er sich neben sie setzte. Beim Begrüßungskuss fühlte er, dass sie sich biegsam an ihn schmiegte wie schon lange nicht mehr.

»Verzeih mir die Frage«, sagte er. »Bist du heute Morgen verrückt geworden?«

Yvonne lachte. »Wegen der neuen Sachen? Wir haben einen Einkaufsbummel in die Galeries Lafayette gemacht, der kleine Michel und ich.«

»Du hast das Zeug neu gekauft?«

»Wie du siehst. Schau, wie glücklich der Kleine ist. Die Glocke ist aus massivem Messing, weißt du? Michel, Liebling, bimmle doch nochmal mit der Glocke für deinen Papa.«

Der Kleine riss und rüttelte an der Glocke, dass die Passanten auf der gegenüberliegenden Straßenseite verwundert herüberschauten, und Léon zwang sich, dem kindlichen Glück zuzulächeln. Dann wandte er sich wieder seiner Frau zu. »Kannst du mir sagen, was dieses Feuerwehrauto …«

»Gefällt es dir?«

»… was dieses Auto gekostet hat?«

»Keine Ahnung, es steht auf der Rechnung. Wahrscheinlich ein bisschen mehr, als du in einem Monat verdienst. Wie viel verdienst du eigentlich?«

»Yvonne …«

»Weißt du, es ist von Renault.«

»Du hast nicht mehr alle Tassen im Schrank!«

»Ein echter kleiner Renault, hergestellt in den Montage-
hallen in Boulogne-Billancourt, verstehst du? Der Verkäu-
fer hat's mir erklärt. Die Kraft wird von den Pedalen über
einen Kardan auf die Hinterachse übertragen wie bei einem
richtigen Renault, das musst du dir anschauen.«

»Yvonne …«

»Weißt du, was ein Kardan ist?«

»Ja.«

»Was?«

»Ein Zahnradgestänge zwecks Kraftübertragung.«

»Richtig. Was sagst du zu meinem Kleid?«

»Hör mir zu.«

»Die Sonnenbrille ist ein bisschen albern, das gebe ich zu.«

»Du sollst mir zuhören.«

»Nein, jetzt hörst du mir mal zu, Léon. Wirst du mir zuhören?«

»Natürlich.«

»Was willst du mir sagen – dass ich eine Dummheit gemacht habe?«

»Allerdings.«

»Siehst du, da sind wir uns einig. Ich habe eine Dummheit
gemacht. Aber du hast auch eine Dummheit gemacht.«

»Du treibst uns in den Bankrott mit deinen Zahnradstan-
gen.«

»Und du bist heute schon ziemlich viel Métro gefahren, ist
es nicht so?«

Léon schwieg.

»Ich kenne dich gut, weißt du? Ich habe gewusst, dass du
es tun würdest, bevor du selbst es gewusst hast. Von hinten
habe ich es dir angesehen, als du heute früh aus dem Haus
gegangen bist. Am schuldbewussten Wackeln deines hüb-

schen kleinen Knabenhinterns habe ich es dir angesehen, dass du heute Métro fahren würdest.«

»Und deswegen bist du mit dem Kleinen in die Galeries Lafayette gelaufen?«

»Genau.«

»Entschuldige, aber ich sehe den Zusammenhang nicht.«

»Léon, dieses Métrofahren ist eine Schande und eine Beleidigung – für dich und für mich und für uns beide. Ich will nicht, dass du solche miesen kleinen Dummheiten machst. Du machst dich lächerlich, und mich machst du zum Gespött vor mir selbst. Das muss aufhören. Entweder suchst du das tote Mädchen, oder du suchst es nicht.«

»Da hast du recht.«

»Wenn du sie aber suchst, musst du es richtig tun. Sonst werde ich dir zeigen, wie man nicht miese kleine, sondern richtig große Dummheiten macht. Solltest du weiter deine miesen kleinen Métrofahrten unternehmen, werde ich Dummheiten machen, dass dir Hören und Sehen vergeht.« Sie nahm seine rechte Hand zwischen ihre Hände und klemmte sie zwischen ihre Knie, dann lehnte sie den Kopf an seine Schulter.

»Sag, werde ich dich verlieren, Léon?« Ihre Stimme war plötzlich dünn, und ihr Gesicht hatte einen gequälten Ausdruck, als würde sie sich die Brauen zupfen oder Haarwachs von den Beinen reißen. »Wirst du fortgehen? Verliere ich dich?«

»Wie kannst du so was fragen. Auf gar keinen Fall gehe ich fort, das ist ganz ausgeschlossen.«

»Das ist lieb, dass du das sagst. Aber wir wissen es besser, wir beide, nicht wahr? Du wirst zwar wahrscheinlich nicht fortgehen, das stimmt. Aber eigentlich habe ich dich schon verloren – oder ich habe dich nie gehabt. So ist es nun mal. Und jetzt kann es entweder noch schlimmer werden, oder es wird ein bisschen besser. Das kommt ganz auf uns beide an.«

»Ich sitze hier bei dir, Yvonne. Das siehst du doch. Und zwar, weil ich das will. Ich werde nicht weggehen, das schwöre ich dir.«

»Und deine Schwüre hältst du immer, ich weiß.« Sie seufzte und tätschelte ihm die Seite wie einem Hund. »Trotzdem solltest du keine Zeit verlieren, Léon. Mach dich auf die Suche, solange die Fährte frisch ist.«

»Es hat keinen Sinn.«

»Ich befehle es dir. Denk dir was aus, wie du die Frau finden kannst. Schließlich bist du bei der Polizei.«

Eine Weile saßen sie schweigend beisammen und betrachteten den kleinen Michel, der mit seinem Feuerwehrauto auf dem Kiesweg im Kreis fuhr. Als der Druck ihrer Knie nachließ, nahm er ihre rechte Hand und drückte sie fest an seine Lippen. Er löste sich von ihr und nickte, als ob er einen Entschluss vor sich selbst bekräftigen müsste. Dann ging er ohne ein weiteres Wort rasch und entschlossen davon. Es fühlte sich an, als ob nicht er selbst sich entfernte, sondern als ob die Rue des Écoles hinter ihm zurückwich.

10. KAPITEL

Der Schnellzug nach Boulogne fuhr hinaus in die Picardie. Léon saß allein in einem überheizten Abteil zweiter Klasse und versuchte die Nachmittagsausgabe des *Aurore* zu lesen, schaute aber alle paar Augenblicke hinaus ins herbstlich braune Land. Nur kurz hatte er, als er seine Frau im Park zurückgelassen und auf den Boulevard Saint-Michel zurückgekehrt war, in Erwägung gezogen, bei den Kollegen vom Kommissariat vorbeizuschauen und Louise mit polizeilichen Mitteln suchen zu lassen; dann aber war ihm klar geworden, dass daraus nichts Gutes entstehen konnte. Erstens hätte er sich zum Gespött seiner Kollegen gemacht, zweitens wäre die Fahndung, falls sie entgegen allen Erwartungen tatsächlich aufgenommen worden wäre, mit größter Wahrscheinlichkeit ergebnislos geblieben, und drittens hätte Louise, falls sie tatsächlich aufgestöbert worden wäre, es gewiss nicht sehr romantisch gefunden, wenn der lang verlorene Jugendfreund ihr nach zehn Jahren Trennung als erstes Lebenszeichen eine Horde uniformierter Polizisten auf den Hals gehetzt hätte.

Also hatte Léon beschlossen, Louise auf eigene Faust zu suchen. Zwar waren ihm, der seine Tage in der Abgeschiedenheit des Labors verbrachte, die Fahndungsmethoden der *Police Judiciaire* nur in vagen Zügen bekannt; eine Grundregel der Kriminalistik aber – dass der Täter oft an den Tatort zurückkehrt – war ihm geläufig. Und da Louise und er in diesem Fall beide gewissermaßen Täter, Komplizen sowie Opfer und Fahnder zugleich waren, fuhr er mit der Métro an die Gare du Nord und kaufte einen Fahrschein nach Le Tréport. Die direkte Strecke über Epinay war in jenem September 1928 wegen Bauarbeiten gesperrt, er musste einen Umweg über Amiens und Abbeville machen.

Wie die meisten Städter verließ Léon die Stadt nur selten. Zwar schwor er wie alle Pariser bei jeder sich bietenden Gelegenheit, dass er, wenn es nur möglich wäre, den Lärm, den Schmutz und die Hektik der Lichterstadt leichten Herzens hinter sich lassen würde für ein stilles, friedfertiges Leben irgendwo in der Provinz und dass er die Opéra, die Bibliothèque Nationale und alle Lichtspieltheater von Paris freudig eintauschen würde gegen ein Glas Burgunder in der Sonne des Südens, eine Partie Pétanque unter Freunden und einen langen Spaziergang durch Wälder und Rebberge mit seinem Hund, den er sich dann zulegen würde und der vielleicht ein schwarzweißer Cocker-Spaniel namens Casimir oder Patapouf wäre.

Weil es aber für Léon in den Rebbergen des Südens keine Arbeit gab und er sich insgeheim wie alle Pariser darüber im Klaren war, dass er sich in der Provinz binnen kürzester Frist zu Tode langweilen würde, harrte er in der ungeliebten Stadt aus. Ein oder zwei Mal während der schönen Jahreszeit fuhr er mit Frau und Kind an Bord eines *Bateau Mouche* die Seine hinunter und hielt im Wald von Saint-Germain-en-Laye ein Picknick ab, und zwischen Weihnachten und Neujahr nahm er die Bahn nach Cherbourg, um Mutter und Vater zu besuchen. Die übrigen dreihundertfünfzig Tage verbrachte er innerhalb der Stadtgrenzen, wobei er an rund dreihundert Tagen von der Stadt selbst nicht viel mehr zu sehen bekam als die paar Straßenzüge zwischen der Rue des Écoles und dem Quai des Orfèvres.

Léon wunderte sich wieder einmal, wie unvermittelt am Stadtrand das Häusermeer abbrach und das grün-braune Wogen der Weiden, Wiesen und Äcker einsetzte. An der Porte de la Chapelle standen neben den Schienen noch ein paar Fabriken und Lagerhallen, am Ufer der Seine einige Schuppen und Scheunen; gleich hinter dem Gasometer von Saint-Denis aber, wo noch dichter, träger Rauch aus den Hochkaminen quoll, trieb schon ein Bauernbub Kühe auf die Weide, strebte eine schnurgerade Pappelallee zum Horizont und bogen sich goldgelbe Weiden unter dem scharfen Nordostwind.

Léon empfand den dringenden Wunsch, am nächsten Bahnhof auszusteigen, irgendein Fahrrad zu kaufen – oder noch besser: zu stehlen – und unter freiem Himmel, an der frischen Luft, im Regen und gegen den Wind ans Meer zu fahren. Der Hintern würde ihn schmerzen wie damals, er würde Muskelkater bekommen wie damals, er würde unterwegs seltsames Zeug einsammeln und den Horizont im Auge behalten in der irren Hoffnung, dass dort ein Mädchen mit rotweiß gepunkteter Bluse und quietschendem Fahrrad auftauchte. Er würde Brot und Schinken kaufen und Wasser vom Brunnen trinken, sich hinter den Hecken erleichtern wie ein Bauernbub und bei Gewitter in leeren Scheunen Zuflucht suchen wie ein Landstreicher – und es würde alles sinn- und aussichtslos und eine miese kleine Dummheit sein; unwürdig seiner Yvonne, unwürdig seiner Louise und unwürdig seiner selbst.

Die Fahrt dauerte zwei Stunden und fünfunddreißig Minuten. Zwischen Amiens und Abbeville folgte die Schiene jener gepflasterten Landstraße, über die Louise und Léon damals gefahren waren. Er glaubte sich dieses Bauernhofs oder jener Getreidemühle zu erinnern, vielleicht auch einer einsamen Linde oder einer besonders hübschen Villa, und hielt angestrengt Ausschau nach dem einen Hügelzug, an dem Louise und er, nur einen Steinwurf voneinander entfernt, jeder für sich in einem Bombentrichter gelegen hatten. In den zehn Jahren seit Kriegsende waren die augenfälligsten Spuren kriegerischer Verwüstung verschwunden; die Menschen hatten die Straßen repariert und die Häuser neu gebaut, und die Natur hatte die Schützengräben eingeebnet und die Bombenkrater gnädig grün bedeckt.

In Abbeville stieg er um in das Touristenbähnchen, das ihn in holpriger Fahrt nach Le Tréport brachte. Er war der einzige Fahrgast außer ein paar Schülern und einem Mädchen in Holzschuhen, das einen Korb Weißkohl auf dem Schoß hatte. Der Straßenbahn war anzusehen, dass in den Jahren von Krieg, Inflation und Wirtschaftskrise die Pariser Sommerfrischler ausgeblieben waren; die lila Sitzpolster waren abgewetzt und zerschlissen und die Fensterscheiben trüb, die Lederriemen rissig und die Chromstangen blind, und das Gleis war verbogen, und zwischen den Schienen wuchs Unkraut. Unterwegs stieg niemand zu und niemand aus. Erst an der Endstation am Quai François 1er polterten die Schüler ins Freie, das Mädchen mit den Holzschuhen schlurfte hinterher.

Auf dem Hafenquai schaute Léon sich um, als bestände die geringste Aussicht, dass aus einer Seitengasse, in einem Fenster, an Bord eines Fischerboots ein Mädchen mit grünen Augen auftauchte. Bei jenem Kandelaber dort hatten sie damals ihre Räder abgestellt, ungefähr bei diesem Poller hatte sie sich bei ihm eingehängt. Hier hatte sie die weißen Fettstreifen ihres Schinkenbrots ins Hafenbecken geworfen, dort hatte sie ihm mit spitzen Fingern ihren letzten Bissen in den Mund geschoben, und da hatte sie über die gezuckerten Arschgesichter der Sommerfrischler geschimpft. Von diesem Brunnen hatte sie Wasser getrunken, über diese Pflastersteine, zwischen denen nun Gras und Moos wuchs, war sie mit ihren schwarzen, ausgetretenen Schnürschuhen gegangen.

Die Touristenboote, die damals fauchend und dampfend ein- und ausgefahren waren, lagen nun fest vertäut an der Hafenmauer und hatten Algen am Rumpf und Bretter vor den Luken. Auf dem Quai sah man keine weißen Sonnenschirmchen, keine rosa Bottinen und keine gleißenden Gamaschen mehr, sondern verhutzelte Möwen, struppige Hunde und eine Horde barfüßiger Buben, die mit einer leeren Dose Fußball spielten. Nur die Fischer waren immer noch da und brachten ihre Netze in Ordnung, rauchten ihre Pfeifen und strichen sich mit knotigen Händen über ihre furchigen Nacken.

Léon ging hinaus zum Leuchtturm, setzte sich auf die Mauer und rutschte nach links und nach rechts, bis er die deutliche Empfindung hatte, Louises Platz gefunden zu haben. Dann legte er die Hände aufs Gemäuer und streichelte die Steine. Plötzlich bemerkte er, dass er hungrig war; er hatte seit dem Frühstück nichts mehr gegessen.

Das *Café du Commerce*, in dem Louise ihm den Unterschied zwischen reichen und armen Langweilern dargelegt hatte, war geschlossen. Fenster und Türen waren vergittert, vor dem Eingang lag angewehtes Herbstlaub und vergilbtes Zeitungspapier. Ein gelber Hund scharwenzelte vorbei, hob eine Hinterpfote und urinierte, auf drei Beinen weiterhumpelnd, an der Hauswand entlang.

Léon überholte ihn und ging vorbei an einem zugesperrten Fachgeschäft für Spitzenklöppeleien, dann an einem geschlossenen Kiosk, einem windschiefen Wohnhaus und einem bunt bemalten Laden, der *Aux Quatres Vents* hieß und früher Strandspielsachen verkauft hatte. Dahinter gab es eine Eisenwarenhandlung, in der Licht brannte. Léon stieß die Tür auf und ging hinein, kaufte einen blau emaillierten Kochtopf und stieg die Rue de Paris hinauf, wo er damals Brot, Wein und Gemüse besorgt hatte.

Eine Stunde später saß er zwischen den zwei Felsblöcken, die massig, unverrückbar und unverändert am Ende des Strands lagen. Es war Ebbe, die Brandung warf sich kraftlos und mürrisch gegen den grauen Kieselstrand, und die Möwen spielten mit dem Aufwind. Erst jetzt wurde Léon bewusst, wie lange schon und wie sehr er ihr Gekreisch vermisst hatte. Er stocherte in der Glut seines Lagerfeuers, legte Treibholz nach und rührte im Kochtopf, der bis zum Rand gefüllt war mit Miesmuscheln, Karotten, Zwiebeln und Meerwasser.

Die Kirchturmglocke schlug fünf, dann folgte das ferne Bimmeln der Straßenbahn; Léon hatte den Fahrplan studiert und wusste, dass es die letzte eintreffende Bahn des Tages war und dass der letzte Zug zurück nach Paris in einer knappen Stunde fahren würde.

Er schaute über den Kieselstrand, auf dem algenbesetzt und verblätternd die einstmals weißen Badehäuschen vermoderten. Dahinter standen die vornehmen Villen, die zwar noch frisch getüncht waren und tapfer Haltung bewahrten, mit ihren verschlossenen Fenstern und starr herunterhängenden Gardinen aber aussahen, als hätte es ihnen den Atem verschlagen vor Schreck über den Gang der Dinge in der Welt. Am entgegengesetzten Ende der Esplanade, in der Häuserlücke zwischen dem Hotel des Anglais und dem Spielcasino, musste, wenn sie heute noch Miesmuscheln essen wollte, in den nächsten Minuten Louise auftauchen.

Nachdem die Kirchturmglocke Viertel nach fünf Uhr geschlagen hatte, nahm Léon den Topf vom Feuer und begann zu essen. Erst aß er zögerlich und mit häufigen Seitenblicken zur Esplanade, dann aber rasch und entschlossen. Die leeren Schalen warf er auf den Strand. Dann ging er ans Wasser, wusch den Topf aus und legte ihn mit der Öffnung nach unten neben die Feuerstelle.

Auf dem Rückweg ging er nicht über den Strand, sondern auf direktem Weg über die Esplanade zurück zur Rue de Paris und hinauf zur Eglise Saint-Jacques. Die Madonna stand noch immer in ihrer Nische rechts neben dem Eingang. Ihre roten Wangen waren dieselben wie damals und die schwarzen Knopfaugen auch, nur das blaugoldene Gewand war ein wenig angegraut, und ihre Gestalt war nicht mehr gespickt mit gefalteten und gerollten Zettelchen; neu stand zu ihren Füßen eine Kasse, in die man Spenden für die Witwen ertrunkener Seeleute einwerfen konnte.

Léon erwog, sich vor der Madonna hinzuknien und versuchsweise ein Gebet zu murmeln; da er nicht sicher war, auch nur das Vaterunser lückenlos bis zum Ende hin aufsagen zu können, entschied er sich dagegen und warf eine Münze in die Kasse. Dann zog er sein Notizbuch hervor, schrieb ein paar Zeilen und riss die Seite heraus, rollte sie zusammen und steckte sie genau wie damals der Madonna unter die rechte Achsel.

Weil aber sein Zettelchen das einzige war, sah es unter Marias Achsel aus wie ein Thermometer, die Muttergottes schien Fieber zu haben. So zog er das Röllchen wieder heraus und steckte es ihr hinters Ohr, wo es aber aussah wie ein Schreinerbleistift. In den Falten des blauen Gewands wirkte es wie ein Dolch, zwischen den Lippen der Madonna wie eine Zigarette und zu ihren Füßen wie ein Knochen, den ein Hund herbeigeschleppt hatte. Schließlich steckte er den Zettel wieder unter die rechte Achsel, lief ins Freie und hinunter zum Hafen. Wenn er die letzte Straßenbahn erwischen wollte, musste er sich beeilen.

Viel zu früh saß Léon drei Tage später auf der Terrasse des *Café de Flore*. Es war Samstagnachmittag, der Boulevard Saint-Germain war voller Flaneure und Touristen. Drei Tassen Kaffee hatte er schon getrunken und fünf Zeitungen zwei Mal flüchtig durchgeblättert, und noch immer musste er zwanzig Minuten totschlagen, bis es endlich siebzehn Uhr wurde. Er knöpfte seine Jacke zu und wieder auf, streckte die Beine aus und zog sie wieder unter den Stuhl, fragte einen Sitznachbarn nach der genauen Uhrzeit und stellte seine Taschenuhr drei Minuten nach. Dann faltete er die Zeitungen ordentlich zusammen und stapelte sie aufeinander, und die ganze Zeit behielt er den Strom der Menschen im Auge.

Eigentlich saß er gegen seinen Willen da. Es war seine Frau Yvonne gewesen, die ihn genötigt hatte, diese Verabredung einzuhalten, von der er nicht einmal sicher war, ob es eine war. Als er vor zwei Tagen spätabends aus Le Tréport in die Rue des Écoles zurückgekehrt war, hatte er es wider Erwarten geschafft, unbemerkt an der Conciergerie vorbeizuschleichen. Im Treppenhaus auf dem Zwischenboden aber hatte Yvonne ihn erwartet, reisefertig mit Hut und Mantel und einem Koffer zu ihren Füßen. In der Faust hielt sie ein zerknülltes Taschentuch, das sie sich vor den Mund presste.

Léon wunderte sich wiederum; das war nicht die beschwipste Lebedame mit rosa Sonnengläsern, die er am Mittag im Park zurückgelassen hatte, auch nicht das trällernde junge Mädchen und auch nicht die zerquälte Hausfrau – diesmal war Yvonne eine griechische Tragödin, zu jedem Opfer bereit.

»Und?«, fragte sie.

»Nichts«, hatte er geantwortet und ihr den Koffer abgenommen. »Ich bin ein Idiot, verzeih mir.«

»Was?«

»Ich bin an den Strand von Le Tréport gefahren. Wie damals, verstehst du. Es war nur eine Idee. Lass uns bitte hineingehen.«

Und nachdem er ihr alles erzählt hatte, hatte sie sich mit dem Taschentuch die Augen abgewischt und gesagt: »Übermorgen um siebzehn Uhr im *Café de Flore*?«

»Ja, aber …«

»Nichts aber. Du wirst da hingehen, Léon, hörst du mich? Nur um sicherzugehen. Du musst es tun, ich will es so.«

Es war schon zehn Minuten nach fünf, als er Louises Anwesenheit spürte. Er konnte sie nicht sehen und nicht hören, nur fühlen wie einen Luftzug, der durch die Straße zog, oder wie einen Lichtschein, der auf die Häuser fällt, wenn die Wolken sich verziehen. Léon sah sich suchend um und musterte die Gäste im Café, ließ den Blick über die Fenster der gegenüberliegenden Fassade schweifen und behielt gleichzeitig die Passanten auf den Trottoirs im Auge.

Da fiel ihm ein hübscher, ein wenig verbeulter Wagen auf, der mit laufendem Motor auf der anderen Seite des Boulevards auf der Place du Québec stand. Es war ein lindgrüner Renault Torpedo 172, leicht zu erkennen am spitz zulaufenden Heck, dem er seinen Namen verdankte. Léon hatte sich vor ein paar Jahren in den eleganten und schnellen Zweisitzer vergafft, als er in den Straßen von Paris Mode geworden war, und eine Weile hatte er heimlich Berechnungen darüber angestellt, wie viele Monate er ein Viertel, ein Drittel oder ein Fünftel seines Lohnes würde beiseitelegen müssen, um die Anzahlung leisten zu können.

Da er aber ein vernünftiger Mensch war, hatte er nie die Tatsache aus den Augen verloren, dass es für ihn als Familienvater keinen vertretbaren Grund gab, ein Viertel, ein Drittel oder ein Fünftel seines Lohnes für einen Zweisitzer auszugeben. Seine Frau hatte sich zuweilen lustig gemacht über die sehnsüchtigen Blicke, mit denen er den vorüberziehenden Torpedos folgte, und er hatte dann stets behauptet, sein Blick habe gar nicht dem Auto, sondern einer schönen Frau auf der anderen Straßenseite gegolten.

Léon hatte den Torpedo nicht ankommen sehen, also musste er schon eine Weile dort stehen. Das Verdeck war geschlossen, der Auspuff rauchte, hinter der spiegelnden Windschutzscheibe zeichnete sich dunkel ein Schemen ab. Die kleinen runden Scheinwerfer über den ramponierten

Kotflügeln schienen ihm zuzuzwinkern, das schwarze runde Loch des verbeulten Kühlergrills ihm etwas zuzurufen, und das ganze Wägelchen schien zu beben in der ungeduldigen Erwartung, dass Léon endlich aufstehen, die Straße überqueren und bei ihm einsteigen möge.

Zögernd erhob er sich, legte mit der einen Hand Geld auf den Tisch und hob die andere versuchsweise zum Gruß – da sprang die verbeulte Beifahrertür auf, und auf der Fahrerseite winkte ihn ein Frauenarm herbei.

Léon stand erst mit einem Fuß im Wagen und mit dem anderen noch auf dem Trittbrett, als der Torpedo anfuhr und sich elegant in den Verkehrsstrom des Boulevard Saint-Germain einfügte. Während er sich auf die Sitzbank fallen ließ, öffnete er den Mund, um Louise zu grüßen, brachte dann aber keinen Ton über die Lippen, weil ihm ein schlichtes, alltägliches »Bonjour« oder »Salut« in dieser außergewöhnlichen Situation zu banal erschien.

Also war es Louise, die das Wort ergriff. »Wir werden jetzt keine Küsschen austauschen«, sagte sie. »Wir werden einander nicht um den Hals fallen, einverstanden? Wir werden keine tränennassen Gesichtchen bekommen und sie einander nicht gegenseitig abtrocknen, und wir werden keine Herzen in tausendjährige Linden schnitzen und uns nicht ewige Liebe schwören.«

»Wie du willst«, sagte Léon.

Louise trug einen Lederhelm und eine Autobrille mit grünen Gläsern. Sie gab kräftig Zwischengas, schaltete energisch vom zweiten in den dritten Gang und bog scharf rechts ab in die Rue Bonaparte.

Während der Torpedo übers regennasse Kopfsteinpflaster schlitterte, verkeilte Léon sich mit Armen und Beinen zwischen Armaturenbrett und Beifahrertür. Zu seinen Füßen lag ein blau emaillierter, leicht rußgeschwärzter Topf. Louise bediente den Wagen mit präzisen, raschen Handgriffen, ihr Gesicht leuchtete.

»Hör auf zu glotzen. Schau lieber auf die Straße.«

»Ich glotze nicht, ich schaue nur. Einen schicken Wagen hast du.«

»Vier Zylinder, macht problemlos sechzig Kilometer pro Stunde.«

»Ich weiß«, sagte er. »Der Torpedo hat vor ein paar Jahren die Coupe des Alpes gewonnen.«

»Zweimal in Folge. Ich habe ihn mir zu meinem Dienstjubiläum bei der Banque de France geschenkt. Er war günstig im Preis, ein paar Dellen hatte er schon.«

»Der Name passt aber nicht recht.«

»Wieso?«

»Weil ein Torpedo die Spitze vorn und nicht hinten hat.«

»Wenn du willst, kann ich gern im Rückwärtsgang durch die Gegend fahren.«

»Du arbeitest bei der Banque de France?«

»Seit fünf Jahren.«

»Respekt.«

»Nein. Man behandelt mich dort wie die letzte Tippmamsell.«

»Wieso?«

»Weil ich die letzte Tippmamsell bin. Den ganzen Tag tippe ich Durchschläge von Tabellenkalkulationen ab und muss jeweils fünf Durchschläge erstellen.«

»Deswegen der Torpedo?«

»Genau.«

»Fahrrad fährst du nicht mehr?«

»Wenn ich irgendwo hinmuss, nehme ich das Auto. Und wenn ich nirgends hinmuss, nehme ich auch das Auto.«

»Und wenn du ans Meer fährst?«

»Dann nehme ich erst recht das Auto.«

»Wieso habe ich dich dann in der Métro gesehen?«

»Da war der Wagen in der Reparatur.«

»Du arbeitest am Hauptsitz?«

»An der Place de la Victoire.«

»Ich bin seit zehn Jahren am Quai des Orfèvres. Das ist nur ein paar hundert Meter entfernt.«

»Tja«, sagte Louise. »Da haben wir uns ein paar Jahre lang ziemlich nah beieinander die Hintern plattgesessen. Das nennt man Pech.«

»Ja.«

»Jetzt lass uns erst mal schweigen. Wir fahren ein Stück aus der Stadt hinaus, wenn's dir recht ist. Später werden wir reden.«

Louise schaltete vom dritten in den vierten Gang und fuhr mit durchgedrücktem Gaspedal am Jardin du Luxembourg entlang, dann weiter südwärts am Observatorium vorbei in die Avenue d'Orléans. Sie ließ die linke Hand über die Autotür baumeln und lenkte den Wagen mit der rechten Hand, überholte Pferdefuhrwerke und Autobusse links und rechts, wo sich grad eine Lücke auftat, und wo die Straße über eine Kreuzung führte, schlingerte sie mit Höchstgeschwindigkeit zwischen Fußgängern, Fahrrädern und Autos hindurch. Wenn ein Bus oder Lastwagen keinen Platz machte, drückte sie auf die Hupe und fluchte, krakeelte und schimpfte, bis dieser erschrocken zur Seite wich, und wenn sie dann durch die Lücke preschte, streckte sie den Arm aus dem Fenster und machte dem überholten Fahrer

Handzeichen, die im Normalfall, wenn sie unter Männern ausgetauscht werden, zu einer Prügelei führen.

Léon schaute mit begeistertem Entsetzen den todbringenden Hindernissen entgegen, die links und rechts am Torpedo vorüberflogen, und warf Seitenblicke auf Louise, die nun, da der Verkehr nicht mehr so dicht war und die Straße hinaus auf Wiesen und Felder führte, ihren schönen Kopf in den Nacken gelegt hatte und unter halbgeschlossenen Lidern nach vorne schaute.

Den Lederhelm und die Autobrille hatte sie abgelegt. In ihrem Mundwinkel lag die Ahnung eines Lächelns, das Kinn reckte sie erwartungsvoll nach vorn, und ihr Hals hatte einen Anschein von Weichheit, den er früher nicht gehabt hatte. Eine feine Falte zog sich von der Kuhle unter ihrem Ohr zur Kehle hin, was ihrer noch immer mädchenhaften Erscheinung zusammen mit den Silberfäden über der Schläfe eine frauliche Würde gab. Um ihre Augen spielte ein zwinkernder Zug von Ironie, von dem Léon gern gewusst hätte, ob er den anderen Verkehrsteilnehmern galt oder ihrem plötzlichen Beisammensein in der Beengtheit des kleinen Sportwagens. Ihre Hände ruhten nun auf dem Lenkrad. Léon bemerkte, dass sie keinen Ring trug.

»Jetzt hör schon auf zu glotzen«, sagte sie und steckte sich eine Zigarette zwischen die Lippen. »In einer halben Stunde halten wir an, dann können wir reden.«

11. KAPITEL

Die nahen Wälder von Fontainebleau waren ein schwarzer Streifen unter dem Nachthimmel, in der Ebene duckten sich kleine Dörfer, in denen spät am Abend nur noch vereinzelte Lichter brannten. Im *Relais du Midi*, der an der Landstraße zwischen zwei namenlosen Orten stand, tranken Fernfahrer und Handelsreisende Bier, der Kohleofen in der Mitte der Gaststätte verbreitete brütende Hitze.

In einer Ecke am Fenster saßen Louise und Léon nahe beieinander. Er hatte den rechten Arm um ihre Taille gelegt, sie lehnte an seiner Schulter und hielt mit der rechten seine linke Hand. Durch die Ritzen des Fensters wehte ein kühler Luftzug, der den Rauch ihrer Zigarette horizontal zum Kohleofen trug.

»Wir haben immer noch nicht geredet«, sagte er.

»Möchtest du denn reden?«

»Nein«, sagte er. »Du?«

»Ein bisschen geredet haben wir ja schon.«

»Aber nicht darüber.«

»Nein.«

»Nur über Autos.«

»Und über Métropolis.«

»Und über Kellogg und Fitzmaurice.«

»Und über Chanel-Röcke und blöde Glockenhüte. Und über deine Concierge und deine vermantschten Erdbeertörtchen.«

»Und über deine Inflation und deine Banque de France.«

»Und über Elefanten. Wie ging der Witz mit den Elefanten nochmal?«

»Liest du immer noch die Romane von Colette?«

»Ach, die dumme Kuh. Nie hat mich jemand so enttäuscht. Ich habe keine Zigaretten mehr.«

»Sind oben noch welche?«

»Im Auto.«

»Ich hole sie dir.«

»Bleib hier«, sagte sie und drückte seine Hand. »Geh nicht fort von mir. Noch nicht.«

Er zog sie näher an sich und küsste sie.

»Ich habe Hunger«, sagte sie. »Lass uns bestellen, bevor die Küche zusperrt.«

»Ich nehme Steak Frites«, sagte er.

»Ich auch.«

Léon winkte den Wirt heran und gab die Bestellung auf, dann erzählte er, um Louise zum Lachen zu bringen, eine Geschichte.

Es war die Geschichte jenes Clochards, der jahrein, jahraus Tag für Tag vor dem Musée Cluny saß und dem Léon jeden Morgen auf dem Weg zur Arbeit eine Münze in den Hut legte. Der Mann roch nach Rotwein, war aber meistens frisch rasiert, und man konnte sehen, dass er sich bemühte, seine abgetragenen Kleider sauber zu halten. Sie grüßten einander stets freundlich und wechselten manchmal ein paar Worte, und zum Abschied wünschten sie einander einen schönen Tag.

Alle paar Monate kam es vor, dass die Schwelle des Museumstors frühmorgens, wenn Léon zur Arbeit ging, leer war; dann fragte er sich besorgt, ob dem Clochard über Nacht etwas zugestoßen sei. Und wenn er mittags dann wieder dasaß, winkte Léon ihm erleichtert zu. Über die Jahre war der Mann ihm ans Herz gewachsen; er sorgte sich um ihn wie um einen Onkel zweiten Grades, der einem zwar nicht sehr nahe steht, aber doch irgendwie zur Familie gehört.

Zwar kannte er seinen Namen nicht und wollte ihn auch nicht kennen, und er wollte auch nicht wissen, wo er seine Nächte verbrachte und ob er noch irgendwo Angehörige hatte; aber über die Jahre hatte sich bei Léon doch einige Kenntnis über den Mann angesammelt. So wusste er, dass der Clochard eine Vorliebe für Gänseleber und im Winter böses Hüftgelenksrheuma hatte und dass er früher eine Frau namens Virginie und eine Stelle als Sigrist samt Dienstwohnung in einer Kirche irgendwo in der Banlieue gehabt hatte, bevor ihm durch eigenes oder fremdes Verschulden zuerst die Frau oder die Stelle oder die Wohnung abhandengekommen war und er in der Folge auch den Rest dieser kleinbürgerlichen Dreifaltigkeit verlor, weil diese eben nur komplett oder gar nicht zu haben war.

Umgekehrt hatte sich auch der Clochard ein Bild von Léon gemacht; wenn eine Grippewelle umging, erkundigte er sich nach dem Befinden des Nachwuchses und der werten Gattin, und wenn in den Zeitungen ein Giftmord Schlagzeilen machte, wünschte er gutes Gelingen im Labor.

Der Clochard war über die Jahre zu einem der wichtigsten Menschen in Léons Leben geworden; denn außer ihm gab es nicht sehr viele, mit denen er täglich ein paar Worte wechseln und vertrauensvoll annehmen konnte, dass sie ihm ohne Hintergedanken wohlgesinnt waren. Der Clochard war im Lauf der Zeit Léons persönlicher Clochard geworden. Wenn es vorkam, dass vor seinen Augen ein anderer Passant Geld in dessen Hut legte, empfand er beinahe so etwas wie Eifersucht.

Im Oktober des vergangenen Jahres war es geschehen, dass der Clochard drei Tage in Folge nicht an seinem Platz gesessen hatte. Am vierten Tag aber war er wieder da gewesen, und in seiner Erleichterung hatte Léon ihn auf einen Kaffee ins nächste Bistrot eingeladen. Dort hatte dieser ihm berichtet, dass er vier Nächte zuvor, als ein bissiger Nordwind scharfen Graupelregen durch die Straßen des Quartier Latin gepeitscht hatte, auf der Suche nach einem Schlafplatz sturzbetrunken in die Gegend der Gare de Lyon geraten war und einen leeren, nicht abgeschlossenen Viehwagen gefunden hatte. Er hatte die Schiebetür aufgezogen und war hineingestiegen ins wohlig windstille Dunkel, hatte die Tür verriegelt, sich im Stroh in seine Decke gewickelt und war sekundenschnell in tiefen Schlaf gefallen.

So tief war sein Schlaf gewesen, dass er nicht aufwachte, als der Viehwagen mit einem Ruck anfuhr, und er schlief weiter, als der Zug im Morgengrauen samt Lokomotive und zwanzig leeren Viehwagen die Gare de Lyon verließ und südwärts aus der Stadt hinausfuhr; das beständige Ruckeln und Zuckeln hielt ihn, der narkotisiert war vom Genuss mehrerer Liter preiswerten Rotweins, den ganzen Tag über im Tiefschlaf wie einen Säugling in der Wiege, während der Zug ohne Halt die endlosen Weiten der gesegneten französischen Provinz durchmaß. Der Clochard schlief, während der Zug das Burgund von Nord nach Süd durchquerte, und er schlief in den Weinbergen der Côte du Rhône, und er schlief, während der Zug in der Abenddämmerung an den

Wildpferden der Provence vorüberfuhr, und er schlief im Languedoc und Roussillon und am Fuß der Pyrenäen und wachte erst am folgenden Morgen mit hölzernem Schädel und pelziger Zunge wieder auf, als sein Viehwagen schon eine ganze Weile stillstand und sich unter der Sonne des Südens kräftig aufgeheizt hatte.

Der Clochard kroch aus dem Stroh und wischte sich mit dem Ärmel den Schweiß aus dem Gesicht, schob die Tür auf und erblickte, nachdem seine Augen sich ans gleißend helle Licht gewöhnt hatten, eine von Mensch und Vieh verlassene Rinderverladestation, hinter der sich bis zum Horizont hin eine flirrende Ebene erstreckte, die öd und kahl war bis auf ein paar vereinzelte Kakteen. Es dauerte eine Weile, bis er begriff, dass er sich nicht mehr in Paris und auch nicht im Norden Frankreichs befand, sondern irgendwo sehr tief im Süden, und zwar ohne Geld und ohne Ausweis und mutmaßlich ohne Kenntnis der lokal geläufigen Landessprache.

Getrieben von heftigen Kopfschmerzen und quälendem Durst, stieg er hinunter aufs Schotterbett und wanderte anderthalb Stunden die Gleise entlang in nordöstlicher Richtung, bis er an der nächsten Bahnstation anlangte, wo ihm ein barfüßiger Barrierenwärter in Operettenuniform in bruchstückhaftem Französisch eröffnete, dass er sich unweit von Pamplona am Ufer eines Flusses namens Arga befinde.

Louise lachte. Dann kam das Essen.

Über ihr gemeinsames Wochenende in Le Tréport zehn Jahre zuvor sprachen sie nicht mehr, auch nicht über die Nacht am Strand und den Bombenhagel am folgenden

Morgen und ebenso wenig über die Jahre ihres Getrennt-
seins.

Am frühen Abend, als sie noch im Bett gelegen hatten und
im fahlen Licht der Straßenlaterne an ihren Körpern gegenseitig die Narben von Maschinengewehrkugeln, Bom-
bensplittern und Chirurgenmessern ertastet hatten, hatte
Louise ihm erzählt, dass ein Weinhändler aus Metz, der
ebenfalls in den Bombenangriff geraten war, sie aufgelesen
und in seiner Camionnette nach Amiens ins Frauenhospi-
tal gebracht hatte, wo sie nach der Notoperation einen ganzen Monat lang bei den hoffnungslosen Fällen gelegen,
dort eine Lungenentzündung sowie die Spanische Grippe
erwischt hatte und erst ein halbes Jahr nach Kriegsende als
halbwegs geheilt entlassen worden war.

Sie war auf direktem Weg nach Saint-Luc-sur-Marne zurückgekehrt und hatte den Bürgermeister aufgesucht, und
dieser hatte sie freudig begrüßt und ihr ohne Umschweife
erzählt, dass Léon ein paar Monate zuvor ebenfalls vorbei-
geschaut und erfreulicherweise einen recht gesunden Ein-
druck gemacht habe; in genau diesem Sessel, in dem Louise
jetzt sitze, habe er gesessen und von seinem Unfall berichtet, aber dann sei er plötzlich aufgesprungen und auf Nim-
merwiedersehen verschwunden.

Als Louise den Bürgermeister fragte, ob er eventuell Léons
Wohnadresse kenne, hatte dieser bedauernd mit den Schultern gezuckt, und als sie dann ihre Scham überwand und
wissen wollte, ob Léon sich denn gar nicht nach ihr erkundigt habe, hatte der Bürgermeister ihr die Hand getätschelt,
traurig den Kopf geschüttelt und eine tiefsinnige Bemerkung
über die Leichtfüßigkeit der Jugend im Allgemeinen und
die Treulosigkeit junger Männer im Besonderen gemacht.

Als Léon nach dem Essen zwei Kaffee bestellte, schielte der Wirt demonstrativ zur Wanduhr, und nachdem er die Tassen gebracht hatte, machte er mit dem Portemonnaie die Runde durchs Lokal und stellte die freien Stühle mit den Beinen nach oben auf die Tische. Léon und Louise unterhielten sich leise und musterten einander aufmerksam, als ständen sie in schwierigen Verhandlungen über schwerwiegende Entscheide von größter Tragweite; dabei redeten sie nur über Kleinigkeiten und vermieden sorgsam alles Schwere, Bedeutsame.

Erst berichtete Léon von dem gigantischen Zeppelin, der kürzlich am Quai des Orfèvres zum Anfassen nah an seinem Laborfenster vorbeigeschwebt war, dann erzählte Louise, dass ihr Torpedo auf dem Rückweg von Le Tréport stehen geblieben war und erst wieder in Fahrt kam, nachdem sie den Luftfilter mit einem Schluck Benzin aus dem Reservekanister vom Staub der Landstraßen befreit hatte. Darauf erörterten sie die Vor- und Nachteile geteerter und gepflasterter Straßen, und dann kam Louise darauf zu sprechen, dass ihr Arbeitsweg an der frisch gepflasterten Place de Clichy vorbeiführe, an der übrigens die Prostituierten seit dem Krieg fast alle Trauerkleidung trügen; von Léon wollte sie wissen, ob das seiner Meinung nach tatsächlich alles Witwen von Kriegsgefallenen seien. Vermutlich schon, antwortete Léon ein wenig verwundert, worauf Louise entgegnete, sie hoffe es; denn wenn die einzig mögliche andere Erklärung wahr wäre – nämlich die, dass die Witwenhaube den Nutten als umsatzfördernde Kostümierung diene, weil heimgekehrte Soldaten Vergnügen fänden an der Vorstellung, die Frau eines gefallenen Kameraden zu ficken – wenn das wahr wäre, möchte sie zeitlebens nie wieder Umgang mit einem Mann haben. Das könne er nicht beurteilen, sagte Léon, weil er weder die Nutten an der Place de Clichy kenne noch das Seelenleben heimgekehrter Soldaten in statistisch relevanter Zahl; ganz sicher wisse er lediglich, dass er selbst unter keinen Umständen Vergnügen daran finden würde.

»Das weiß ich«, sagte Louise und erzählte rasch, wie sie einmal bei Eisregen auf der Place de l'Étoile ins Schleudern geraten war und beinahe unter dem Triumphbogen das Grab des Unbekannten Soldaten überfahren hätte.

Kurz nach Mitternacht war der Torpedo wieder auf der Straße. Louise fuhr nun langsam, und Léon streichelte ihren Nacken und schaute hinaus auf die zwei gelben Lichtkegel auf der Landstraße. Sie redeten nicht mehr, sondern schwiegen lange Zeit. Dann räusperte sich Louise und sagte mit plötzlich harter Stimme:

»Hör zu, Léon, in einer Stunde sind wir wieder in Paris. Du musst mir etwas versprechen.«

»Was denn?«

»Ich will nicht, dass du mir auflauerst.«

»Was?«

»Du verstehst mich schon. Wir werden uns nicht wiedersehen, es hätte keinen Sinn und würde nirgends hinführen. Du weißt nicht, wo ich wohne, und ich werde es dir nicht sagen. Aber du weißt, wo ich arbeite.«

»Und?«

»Spiel nicht den Deppen, das steht dir nicht. Ich will nicht, dass du vor der Banque de France herumlümmelst, um mich zu sehen. Du lungerst nicht auf der Rue de Rivoli und nicht auf der Place de la Victoire herum. Du hetzt mir keinen Polizeihund auf die Fersen, du wirst mir nicht zufällig auf dem Gemüsemarkt über den Weg laufen, während ich ein Pfund Kartoffeln kaufe, und du sitzt nicht zufällig im Kino, wenn ich ins Kino gehe. Das wirst du niemals tun, versprichst du mir das?«

»Es gibt Zufälle«, sagte Léon. »Paris ist nicht so groß, wie die Leute glauben, weißt du? Es kann immer geschehen, dass man sich über den Weg läuft. In der Métro, auf der Straße, beim Metzger …«

»Erzähl keinen Quatsch«, sagte sie scharf. »Dafür haben wir keine Zeit. Du musst mir versprechen, dass du keine Dummheiten machst. Nie, kein einziges Mal. Sollte es einmal geschehen, dass wir uns zufällig über den Weg laufen, werden wir uns meinetwegen im Vorbeigehen grüßen, aber nicht stehen bleiben. Ich meinerseits verspreche dir, dass ich niemals die Rue des Écoles betreten werde und niemals den Quai des Orfèvres. Den Boulevard Saint-Michel kann ich dir nicht gänzlich überlassen, da muss ich hin und wieder durch.«

»Ich auch. Täglich zwei Mal. Mindestens.«

»Sei ein Mann, Léon. Versprich es mir.« Sie löste ihre rechte Hand vom Steuerrad und hielt sie ihm hin. »Versprichst du's?«

Léon wandte seinen Blick Louise zu und lächelte, wie um zu sagen: Versteh mich doch! Dann nahm er ihre Hand, schaute aus dem Seitenfenster und sagte: »Nein.«

Ein paar Sekunden noch fuhr Louise schweigend geradeaus durch die Nacht, dann bremste sie ab und schaltete in den Leerlauf, und als der Wagen stillstand, zog sie die Handbremse, stieg aus und lief um die Motorhaube zur Beifahrertür.

»Rutsch rüber, jetzt fährst du!«

»Louise, ich bin noch nie …«

»Los, mach!«

»Ich kann nicht Auto fahren.«

»Dann lernst du's jetzt, rutsch rüber! Ab sofort lenkst du den Wagen, sonst quatschen wir endlos rum und fangen womöglich an zu flennen. Das hier ist das Gaspedal, und das ist die Bremse, um die Gangschaltung kümmere ich mich fürs Erste. Jetzt gib ein bisschen Gas, nur ein bisschen, ja, so, und jetzt runter vom Pedal und dann die Kupplung, siehst du, das ist der erste Gang, ich löse die Handbremse, und du gehst langsam runter von der Kupplung und gibst gleichzeitig sachte Gas, sachte, sachte …«

Nachdem sie den dritten Gang erreicht hatten, hielt Léon eine Reisegeschwindigkeit von fünfzig Stundenkilometern und fuhr in der Mitte der Landstraße durch die Nacht nordwärts, der Stadt entgegen. Er schaltete versuchsweise die Scheinwerfer aus und wieder ein, drückte die Hupe und hielt den linken Arm in den Fahrtwind hinaus; nur in engen Kurven griff Louise ins Steuerrad und half ihm beim Lenken, und wenn die Straße hügelan führte, packte sie den Schaltknüppel und legte einen kleineren Gang ein. Auf einer der letzten Hügelkuppen vor dem Stadtrand tauchte im Nordwesten glitzernd der mit Lichterketten behängte Eiffelturm auf, und im Nordosten zeigte sich über einem schwarzen Waldstreifen der Mond.

»Schau«, sagte Léon, »es ist genau Halbmond. Weißt du, was das bedeutet?«

»Was?«

»Das bedeutet, dass der Mond sich in diesem Augenblick

an genau der Stelle im Sonnensystem befindet, an der wir uns vor vier Stunden befunden haben.«

»Was?«

»Der Planet Erde befand sich vor knapp vier Stunden an dem Ort, an dem sich jetzt der Mond befindet.«

»Wir waren vor vier Stunden dort oben?«

»Exakt dort oben ...« – Léon warf einen Blick auf seine Armbanduhr – »... habe ich dir vor vier Stunden den letzten Knopf deiner Bluse abgerissen.«

Eine Weile fuhren sie schweigend durch die Nacht und betrachteten durch die Windschutzscheibe den Mond.

»Unterdessen ist er ein bisschen weiter vorgerückt«, sagte er. »Jetzt ist er an der Stelle, an der ich deinen Schlüpfer ...«

»Lass meinen Schlüpfer in Frieden«, unterbrach sie ihn.

Léon erklärte Louise, dass bei Halbmond Erde, Mond und Sonne genau im rechten Winkel zueinander stehen, was bedeute, dass der Mond auf der Umlaufbahn um die Sonne sozusagen hinter der Erde herfahre, und zwar in einer mittleren Entfernung von dreihundertvierundachtzigtausend Kilometern und mit einer Geschwindigkeit von hunderttausend Kilometern pro Stunde. »Das bedeutet, dass wir vor knapp vier Stunden dort waren und dass der Mond in vier Stunden hier sein wird.«

»Vier Stunden?«, sagte Louise. »Warte, lass mich nachrechnen.« Sie legte den Kopf in den Nacken und schaute in den Himmel, während der Torpedo friedlich tuckernd durch die Nacht glitt. Nach einer Weile sagte sie: »Tatsächlich. Drei Stunden, zweiundfünfzig Minuten und ein paar Sekunden. Bei zu- oder abnehmendem Halbmond?«

Léon lachte überrascht auf, dann drückte er ratlos das Kinn

auf die Brust. »Keine Ahnung. Kommt vielleicht drauf an, ob der Betrachter nördlich oder südlich des Äquators steht.«

»Quatsch. Zumindest in astronomischen Belangen sind alle Menschen Brüder.«

»Jedenfalls gibt es zwei Möglichkeiten: Entweder fährt uns der Mond jetzt mit vier Stunden Abstand hinterher, oder er ist uns vier Stunden voraus.«

»Dann wäre er jetzt da, wo wir in vier Stunden sein werden.«

»Das will ich nicht wissen«, sagte Léon. »Lass uns annehmen, dass er uns hinterherfährt.«

»Die Chancen stehen fünfzig zu fünfzig«, sagte Louise. »Wo wäre der Mond dann jetzt?«

»An der Stelle, an der ich dich vom Tisch hinüber aufs Bett getragen habe.«

»Und unterwegs haben wir bei der Garderobe haltgemacht.«

»Bei den Kleiderhaken.«

»Die waren nicht ordentlich befestigt.«

Eine Weile betrachteten sie still den Mond, der sich erstaunlich rasch vom Horizont löste.

»Eigentlich braucht man für die Reise zum Mond gar keine Rakete«, sagte Louise. »Man muss nur vier Stunden an Ort und Stelle bleiben.«

»Einfach hochspringen, in der Schwebe bleiben und die Erde vorausfahren lassen.«

»Und auf den Mond warten.«

»Und dann zusteigen.«

»Sag mir, Léon, wo ist der Mond jetzt?«

»Dort, wo die Nachttischlampe am Boden zersplittert ist. Da hast du angefangen, meinen Namen zu stammeln.«

»Du bist ein eingebildeter Geck.«

»Ich habe es noch im Ohr«, sagte Léon. »Und in der Nase habe ich es auch. Ich kann uns beide riechen. Riech mal.«

Sie schnüffelte an seinem Hals, an seiner Schulter und an ihrem eigenen Unterarm. »Wir riechen genau gleich.«

»Unsere Gerüche haben sich vermischt.«

»Ich wünschte, das würde so bleiben.«

»Für immer.«

Louise lachte. »Darunter machst du's nicht, wie?« Sie öffnete seinen untersten Knopf und fuhr ihm mit der rechten Hand unters Hemd. »Du bist sehr zufrieden mit dir und hältst dich für einen tollen Hecht, nicht wahr?«

Léon nickte.

»Aber weißt du auch, du Beherrscher der Welt, wo bei einem Auto die Bremse ist?«

»Ich kann Gas geben, Licht machen und hupen. Bremsen will ich nicht können.«

»Aber ich. Drück auf die Bremse, du Krone der Schöpfung. Jetzt gleich, sofort. Rasch, mach schon. Runter vom Gas, dann Kupplung und jetzt der Schaltknüppel. Nein, nicht der, das ist die Handbremse, und jetzt bremsen, gleich neben dem Gaspedal. Fahr rechts ran. Na los, mach schon. Rasch.«

Während Léon noch mit Steuerrad, Kupplung und Bremse hantierte, küsste sie ihn und zerrte an seinen Kleidern, bis der Wagen schlingernd und unter Bocksprüngen zum Stillstand kam. Unter der Motorhaube zischte leise der Motor. In der Ferne rief ein Kauz. In der Talsenke vor dem Stadtrand lag eine Nebelbank. Sie holten zwei Wolldecken aus dem Kofferraum und gingen eng umschlungen zum Waldrand, wo sie sich in weichem Gras zwischen zwei Büschen im Mondschein liebten bis zum Morgengrauen.

12. KAPITEL

In den folgenden elf Jahren acht Monaten dreiundzwanzig Tagen vierzehn Stunden und achtzehn Minuten sahen und hörten Louise und Léon einander nicht wieder, und sie blieben ohne Nachricht voneinander. Léon Le Gall hielt sein verweigertes Versprechen und näherte sich nie, kein einziges Mal, der Banque de France, und er unternahm auch keine sinnlosen Métrofahrten und lungerte nicht unnötig auf dem Boulevard Saint-Michel herum.

Allerdings war es unumgänglich, dass er morgens zur Arbeit und abends wieder nach Hause ging, und unterwegs konnte er nicht die Augen zukneifen, sondern musste sie offen halten; so konnte es nicht ausbleiben, dass ihm gelegentlich, wenn er auf dem Boulevard Saint-Michel ein paar grüne Augen sah oder einen Nacken, über dem dunkles Haar von einem Ohr zum anderen abgesäbelt war, das Herz schneller schlug. Auch nach Jahren noch zuckte er zusammen, wenn ein Renault Torpedo um die Ecke bog oder wenn in der Métro eine weibliche Gestalt im Regenmantel Zigaretten rauchend in der Ecke stand.

Einmal verließ er während der Arbeitszeit das Labor, stieg hinauf unters Dach des Justizpalasts und fand im Gebälk, das schwarz war vom Staub der Jahrhunderte und weiß vom Gespinst der Spinnen, eine nach Nordwesten sich öffnende Luke. Er öffnete das blinde Fenster und stellte zu seiner Beruhigung fest, dass die Sicht in Richtung Banque de France über die Seine zwar frei, dann aber durch mehrere Häuserzeilen versperrt war.

Einmal, an einem Donnerstagabend auf dem Heimweg, war auf der Place Saint-Michel vor seinen Augen hinter dem kreisrunden Kiosk ein Schemen verschwunden, von dem er im Bruchteil einer Sekunde überzeugt gewesen war, dass es Louise sein musste. Er war zum Kiosk gelaufen und hatte ihn zweimal umrundet, hatte ringsum die vorübereilenden Menschen gemustert und dann den Kiosk in Gegenrichtung noch einmal umrundet – aber die Gestalt war auf rätselhafte Weise verschwunden geblieben, als sei sie in den Himmel entschwoben oder durch eine Geheimtür in den Untergrund versunken.

Nachts vor dem Einschlafen durchlebte Léon in Gedanken immer wieder die Autofahrten mit dem Torpedo, das Beisammensein mit Louise im *Relais du Midi* und die letzten Stunden bis zum Morgengrauen an jenem Waldrand in Sichtweite des Eiffelturms. Verwundert stellte er fest, dass seine Erinnerungen im Lauf der Wochen, Monate und Jahre nicht verblassten, sondern im Gegenteil kräftiger und lebendiger wurden. Von Jahr zu Jahr heißer fühlte er ihre Lippen an seinem Hals, und immer stärker durchfuhr ihn der Schauer beim Gedanken daran, wie sie ihm »Fass mich da an, da« ins Ohr gewispert hatte; süßer als damals hatte er ihren Duft in der Nase, und in seinen Händen ganz gegenwärtig war die Empfindung ihres biegsamen, sehnigen, aber auch unnachgiebigen und fordernden Körpers, der so ganz anders war als die warme, weiche Nachgiebigkeit seiner Ehefrau; im Herzen bewahrte er die Empfindung, die er nur im Zusammensein mit Louise gehabt hatte – jenes Gefühl, ganz eins und im Reinen zu sein mit sich und der Welt und der Kürze der Zeit, die einem beschieden ist.

Tagsüber ging er gewissenhaft zur Arbeit, und abends scherzte er mit seiner Frau und war den Kindern ein zärtlicher Vater; aber im Grunde war er doch immer dann am lebendigsten, wenn er sich seinen Erinnerungen hingab wie ein alter Mann. Äußerlich hatte er sich nicht sehr verändert in den zwölf Jahren, die seit dem Ausflug mit Louise vergangen waren; er war nicht dicker und nicht dünner geworden, und obwohl er nun eine Stirnglatze hatte, war sein Körper mit vierzig Jahren kaum anders als zehn oder zwanzig Jahre zuvor.

Ein junger Mann aber, das fühlte er seit Kurzem, war er nun nicht mehr. Noch tat ihm nichts weh, noch neigte er nicht zur Schwermut und ließ sein Gedächtnis nicht nach, und noch wurde er unruhig beim Anblick schöner Frauenbeine. Trotzdem fühlte er, dass die Sonne ihren Höchststand überschritten hatte. Auch wollte er nicht mehr jung erscheinen und hatte nicht mehr das Bedürfnis, sich mit glänzenden Gamaschen und einer kecken Melone interessant zu machen; kürzlich hatte er erstmals einen klassischen Tweedanzug gekauft und bei der Anprobe verwundert und ein wenig amüsiert festgestellt, dass er darin dem Vater seiner Kindheit zum Verwechseln ähnlich sah.

Seine Frau Yvonne beklagte sich nicht. Als er an jenem Sonntagmorgen auf der Place Saint-Michel Louise ein letztes Mal geküsst hatte und aus dem Torpedo gestiegen war, um sich an die Rue des Écoles zu schleppen wie ein zum Tode Verurteilter auf dem Weg zum Schafott, hatte sie getan, als sei er nicht die ganze Nacht weggeblieben, sondern kehre nur von der Bäckerei zurück oder habe rasch seine

Hemden zum Bügeln hinunter zu Madame Rossetos gebracht. Die Wohnungstür war offen gestanden, und aus der Küche hatte es nach Kaffee geduftet, und als er nach ihrer Hand greifen und zu einer Erklärung ansetzen wollte, hatte sie sich ihm entzogen und gesagt: »Lass gut sein, wir wissen beide Bescheid. Wir wollen nicht unnötig Worte verlieren.«

Zu Léons grenzenlosem Erstaunen verbrachten sie dann einen unaufgeregt angenehmen Sonntag wie die glücklichste aller Familien, spazierten im milchigen Novemberlicht durch den Jardin des Plantes und zeigten dem kleinen Michel die ausgestopften Mammuts und Säbelzahntiger im naturhistorischen Museum, aßen Zitroneneis in der *Brasserie au Vieux Soldat* und ließen ihr Söhnchen Motorrad fahren auf dem Karussell, das am Eingang des Jardin du Luxembourg stand, und die ganze Zeit hatte sich Yvonne bei ihm eingehängt und folgte mit ihrer trächtig weichen Hüfte katzenhaft anschmiegsam jeder seiner Bewegungen, als hätten sie beide seit jeher im Leben dieselben Ziele, dieselben Wünsche und dieselben Absichten gehabt.

Anfangs war Léon irritiert über das Ausbleiben des unvermeidlichen Dramas. Er wunderte sich über Yvonnes Großmut einerseits und andererseits darüber, dass er seiner Untreue so rasch hatte untreu werden können; aber dann verstand er, dass Yvonne ihn besiegt hatte, indem sie sich seine Eskapade zu eigen, zu einer Episode ihrer Ehe gemacht hatte. Seine Wiederbegegnung mit Louise würde künftig nicht trennend zwischen ihnen stehen, sondern sie als gemeinsame Erinnerung verbinden. Allerdings wurde ihm auch bewusst, dass diese Großzügigkeit letztlich auf grausamer Unerbittlichkeit beruhte: auf der Gewissheit nämlich, dass Yvonne auf Gedeih und Verderb auf ihn angewiesen war und dass es einem moralischen Menschen wie Léon in Zeiten von Krise und Inflation in einem katholischen Land wie Frankreich unmöglich sein würde, seinen erstgeborenen Sohn und seine ihm von Gott anvertraute, im fünften Monat schwangere Gattin zu verlassen aus dem einzigen Grund, dass er an der Seite einer anderen Frau sein Glück suchen wollte.

Tatsächlich war es für Léon so selbstverständlich, dass er bei Yvonne bleiben würde, dass es noch nicht mal eine Pflicht war; darüber brauchte er gar nicht nachzudenken. Sie würden zusammenbleiben und sich niemals scheiden lassen, weil es erstens ihnen beiden für die finale Katastrophe zwar nicht an Leidenschaftlichkeit, aber an jenem erforderlichen Quantum Skrupellosigkeit und Selbstbezogenheit fehlte, das den Ehedramen bei aller Hochherzigkeit der Gefühle doch immer auch eigen ist; zweitens war ihre Ehe bei aller Fremdheit und Distanz getragen von einem geschwisterlichen Gefühl von Zuneigung, Wohlwollen und Respekt, das sie aneinander nie verraten hatten; so kam es, dass sie drittens das wichtigste Band, das die meisten Paare am stärksten zusammenhält – die Furcht vor Hunger und Not in der Einsamkeit einer ungeheizten Dachkammer –, noch nie richtig wahrgenommen hatten.

Es war schon dunkel, als sie von ihrem Sonntagsausflug heimkehrten. Sie aßen in der Küche Schinken, Spiegeleier und Brot, legten den kleinen Michel schlafen und gingen dann ebenfalls zu Bett. Unter der Decke waren sie einander in traurigem Glück nahe wie lange nicht mehr, und Léon fühlte sich, so schwer ihm das Herz war, seiner Frau schicksalhaft verbunden. Als er aber noch näher zu ihr rückte und ihr den Saum des Nachthemds hochschob, sagte sie: »Nein, Léon. Das nicht. Das nun nicht mehr.«

Am nächsten Morgen ging er zur Arbeit wie an tausend Morgen zuvor. Auf dem Rasen im Park gegenüber lag Schneeflaum, die Straßen waren nass und die Platanen schwarz, und unter den Wurzeln der Bäume dröhnte die Métro. Zu Weihnachten 1928 kaufte er Yvonne in der Rue de Rennes unter Einsatz der gesamten Ersparnisse ein perlenbesetztes Armband, das sie in den vergangenen Monaten, ohne dass er es hätte merken sollen, mehrmals im Vorbeigehen mit hoffnungslos begehrlichen Blicken betrachtet hatte. Auf ein frühlingshaftes Silvester folgte der strenge Winter 1929; Anfang Februar, als Yvonne einen gesunden Buben namens Yves zur Welt brachte, lag noch immer hart gefrorener, vom Kohlestaub geschwärzter Schnee in der Rue des Écoles.

Drei Monate später starb an einem Freitagmorgen unerwartet Léons Mutter, als sie auf dem Fischmarkt von Cherbourg Loup de Mer fürs Abendessen kaufen wollte. Sie hatte gerade den in Zeitungspapier gewickelten Fisch entgegengenommen, als in ihrem tüchtigen Gehirn, das achtundfünfzig Jahre einwandfrei funktioniert hatte, ein Blutgerinnsel eine äußerst wichtige Arterie verstopfte. Sie sagte »Au, was soll das!«, griff sich mit der linken Hand an die Schläfe und riss, während sie sich aufs nasse, nach fischigem Eiswasser riechende Pflaster setzte, einen Korb voll Austern hinunter. Als die Fischhändlerin, erschrocken über die leichenblasse Gesichtsfarbe ihrer Kundin, lauthals nach einem Arzt schrie, winkte sie ab und sagte in sachlichem Tonfall: »Lassen Sie mal, das wird nicht nötig sein. Rufen

Sie besser die Polizei, die avisiert dann den Amtsarzt und das ...« Darauf schloss sie Augen und Mund, als sei nun alles gesehen und gesagt, legte sich seitlich nieder und war tot.

Die Beerdigung fand an einem stürmischen Frühlingsmorgen statt, an dem Kirschblütenblätter wie Schneeflocken durch die Luft wirbelten. Léon stand am offenen Grab und wunderte sich, wie reibungslos das Ritual ablief – wie geradezu beleidigend einfach es war, einen Menschen, der doch immerhin zeitlebens geliebt, gehasst oder zumindest benötigt worden war, schlicht und einfach zu beerdigen, ad acta zu legen und ohne weitere Umstände aus dem Alltag zu entfernen.

Tags darauf reiste Léon ab, obwohl erst Samstag war und er noch hätte bleiben können. Er wunderte sich über sich selbst, dass er es so eilig hatte, nach Paris zurückzukehren, und ärgerte sich, dass er dem Vater stotternde Erklärungen gab wie ein sechzehnjähriger Schulschwänzer; erst später sollte ihm klar werden, dass mit dem Tod der Mutter seine Jugend ihren endgültigen Abschluss gefunden hatte und dass den Mann, der er nun war, nichts mehr mit Cherbourg verband.

Yvonne blieb mit den Buben für ein paar Wochen in Cherbourg, um dem verwitweten Schwiegervater zur Hand zu gehen bei der Auflösung des Hausstands und dem Umzug in eine kleinere Wohnung in der Nähe des Hafens.

Bei der Rückkehr nach Paris brachte sie eine neue Gewohnheit mit, die Léon anfangs verunsicherte. Diese bestand aus einem schwarzen Wachstuchheft mit rot linierten Seiten, in dem sie frühmorgens vor dem Aufstehen ihre Träume niederschrieb. Léon argwöhnte, dass das Wachstuchheft ein Vorzeichen sei für neue eheliche Turbulenzen; als diese ausblieben, deutete er sie als Spätfolge des Kindbetts oder als Nachbeben seines außerehelichen Abenteuers.

Yvonne ihrerseits machte kein Geheimnis, aber auch kein Aufsehen aus dem Heft, das immer offen auf ihrem Nachttisch lag; eine Weile vermutete Léon deshalb, es enthalte an ihn gerichtete Botschaften. So nahm er es zur Hand, wenn Yvonne gerade außer Haus war, und blätterte darin. »Nächtliche Eisenbahnfahrt durch verschneite Winterlandschaft«, hieß es da etwa, »irgendwas mit einem Pferd, dann Papa auf dem Sofa.« Dann unter einem anderen Datum: »Léon macht Schießübungen im Garten – was für ein Garten, woher die Pistole, und worauf schießt er?« Oder: »Ich und die Kleinen in der Métro. Loch im Strumpf, Yves brüllt wie am Spieß. Böse Blicke. Furchtbar peinlich. Der Zug fährt endlos weiter durch den schwarzen Tunnel, will und will nicht anhalten. Zurück in den Schoß von Mutter Erde?«

So oder ähnlich klangen die Bruchstücke, die Yvonnes Gedächtnis in den Wachzustand hinüberrettete. An manchen Tagen stand da auch nur: »Nichts, gar nichts. Kann es sein, dass die ganze Nacht einfach nur dunkel war?« Léon bemühte sich redlich, Interesse zu entwickeln für die nächtlichen Seelengänge seiner Gattin, und anfangs unternahm er es auch, die Symbole und Metaphern, deren Bedeutung meist von bestürzender Offensichtlichkeit war, zu interpretieren und Rückschlüsse zu ziehen auf Yvonnes seelisches Wohlbefinden, den Zustand ihrer Ehe sowie auf das Bild, das sich Yvonne von ihm machte. Da er aber nie etwas wirklich Neues erfuhr, kam er mit der Zeit zum Schluss,

dass Träume nichts weiter waren als Ausscheidungspro-
dukte des seelischen Stoffwechsels, die neugierig zu beäu-
gen für ein sehr junges Mädchen eine Weile unterhaltsam
sein mochte; dass aber seine Yvonne als erwachsene Frau
sich derart obsessiv mit ihren Nachtgespinsten befassen
konnte, befremdete ihn sehr.

Im Juli 1931 artikulierte der kleine Yves, der weit über seinen zweiten Geburtstag hinaus kein Wort über die Lippen
gebracht hatte – und zwar wirklich kein Wort, noch nicht
mal »Mama« oder »Papa«, weshalb der Hausarzt schon
sorgenvoll die Stirn in Falten legte –, endlich laut und deutlich, mit lang gezogenen Vokalen und eindeutig pariserisch
kehligem R das schöne Wort »Roquefort«.

In jenem Sommer war es zudem, dass die Weltwirtschafts-
krise mit einiger Verspätung auch in Frankreich zu wüten
begann und die *Police Judiciaire* auf ministeriellen Spar-
befehl zwanzig Prozent ihres Personalbestands abbauen
musste; Léon entging der Entlassung, weil er zwei Kinder
zu versorgen hatte, und seine Frau, die ihre Verweigerung
im Ehebett aus natürlicher Gutmütigkeit, Freude am Verzeihen und auch aus Eigennutz nicht lange hatte aufrechterhalten können, im dritten Monat schwanger war.

Im April 1932 kam der dritte Sohn zur Welt, der auf den
Namen Robert getauft wurde, und als am zweiten Juli-
wochenende die großen Sommerferien begannen, ging in
Cherbourg Léons Vater in Pension, nach exakt vierzig Jahren Schuldienst im selben Klassenzimmer, auf demselben
Stuhl hinter demselben Lehrerpult. Zehn Tage später machte
er seinem einsamen Witwerleben auf geradezu aggressiv
rücksichtsvolle Weise ein Ende, indem er sich diskret einen
Sarg in passender Größe beschaffte und diesen in seiner

Stube aufstellte. Er streifte sich ein weißes Nachthemd über und nahm einen kräftigen Schluck Rizinusöl zu sich, und nachdem er sich auf der Toilette gründlich entleert hatte, schluckte er ausreichend Barbiturate und legte sich in den Sarg. Dann zog er den Deckel über sich zu, schloss die Augen und faltete die Hände. Die Hausmeisterin fand ihn am nächsten Morgen. Auf dem Sarg lag ein an sie adressierter Zettel zusammen mit einem Fünffrancstück, das sie für den Schrecken entschädigen sollte, sowie ein notariell beglaubigtes Testament, das die Erbschaftsangelegenheiten regelte und alle Einzelheiten des bereits organisierten und bezahlten Begräbnisses aufführte.

Yvonne verbrachte wiederum den Sommer mit den Kindern in Cherbourg, um die Wohnung des Schwiegervaters als Ferienwohnung in Besitz zu nehmen und das Erbe anzutreten, das sich als recht ergiebig herausstellte; nach Abzug aller Kosten resultierte für Léon und Yvonne ein hübsches finanzielles Polster bei der Société Générale in der Höhe von einigen Monatslöhnen, das ihnen, weil sie klug damit wirtschafteten, quer durch die Jahrzehnte mit geringfügigen Schwankungen erhalten bleiben und auf bescheidenem Niveau ein finanziell sorgenfreies Leben ermöglichen sollte.

Kurz vor der Rückkehr nach Paris machte Yvonne während eines Strandspaziergangs die Bekanntschaft eines schwarzäugigen Schönlings namens Raoul, der keiner geregelten Arbeit nachging, sie nach wenigen Minuten um Geld anging und die Kühnheit hatte, sie abends, als die Kinder schliefen, in der fast leeren Wohnung des verstorbenen Schwiegervaters aufzusuchen. Sie schlief noch am selben Abend mit ihm, ebenso an den zwei Abenden danach und machte dabei Dinge, die sie im Ehebett mit ihrem Léon niemals getan hätte.

Auf der Heimfahrt nach Paris machte sie sich bittere Vorwürfe und fragte sich, ob sie den Ehebruch aus Rache für Léons Affäre mit der kleinen Louise begangen hatte oder aus weiblicher Eitelkeit und Furcht vor dem Altwerden; denn aus Gründen purer Lust, das hätte sie spätestens nach dem ersten Mal wissen müssen, wäre es die Mühe nicht wert gewesen. Noch bei der Einfahrt in die Gare Saint-Lazaire war sie überzeugt, dass sie Léon alles würde beichten müssen; als er dann aber so arglos auf dem Bahnsteig stand mit seinen blauen Augen und seinem von zweimonatigem Strohwitwertum zerknitterten Anzug, brachte sie es nicht über sich, sondern stürzte auf ihn zu und rettete sich in eine Umarmung, deren Länge und Innigkeit Léon hätte stutzig machen müssen. Es sollte fast dreißig Jahre dauern, bis sie, den Tod vor Augen, ihm ihren Fehltritt, welcher der einzige bleiben sollte, gestand.

Im Mai 1936 gewann der Front Populaire die Wahlen, Léon erhielt erstmals bezahlte Ferien. Er fuhr mit den Buben und mit Yvonne, die kurz zuvor von einem Mädchen namens Muriel entbunden worden war, für zwei Wochen nach Cherbourg, wo er zwar die Freunde seiner Jugend nicht mehr wiederfand, hingegen eine Segeljolle mietete und mit seiner Familie Ausflüge zu den Kanalinseln unternahm; Yvonne war während der ganzen zwei Wochen in heimlicher Sorge, dass irgendwann der schöne Raoul auftauchen könnte, und atmete erst auf, als sie wieder im Zug nach Paris saßen.

Eines Abends im April 1937 herrschte große Aufregung in der Rue des Écoles. Es war früher Abend kurz vor der Essenszeit, als Madame Rossetos schreiend durchs Haus rannte auf der Suche nach ihren zwei Töchtern, die vierzehn- und siebzehnjährig spurlos verschwunden waren unter Mitnahme ihrer Bettwäsche, ihrer Kleider und der Ersparnisse der Mutter, welche diese seit vielen Jahren in einer Zuckerdose im Küchenschrank verwahrt hatte.

Im Januar 1938 wurde Léon Le Gall zum stellvertretenden Laborleiter des Wissenschaftlichen Dienstes der *Police Judiciaire* ernannt, und am 1. September 1939, am Tag, an dem Deutschland Polen überfiel, musste er sich in der Salpêtrière einer Hämorrhoidenoperation unterziehen.

Der Tag, an dem ihm Louise erstmals wieder ein Lebenszeichen schicken sollte, begann als einer der bizarrsten Tage in der Geschichte Frankreichs. Es war Freitag, der 14. Juni 1940. Jener erste Frühling nach Ausbruch des Krieges, der sich in Paris bisher erst wenig bemerkbar gemacht hatte, war von nie dagewesener Schönheit und Lebenslust gewesen. Den ganzen Monat April hatten die Frauen, während im Osten schon wieder Tausende von jungen Männern verreckten, unter tiefblauem Himmel kurze geblümte Röcke getragen und das Haar frei über den Rücken fallen lassen, und die Straßencafés waren bis spät in die Nacht voll besetzt gewesen, weil die Boulevards glühten von der Wärme gespeicherten Sonnenlichts, als verberge sich unter dem Kopfsteinpflaster ein gigantisches warmblütiges Wesen mit unspürbar sanfter Atmung.

Aus den Lautsprechern der Radios sang Lucienne Delyle sehnsüchtig ihre *Sérénade sans Espoir*, in den Galeries Lafayette und in der Samaritaine riss sich die Kundschaft um weiße Leinenanzüge und Strandpyjamas; überall in der Luft hing der betörende Duft teurer Parfums aus winzigen

Flacons, und bei Anbruch der Dunkelheit verschmolzen in den Parks die Schatten der Liebenden mit den Schatten blühender Platanen und Kastanienbäume. Gewiss gingen die Gedanken hin und wieder zwischen zwei Küssen oder zwei Gläsern zu der Schlächterei im Osten; aber hätte man deswegen nur ein Glas weniger trinken, einen Kuss weniger verschenken, einen Tanz weniger tanzen sollen? Wäre damit irgendwem geholfen gewesen?

Der süße Traum dieses Frühlings nahm ein abruptes Ende, als sich herausstellte, dass die Maginot-Linie die Hunnen diesmal nicht würde aufhalten können. Nach dem 10. Mai flohen die Belgier und Luxemburger zu Zehntausenden vor den stählernen Riesenlibellen der Luftwaffe und den Sauriern der deutschen Panzerbrigaden, die in grauenhaftem Tempo und mit ohrenbetäubendem Kreischen wie prähistorische Plagen übers Land herfielen und ihr bleiernes Gift über die Flüchtlingsströme verspritzten; als die Panzerkolonnen auch bei Sedan die Sperren durchbrachen, setzte in Paris ein allgemeines Rette-sich-wer-kann ein, das angeführt wurde von der Regierung und ihren Generälen und Ministern und den Industriellen, die sich mit den Löhnen der Arbeiter davonmachten, gefolgt von den Parlamentariern und Beamten und Speichelleckern, den Diplomaten und Geschäftsleuten und Arschkriechern sowie den Trümmern der Armee, dann auch der schönen Welt der Journalisten, Künstler und Gelehrten, die sich zum Wohle der Humanität und im Interesse der Zukunft ebenfalls verpflichtet fühlten, mit allen Mitteln und in allerhöchster Priorität ihre eigene Haut zu retten.

Mit ihnen flohen Frauen, Kinder und Greise zu Hunderttausenden südwärts, in überfüllten Zügen und auf verstopften Straßen, zu Fuß und auf Fahrrädern, im Taxi und in Autos, die mangels Treibstoff von Ochsengespannen gezogen wurden, Stoßstange an Stoßstange mit Matratzen, Fahrrädern und Ledersesseln auf den Dächern, auf Pferdefuhrwerken, Lastwagenbrücken und Schubkarren, auf denen sich das Inventar ganzer Handwerkerbuden, Krämerläden und Haushaltungen türmte.

Nach drei Wochen versiegte der Flüchtlingsstrom, Paris war zu zwei Dritteln entvölkert. Zurückgeblieben waren die Reichsten der Reichen und die Ärmsten der Armen sowie jene, denen Fahnenflucht aus beruflichen Gründen von Gesetzes wegen verboten war: Die Angestellten der Krankenhäuser und der Finanz- und Steuerverwaltung, die Beamten von Post, Telegrafenamt und Métro, das Personal der Elektrizitäts- und Gaswerke sowie der Feuerwehr und die zwanzigtausend Polizeibeamten.

So ging Léon weiter Tag für Tag ins Labor, als ob nichts wäre, während die Zeitungen den Rückzug nach Dünkirchen vermeldeten, den Zusammenbruch des Eisenbahnverkehrs, die Kapitulation der belgischen Regierung. Aus dem Kommissariat wurde ihm dieselbe Arbeit zugeführt wie zu Friedenszeiten – mit Blausäure versetzte Mandeltorte, Champagner mit Rattengift, Knollenblätterpilz im Steinpilzrisotto. Zu seiner Verwunderung gab es, obwohl Paris zu zwei Dritteln entvölkert war, nicht etwa weniger Verdachtsfälle auf Gift, sondern erheblich mehr; wie es schien, war in den Stunden von Chaos und Massenpanik manche Giftmischerin zur Tat geschritten, der es in stabileren Zeiten am erforderlichen Mut gefehlt hatte.

Am Montag, dem 10. Juni 1940, aber wurde die berufliche Routine meines Großvaters abrupt unterbrochen. Als er wie gewohnt um Viertel nach acht zur Arbeit erschien, war der Quai des Orfèvres schwarz von Beamten der *Police Judiciaire*; uniformierte Gendarmen, zivile Inspektoren, Polizeichemiker, Gerichtsmediziner und Büroangestellte standen missmutig in der Morgensonne auf dem Kopfsteinpflaster und rauchten, steckten in kleinen Gruppen die Köpfe zusammen oder lasen Zeitung im Schatten von Hauseingängen oder Vordächern. Die Türen waren verschlossen, im Innern des Gebäudes brannte Licht.

»Was ist los, wieso geht keiner rein?«, fragte Léon einen jungen Kollegen, den er vom Kaffeetrinken flüchtig kannte.

»Keine Ahnung. Angeblich soll Büro 205 geräumt werden.«

»Das Ministerium der Schande?«

»Scheint so.«

»Wird es geschlossen?«

»Nein, nur das Archiv wird evakuiert.«

»Die ganzen Ausländerkarteien?«

»Wird ein schönes Stück Arbeit. Da sollen wir mit anpacken.«

»Dann packt ihr mal an. Ich habe im Labor eine Menge zu tun.«

»Deine Arbeit fällt heute wohl aus. Notbefehl. Sämtliche Abteilungen sind vom ordentlichen Dienst suspendiert und müssen mit anpacken.«

»Auch gut. Immerhin überlassen wir das Archiv nicht den Nazis. Ein Akt der Menschlichkeit.«

»Menschlichkeit, am Arsch!«, sagte der junge Kollege und schnippte seinen Zigarettenstummel in die Seine. »Die wollen nur ihre Kartei in Sicherheit bringen, das ist alles.«

»Vor den Nazis?«

»Weil sie Angst haben, dass die Deutschen die schöne Ordnung in Büro 205 durcheinanderbringen könnten. Wo die doch nicht mal Französisch können.«

»Sag bloß.«

»Ja.«

»Da kannst du mal sehen.«

»Büro 205 ist noch ordnungsliebender als die Deutschen.«

Der Service des Etrangers in Büro 205, die Abteilung zur Kontrolle von Ausländern und Flüchtlingen, hatte weit über die Landesgrenzen hinaus Berühmtheit erlangt als das Ministerium der Schande. Sie bestand aus einer Hundertschaft kleiner Beamter, deren ausschließliche Aufgabe es war, sämtliche Flüchtlinge und Vertriebenen, die im Land der Menschenrechte Zuflucht suchten, zu bespitzeln, zu kontrollieren und zu drangsalieren und ihnen den Weg zur dauerhaften Aufenthaltsbewilligung möglichst schwer zu machen. Ins Leben gerufen mit edlen Motiven als Hilfsorganisation für das menschliche Strandgut des Ersten Weltkriegs, war der Service des Etrangers im Herzen der *Police Judiciaire* scheinbar selbsttätig und ohne jemandes Zutun über die Jahre herangewachsen zu einem Moloch, der sich vom Blut derer nährte, die er eigentlich beschützen sollte, und dessen oberstes Ziel es war, jederzeit alles über jeden zu wissen, der kein lupenreiner Franko-Franzose war.

Die prächtigsten Hotels von Paris und die schäbigsten Pensionen der Banlieue hatten täglich ihre Meldescheine in Büro 205 abzugeben, jedes Arbeitsamt musste seine Ausländer melden, jede Gerichtsbehörde sachdienliche Meldungen machen, und jeder anonyme Denunziant fand hier ein offenes Ohr bei gewissenhaften Beamten, die jede Verleumdung sorgfältig auf eine Karteikarte übertrugen und für alle Zeit in einem Register ablegten.

Es gab Millionen rote Karteikarten für die Registrierung der ausländischen Population nach Straßenzügen, Millionen graue Karteikarten für die Erfassung nach Nationalitäten, Millionen gelbe Karteikarten für politische Informationen; Juden, Kommunisten und Freimaurer wurden in separaten Karteien geführt. So zahlreich waren die Karteien, dass sie in zentralen Registern zusammengefasst werden mussten, welche wiederum in einem großen, allumfassenden Register zusammenliefen, und alle diese Karteien und Register wurden in Büro 205 in hölzernen Kästen und Hängeregistraturen methodisch abgelegt auf himmelhohen Regalen, die sämtliche Wände der weitläufigen Bürohalle bedeckten.

Draußen vor der Tür von Büro 205 standen lange Wartebänke, die blankgescheuert waren von den Hosenböden Hunderttausender polnischer Juden, deutscher Kommunisten und italienischer Antifaschisten, die hier über die Jahre viele Stunden, Tage und Wochen verbracht hatten in der zitternden Hoffnung, dass endlich ihr Name aufgerufen würde und man sie einlasse in Büro 205, wo ein kleiner Beamter hinter einem Schreibtisch sie misstrauisch über seinen Brillenrand hinweg mustern, rote und graue Karteikarten konsultieren, nach langem Stirnrunzeln hoffentlich gnädig seinen Stempel zücken und bitte, bitte die Aufenthaltsbewilligung um eine weitere Woche, einen weiteren Monat verlängern würde.

Die Glocken von Notre-Dame hatten gerade halb neun geschlagen, als auf dem Quai des Orfèvres ein schwarzer Citroën Traction Avant vorfuhr. Die Beifahrertür ging auf, und Roger Langeron, der Polizeipräfekt von Paris, stieg aus. Er wandte sich mit einem Megaphon übers Autodach an das Heer der wartenden Männer.

»MESSIEURS, ICH BITTE UM IHRE AUFMERKSAMKEIT. SONDEREINSATZ SÄMTLICHER BEAMTER DER POLICE JUDICIAIRE NACH KRIEGSRECHT. ALLE MANN ÜBER TREPPE F IN DIE ERSTE ETAGE, BEREITHALTEN IM FLUR VOR BÜRO 205! BEEILUNG, WENN ICH BITTEN DARF, DIE ZEIT DRÄNGT. DIE DEUTSCHEN STEHEN SCHON VOR COMPIÈGNE!«

Léon stieg an der Seite seines jungen Kollegen über Treppe F in die erste Etage und setzte sich im Flur auf die Warte-bank. Die Tür zu Büro 205 stand offen. Im Saal, der sonst berühmt war für seine klösterliche Stille und die gerade-zu maschinelle Präzision der Arbeitsabläufe, herrschte ein brummendes Gewimmel wie auf dem Flohmarkt. Auf hohen Leitern standen Männer mit Ärmelschonern und zogen Karteikästen aus den Regalen, die sie hinunterreichten an andere Männer mit Ärmelschonern, welche sie zu einem großen Schreibtisch in der Mitte des Saales trugen, hinter dem der Polizeipräfekt persönlich Platz genommen hatte. Er prüfte jeden einzelnen Karteikasten und schob ihn dann entweder ans linke oder ans rechte Ende seines Schreib-tischs. Was nach links ging, war zur sofortigen Vernichtung bestimmt, nach rechts gingen die Kästen, die in Sicherheit gebracht werden sollten.

An beiden Enden des Schreibtischs bildeten sich zwei Menschenketten, über welche die Karteien abtranspor-tiert wurden. Sie führten parallel zueinander hinaus in den Flur zur Treppe F und hinunter ins Erdgeschoss, dann

durchs Hauptportal ins Freie und über den Quai des Orfèvres ans Ufer der Seine. Die zur Vernichtung bestimmten
Akten wurden ein paar Schritte flussabwärts ins Wasser
geworfen, wo sich die einzelnen Blätter voneinander lös-
ten und in der Strömung davontrieben wie übergroßes
Herbstlaub; das zur Aufbewahrung bestimmte Material
wurde weiter oben in zwei eigens requirierte Lastkähne
verladen.

Léon reihte sich in jener Kette ein, welche die Karteikarten
der Vernichtung zuführte. Acht Stunden stand er auf der
Treppe und reichte Tausende von Kisten, Kästen und Ord-
nern weiter, in denen millionenfache Zeugnisse von Men-
schenleben lagen, die im trüben Wasser der Seine davon-
treiben, zerfleddern, zerfließen und auf den Grund des
Flusses sinken würden, wo schlammfressende Weichtiere
sie aufnehmen, verdauen und aufs Neue dem Kreislauf des
Lebens zuführen würden.

Geredet wurde wenig, die Vorgesetzten trieben zur Eile.
Am Abend des zweiten Tages war Büro 205 leer, in der
Nacht wurden die letzten Bestände aus den Kellern geho-
ben. Um halb neun am nächsten Morgen, genau achtundvierzig Stunden nach Beginn der Aktion, legten die Lastkähne ab und verschwanden flussaufwärts unter dem Pont
Saint-Michel, um über Flüsse und Kanäle ins freie Süd-
frankreich zu fliehen.

Drei Tage später, am Freitag, dem 14. Juni – am Tag also, an
dem Louise ihm ein Lebenszeichen schickte –, erwachte
Léon wie üblich lang vor dem Morgengrauen. Er lauschte
dem Ticken des Weckers und dem gleichmäßigen Atem seiner Frau, und als das Morgenlicht auf den gebleichten Lei-

nenvorhängen von hellblau auf orange und rosa wechselte, stahl er sich aus dem Bett, schlich mit seinem Kleiderbündel hinaus auf den Flur und machte dabei Lärm, weil ihm Kleingeld aus der Hose fiel. In der Küche zündete er das Gas an und setzte Wasser auf, dann rasierte und wusch er sich am Spülbecken. Als er vor der Tür den *Aurore* holen wollte, wunderte er sich, dass dieser nicht auf dem Schuhabstreifer lag. Das war noch nie vorgekommen.

Léon nahm ersatzweise die Zeitungen der letzten drei Tage von der Hutablage und kehrte zurück an den Küchentisch, schlug die erste Zeitung auf und las einen Artikel über Schafzucht auf den Äußeren Hebriden, den er am Vortag übersprungen hatte. Kurz vor sieben Uhr strich er wie gewohnt zehn Butterbrote für die ganze Familie. Als Erster tauchte mit vom Schlaf verklebten Augen sein ältester Sohn Michel auf, der nun ein Gymnasiast von sechzehn Jahren war. Während Léon zwei Tassen Kaffee einschenkte, wankte der zweitgeborene Yves zur Toilette.

Léon stellte einen Topf mit Milch zum Wärmen auf den Herd. Als wenig später Yvonne in die Küche kam mit der vierjährigen Muriel auf dem Arm und dem achtjährigen Robert an der Hand, wurde es ihm zwischen Kochherd und Spülbecken zu eng. Er küsste seine Frau auf den Mundwinkel und die Kleinen auf den Scheitel, dann verzog er sich mit seiner zweiten Tasse Kaffee zum Lesesessel am Wohnzimmerfenster, von dem aus er einen schönen Blick hinunter auf die Rue des Écoles und hinüber zur École Polytechnique hatte.

Kaum hatte er sich hingesetzt, fiel ihm im kleinen Park gegenüber ein Soldat ins Auge, der breitbeinig auf einer Bank saß, in die Morgensonne blinzelte und einen Apfel und ein großes Stück Brot aß. Die Stiefel hatte er weit von sich gestreckt, sein Helm lag neben ihm auf der Bank, das Gewehr hatte er mit dem Kolben nach unten auf den Kiesweg gestellt. An seinem Hals hing ein würfelförmiger Fotoapparat, am Gürtel eine absurd große Pistolentasche.

»Yvonne!«, rief Léon, während er sich hinter die Gardine zurückzog, damit er von außen nicht mehr gesehen werden konnte. »Komm bitte her und schau dir das an.«

»Was denn?«

»Den Soldaten dort drüben.«

»Sonderbar.«

»Bleib nicht am Fenster stehen.«

»Woher der wohl den Apfel hat?«

»Was ist mit dem Apfel?«

»Um die Jahreszeit findet man in ganz Paris keine Äpfel mehr. Die neue Ernte kommt erst Ende Juli.«

»Ich meine den Helm und die Uniform.«

»Schau, jetzt nimmt er einen zweiten Apfel hervor. Und verfüttert Brot an die Tauben. Womöglich richtiges Brot aus Weizenmehl.«

»Die Uniform, Yvonne.«

»Wir fressen Sägemehlpappe, die man kaum als Brot bezeichnen kann, und der Kerl verfüttert gutes Brot an die Tauben. Und wenn wir Fleisch wollen, müssen wir Jagd auf die Eichhörnchen im Jardin du Luxembourg machen.«

»Die Eichhörnchen sind schon ausgerottet, habe ich gehört.«

»Umso besser.«

»Vergiss die Äpfel und die Eichhörnchen, Yvonne. Schau dir die Uniform an.«

»Was ist damit?«

»Die ist grau. Unsere sind khakibraun.«

»Das – das ist doch unmöglich.«

»Ich laufe zur Bäckerei und schaue mich um.«

Die zwei nächstgelegenen Bäckereien waren geschlossen, aber nach einem Rundgang durchs Quartier Latin wusste Léon Bescheid. Tatsächlich war die Wehrmacht in jener Frühsommernacht auf Zehenspitzen nach Paris geschlichen. Kein Schuss war gefallen, kein Befehl gebrüllt worden, keine Bombe explodiert. Im Morgengrauen waren die Deutschen einfach da gewesen wie ein alljährlich wiederkehrendes jahreszeitliches Ereignis, wie die Schwalben etwa, die im Mai aus Afrika einfliegen, oder wie der Beaujolais Nouveau, mit dem die Wirte im Herbst die Touristen übers Ohr hauen, oder wie der neue Roman von Georges Simenon.

Sie hatten sich ganz selbstverständlich eingefügt ins Straßenbild der leer gefegten Stadt und standen nun mit ihren Stahlhelmen und ihren Mauser-Pistolen wie die Touristen Schlange vor dem Eiffelturm, saßen in der Métro und lasen Baedeker-Reiseführer, und um ihre Hälse hingen Agfa-Fotoapparate in braunen Lederetuis, und sie stellten sich einzeln und in Gruppen vor der Notre-Dame und der Sacré-Cœur auf, um einander in die Kameras zu grinsen.

Kampferprobte Panzersoldaten halfen älteren Damen galant beim Einsteigen in den Bus, bierselige Infanteristen aßen Steak Frites in den Straßenrestaurants, lobten den Koch und gaben den Kellnern, während sie ihre Koppel lockerten, großzügig Trinkgeld. Schneidige Luftwaffenoffiziere, denen man genausogut Tomatensaft hätte vorsetzen können, tranken die letzten Bestände Chateauneuf-du-Pape leer, und viele sprachen, weil sie Österreicher waren, erstaunlich gut Französisch. Unangenehm fiel die Besatzungsmacht nur dadurch auf, dass sie ausgerechnet auf den Champs-Élysées jeden Mittag pünktlich um halb eins eine große Truppenparade abhalten musste.

»Sie sind überall«, flüsterte Léon zu Yvonne, als er mit zwei Baguettes zurückkehrte. Er wandte den Kindern, um sie nicht zu beunruhigen, den Rücken zu. »Zwei sitzen vorn an der Place Champollion im Auto, an der Rue Valette trinkt einer Kaffee auf der Terrasse. Am Panthéon und an der Sorbonne hängen riesige Hakenkreuzfahnen. Auf dem Rückweg bin ich an einer Ecke sogar mit einem zusammengestoßen, so richtig Schulter an Schulter, und weißt du was? Der Kerl hat sich entschuldigt. Auf Französisch.«

»Was machen wir jetzt?«, fragte Yvonne.

Léon zuckte mit den Schultern. »Ich muss ins Labor, die Kinder gehen zur Schule.«

»Du gehst zur Arbeit?«

»Ich muss zum Dienst, Yvonne. Das haben wir doch besprochen.«

»Wir könnten fliehen.«

»Wohin, nach Cherbourg? Erstens werden die Deutschen bald überall sein, falls sie es nicht schon sind, und zweitens würde mich die Polizei sofort verhaften – die französische Polizei übrigens, nicht mal die deutsche. Und drittens würdest du, wenn ich erst mal im Gefängnis wäre, mit den Kleinen binnen eines Monats auf der Straße sitzen und hungern.«

»Wir könnten uns hier in der Wohnung verstecken.«

»Unter dem Sofa?«

»Léon …«

»Was?«

»Lass uns nochmal drüber nachdenken.«

»Worüber willst du nachdenken? Es gibt nichts nachzudenken. Nachdenken kann man nur, wenn man Informationen hat. Wir aber wissen nichts. Wir sehen nichts, wir hören nichts, wir haben keine Ahnung, was los ist. Wir wissen nicht, was gestern geschehen ist, und noch viel weniger können wir wissen, was morgen passieren wird.«

»Ein bisschen was sehen wir schon«, sagte Yvonne und deutete aus dem Fenster.

»Was, den Soldaten? Einen Wehrmachtsoldaten, der zwei Äpfel hintereinander isst und die Sonne genießt? Na gut. Was können wir daraus lernen?«

»Dass die Deutschen hier sind.«

»Jawohl. Und weiter können wir vermuten, dass der Kerl Dünnschiss bekommt, wenn er noch einen dritten Apfel isst. Aber darüber hinaus sagt uns das gar nichts. Wir wissen nicht, wie zahlreich sie sind und was sie vorhaben, ob sie bleiben oder weiterziehen, ob die Briten uns doch noch zu Hilfe kommen oder im Gegenteil die Deutschen schon in England gelandet sind, ob Paris dem Erdboden gleichgemacht oder verschont wird – wir wissen nichts. Die Ereignisse übersteigen unseren Horizont, sie sind zu hoch für uns. Es hat keinen Zweck, zu überlegen und zu diskutieren.«

»Es könnte aber hier gefährlich werden. Für uns und die Kinder.«

»Das könnte es. Aber wenn wir blind irgendwo hinlaufen, ist das mit großer Wahrscheinlichkeit das Gefährlichste, was wir überhaupt tun können. Deshalb müssen die Kleinen jetzt die Zähne putzen und das Gesicht waschen. Ich gehe schon mal los, im Labor wartet viel Arbeit.«

In diesem Augenblick fuhr unten auf der Straße ein Lautsprecherwagen vorbei, welcher der Bevölkerung namens der deutschen Besatzungsbehörde kundtat, dass sie ab sofort aus Sicherheitsgründen für achtundvierzig Stunden in ihren Wohnungen zu bleiben habe und dass von nun an in Frankreich die deutsche Uhrzeit gelte, weshalb sämtliche Uhren um eine Stunde vorzustellen seien.

13. KAPITEL

Léon empfand es nicht als unangenehm, dass es frühmorgens, wenn seine innere Uhr ihn weckte, schon
eine Stunde später war als gewohnt. Da der *Aurore* auch am
zweiten Morgen nicht vor der Tür lag, wäre ihm die Zeit am
Küchentisch ohnehin lang geworden; es fühlte sich gut an,
für einmal nicht wie ein Untoter durch die Nacht zu wan-
deln, sondern in der ungewohnten Stille, die sich über die
Stadt gelegt hatte, ebenso lang im Bett zu bleiben wie seine
Frau und die Kinder. Zudem waren die zwei Tage Hausarrest, die ihnen die Besatzungsmacht verordnet hatte,
auch so noch lang genug. Die Familie Le Gall verbrachte sie
lesend, essend und beim Kartenspiel. Der älteste Sohn Michel, der nun auf geradezu lächerliche Weise dem Burschen
ähnelte, der Léon zu Zeiten seiner Segeltouren auf dem
Ärmelkanal gewesen war, hantierte stundenlang am Fre-
quenzregler des Radiogeräts und suchte nach Nachrichten,
während sämtliche Sender nur noch Radiomusik spielten.
Léon und Yvonne versuchten ihre Besorgnis hinter über-
triebenem Frohsinn zu verbergen und weckten den Arg-
wohn der Kinder, indem sie sie in den unpassendsten Mo-
menten zu küssen versuchten.

Wenn Léon ans Fenster trat, ließ Michel vom Radiogerät ab
und trat schweigend neben seinen Vater, verschränkte wie
er die Hände hinter dem Rücken, kaute wie er auf der Un-
terlippe und schaute wie er hinunter aufs Kopfsteinpflaster, wo ab und an ein deutscher Armeelastwagen vorbei-

fuhr, manchmal eine Ambulanz, ein Leichen- oder Polizeiwagen, einmal sogar ein Jauchewagen, der seiner unaufschiebbaren Pflicht nachging.

So still war es draußen, dass man, wenn auf der Straße eine Patrouille vorüberging, durch die geschlossenen Fenster das Trampeln ihrer Soldatenstiefel hören konnte. Und weil sich nach zwei Monaten fast unablässigen Sonnenscheins an jenem Morgen der Himmel mit Schleierwolken bedeckt hatte, waren die Vögel verstummt, als würden auch sie sich den Befehlen der Deutschen fügen.

Alle zwei oder drei Stunden schlich Léon aus der Enge der Wohnung die Treppe hinunter und wagte einen Schritt aufs Trottoir, um nach links und rechts zu spähen, in die Stille zu lauschen und zu schnuppern; aber nie gab es etwas zu sehen, zu hören oder zu riechen, was ihm den geringsten Hinweis auf den Stand der Dinge in der Welt gegeben hätte.

Am dritten Morgen war der Hausarrest vorbei, Paris wachte wieder auf. In der Morgendämmerung überlegte Léon, ob es klüger sei, vorschriftsgemäß zur Arbeit zu gehen oder noch einen Tag im Schutz der Wohnung zu verbringen. Von der Straße her war dünner Motorenlärm und gelegentliches Hufgetrappel zu hören. Léon schlich, um Yvonne nicht zu wecken, auf Zehenspitzen ans Fenster und schob den Vorhang beiseite; ein Taxi fuhr vorbei, dann ein Leclanché-Lastwagen und eine Frau auf einem Fahrrad; ein behaarter Bursche mit ärmellosem Unterhemd stieß einen fahrbaren Gemüsestand übers Kopfsteinpflaster.

Vom Krieg aber war noch immer keine Spur zu sehen – am Himmel hingen keine schwarzen Rauchwolken, in der Rue des Écoles stand keinerlei Kriegsgerät, im Park gegenüber blühten die Magnolien, es gab keine Schützengräben, und nirgends war ein Soldat oder ein Zeichen von Kampf und Zerstörung zu sehen.

»Die Deutschen machen sich unsichtbar«, dachte Léon, »oder sie sind schon wieder weg. Richtig gefährlich sieht es draußen jedenfalls nicht aus.«

Er beschloss, zur Arbeit zu gehen; wahrscheinlich wäre es für ihn gefährlicher gewesen, zu Hause zu bleiben und ein Verfahren wegen Dienstpflichtverletzung nach Kriegsrecht zu riskieren. Léon rasierte sich an jenem Morgen etwas sorgfältiger als gewöhnlich, zog frische Unterwäsche und seinen neuen Tweedanzug an; falls ihm etwas zustoßen sollte, wollte er im Krankenhaus, im Gefängnis oder in der Leichenhalle eine gute Figur abgeben. Während er in der Küche seinen Kaffee trank, schrieb er einen Zettel für Yvonne, nahm Hut und Mantel von der Garderobe und zog leise die Wohnungstür hinter sich zu.

Im Erdgeschoss fiel ihm auf, dass Madame Rossetos' Glastür einen Spalt offen stand. Er blieb stehen und lauschte. Da er nichts hörte, trat er näher und rief die Concierge beim Namen. Dann klopfte er und stieß die Tür auf. Die Loge lag im Dämmerlicht und war leergeräumt. In einer Ecke stand ein Besen, daneben ein Eimer, darüber ein zum Trocknen ausgebreiteter Bodenlappen. An der Stelle, an der das Portrait des verstorbenen Sergeanten Rossetos gehangen hatte, prangte ein helles Rechteck auf der geblümten Tapete. In der Luft lag der Geruch von gedünsteten Zwiebeln und scharfen Putzmitteln, an einem Haken hinter der Tür hing Madame Rossetos' ewige Schürze. Auf dem erkalteten Kohleofen lag ein Schlüsselbund mit vielen Schlüsseln, daneben ein Zettel:

Allenfalls eingehende Post bitte ungelesen vernichten, ich zähle
auf Ihre Diskretion. Ihr könnt mich jetzt endlich alle am Arsch
lecken, Ihr aufgeblasenen Korinthenkacker und Sesselfurzer.
Wollen Sie bitte, Madame, Monsieur, die Versicherung meiner
uneingeschränkten Hochachtung entgegennehmen.

> *Josianne Rossetos,*
> *Concierge im Wohnhaus 14, Rue des Écoles*
> *vom 23. Oktober 1917 bis zum 16. Juni 1940*
> *um sechs Uhr morgens.*

Am Quai des Orfèvres hingen keine Hakenkreuzfahnen, in den Fluren lümmelten keine SS-Männer. Im Labor herrschte die übliche, arbeitsame Stille, und die Kollegen waren vollzählig an der Arbeit.

Zu Léons Erstaunen war der Kühlraum überfüllt mit Gewebeproben, was in seinen vierzehn Dienstjahren noch nie vorgekommen war; als er einen Kollegen darauf ansprach, zuckte dieser mit den Schultern und wies darauf hin, dass man zusätzlich in einem Kleiderschrank einen improvisierten Kühlraum habe einrichten müssen, der ebenfalls schon überfüllt sei.

Die Sache war die, dass die Pariser Amtsärzte in den zwei Tagen seit dem deutschen Einmarsch bei dreihundertvierundachtzig Todesfällen Anzeichen von Vergiftung ohne Fremdeinwirkung festgestellt hatten; all diesen Toten, von denen zu vermuten stand, dass sie aus eigenem Antrieb vom Tisch des Lebens aufgestanden waren, um dem bitteren Nachtisch von Demütigung, Erniedrigung und Qual zu entgehen, hatten die Ärzte ein hühnereigroßes Stück Fleisch aus der Leber geschnitten und dieses in einem Konservierungsglas dem Wissenschaftlichen Dienst der *Police*

Judiciaire geschickt. Léon Le Gall und seine Kollegen sollten drei Wochen damit beschäftigt sein, diesen Pendenzenberg aus menschlichem Gewebe abzutragen und dreihundertzwölfmal Zyankali, dreiundzwanzigmal Strychnin, achtunddreißigmal Rattengift und dreimal Curare nachzuweisen; nur bei einer Probe blieb bis zuletzt rätselhaft, womit sich der Verzweifelte ums Leben gebracht hatte, und keine einzige ergab ein negatives Resultat.

Nach einem arbeitsreichen, aber ereignislosen Tag im Labor machte Léon sich auf den Heimweg. Auf den Straßen fuhren ungewöhnlich wenig Autos, als ob es ein Sonntag und kein Werktag wäre, auf den Trottoirs war der Strom der heimkehrenden Männer weniger dicht als üblich, und die Omnibusse waren halbleer; die Bouqinisten hatten ihre Kästen verschlossen, vor den Cafés waren Stühle und Tische weggeräumt und die Gitter heruntergelassen; die Buchhändler und die Flaneure, die Wirte, Kellner und Gäste – alle waren verschwunden; hingegen waren weit und breit keine Straßensperren, keine Panzer und keine Maschinengewehre zu sehen, das Leben schien seinen althergebrachten, gut französischen Lauf zu nehmen – mit dem kleinen Unterschied, dass auf den Parkbänken und in den Ausflugsbooten nun deutsche Soldaten saßen.

Das hölzerne, eisenbeschlagene Tor zum Musée Cluny war ebenfalls versperrt. Auf der Schwelle saß wie üblich Léons persönlicher Clochard, dem er am Morgen schon die gewohnte Münze in den Hut gelegt hatte. Léon hob grüßend die Hand und wollte vorbeilaufen, da rief der Clochard: »Monsieur Le Gall! Bitte sehr, Monsieur Le Gall!«

Léon wunderte sich. Es war unüblich und gegen die Spielregeln, dass der Mann seinen Namen kannte; dass er ihn ansprach und ihm auch noch hinterherrief, war geradezu ungehörig. Unwillig machte er auf dem Absatz kehrt und trat auf ihn zu. Der Clochard rappelte sich auf und riss sich die Mütze vom Kopf.

»Bitte verzeihen Sie die Belästigung, Monsieur Le Gall, es dauert nur eine Minute.«

»Worum geht es?«

»Ich bin unverschämt, aber in der Not …«

»Ich habe Ihnen doch heute Morgen schon etwas gegeben, erinnern Sie sich?«

»Das ist es ja gerade, Monsieur, deshalb bitte ich Sie um Nachsicht und erlaube mir, mich höflich bei Ihnen zu erkundigen …«

»Was wollen Sie denn, sprechen Sie geradeheraus, wir wollen keine Zeit verlieren.«

»Sie haben recht, Monsieur, die Zeit drängt. Kurzum, ich wollte Sie fragen: Werden Sie mir morgen früh auch wieder fünfzig Centimes geben?«

»Was für eine Frage!«

»Und übermorgen?«

»Sie sind mir ja einer, Sie werden ja richtig keck! Sind Sie vielleicht besoffen?«

»Und nächste Woche, Monsieur? Werde ich auch nächste Woche und in einem Monat täglich fünfzig Centimes von Ihnen bekommen?«

»Jetzt reicht's aber, was erlauben Sie sich!« Léon fühlte sich in seiner zuverlässigen Gutmütigkeit verhöhnt und wandte sich zum Gehen.

»Monsieur Le Gall, bitte nur noch eine Sekunde! Ich bin mir meiner Unverschämtheit bewusst, aber die Not zwingt mich dazu.«

»Was ist denn los, Mann, nun sprechen Sie schon.«

»Na ja, die Nazis sind doch jetzt hier.«

»Das habe ich gesehen.«

»Dann haben Sie bestimmt auch erfahren, was die mit unsereinem in Deutschland gemacht haben.«

Léon nickte.

»Sehen Sie, Monsieur Le Gall, deswegen muss ich fort und kann nicht bleiben.«

»Wo wollen Sie denn hin?«

»Zum Busbahnhof Jaurès, da fahren Busse nach Marseille und Bordeaux.«

»Und?«

»Falls Sie mir ein Darlehen geben wollten auf die Münzen, die Sie mir in nächster Zeit geben würden …«

»Das ist ja … wie lange werden Sie denn wegbleiben?«

»Wer weiß? Ich fürchte, der Krieg wird lange dauern. Drei Jahre, vielleicht vier.«

»Und für die ganze Zeit willst du deine täglichen fünfzig Centimes?«

Der Clochard lächelte und hob, um Nachsicht bittend, die Schultern.

»Vier Jahre zu zweihundert Arbeitstagen, das gibt achthundertmal fünfzig Centimes.«

»Ganz wie Sie sagen, Monsieur Le Gall. Natürlich würde mir auch schon eine wesentlich kleinere Summe aus der Patsche helfen.«

Léon rieb sich den Nacken, schürzte die Lippen und betrachtete ausgiebig seine Schuhspitzen. Dann sprach er wie zu sich selbst: »Wenn ich es mir so überlege, sehe ich keinen Grund, dir nichts zu geben.«

»Monsieur …«

Der Clochard hatte abwartend den Blick niedergeschlagen und knetete demütig seine Mütze. Léon nahm ebenfalls den Hut ab und schaute nach links und nach rechts, als ob er auf jemanden wartete, der ihm in dieser Sache raten konnte. Schließlich setzte er den Hut wieder auf und sagte:

»Schau zu, dass du morgen kurz vor Mittag hier bist. Dann bringe ich dir das Geld.«

»Ich danke Ihnen, Monsieur Le Gall. Und Sie selbst? Was werden Sie tun?«

»Wir werden sehen, fahr du nur schon mal nach Jaurès. Ich heiße übrigens Léon, so nennen mich meine Freunde – so nannten mich meine Freunde, als ich noch welche hatte. Und du?«

»Mein Name ist Martin.«

»Freut mich, Martin.«

Die zwei Männer schüttelten einander die Hand.

»Bis morgen dann, pass auf dich auf!«

»Du auch, Léon, bis morgen!«

Und dann – hinterher wusste keiner zu sagen, wie das hatte geschehen können – machten sie beide einen Schritt aufeinander zu und umarmten sich.

Beim Nachhausekommen staunte Léon, wie sehr sich Madame Rossetos' Abwesenheit bereits bemerkbar machte. Vor der Haustür lagen Zigarettenstummel, Taubenfedern und Pferdekot, in der Eingangshalle stand ein stinkender Mülleimer. Fünf Gasflaschen versperrten den Weg ins Treppenhaus. Die Post des Tages lag, weil niemand mehr sie vor die Wohnungstüren verteilte und die meisten Mieter in den Süden geflohen waren, auf dem großen Heizkörper neben dem Hinterausgang, der in den Hof führte.

Im Hafen von Lorient,
an Bord des Hilfskreuzers
»Victor Schoelcher«

14. Juni 1940

Mein geliebter Léon!

Ich bin's, Deine Louise, die Dir schreibt. Wunderst Du Dich?
Ich wundere mich. Ich habe mich sehr über mich gewundert, wie dringend ich Dir schreiben wollte, kaum dass ich
sicher wusste, dass ich Paris verlassen und für lange Zeit
sehr weit wegbleiben würde. Seit einer Woche verbringe
ich jede freie Minute damit, wirres Zeug für Dich aufzuschreiben; das hier ist die hoffentlich einigermaßen geordnete Reinschrift, die morgen oder übermorgen zur Post
soll.

Es ist nicht so, dass ich die vergangenen zwölf Jahre unablässig an Dich gedacht hätte, weißt Du? Man kann schließlich nicht länger als ein paar Monate in diesem Zustand
bleiben, irgendwann stößt man an seine Leistungsgrenze.
Dann kommt ganz unerwartet jener Augenblick – beispielsweise bei der Mittagspause während des Verdauungsprozesses –, da man tief durchatmet und es dann mal gut sein
lässt, und von da an lebt man so vor sich hin und hat so
seine Freuden, geht samstags ins Kino und fährt sonntags
übers Land und bestellt in diesem oder jenem Landgasthof
eine Andouillette.

Wie ich seither lebe? Eine Weile hatte ich einen Kater namens Stalin, der aber auf dem vereisten Fenstersims ausglitt und vier Stockwerke tiefer von einer schmiedeeisernen Zaunspitze aufgespießt wurde; im Musée de l'Homme gibt es einen sehr jungen Mann mit dem Gesichtsausdruck eines magenkranken Affen, der wie ein Sturzbach redet, mich für eine Dame hält und mir an kalten Wintertagen mit heißem Tee nachstellt. Gelegentlich schreibt er mir höfliche, niemals zu lange Liebesbriefe, und wenn mich Zweifel beschleichen am Sinn des Lebens, an meiner femininen Anziehungskraft oder an der gesamten Menschheit, geht er mit mir spazieren und füttert mich mit Schokolade.

Ich lebe ganz gut, Du fehlst mir nicht, verstehst Du? Du bist nur eine der vielen Leerstellen, die ich durch mein Leben trage; schließlich bin ich auch nicht Autorennfahrerin oder Balletttänzerin geworden, kann nicht so gut zeichnen und singen, wie ich mir das gewünscht hatte, und werde niemals Tschechow auf Russisch lesen. Ich finde es längst nicht mehr allzu schlimm, dass sich im richtigen Leben nicht jeder Traum verwirklicht; das könnte ja sonst rasch ein bisschen viel werden.

Man gewöhnt sich an seine Leerstellen und lebt mit ihnen, sie gehören zu einem, und man möchte sie nicht missen; wenn ich mich jemandem beschreiben müsste, so würde mir als Erstes einfallen, dass ich die russische Sprache nicht beherrsche und keine Pirouetten drehen kann. So werden die Leerstellen allmählich zu Wesensmerkmalen und füllen sich gleichsam mit sich selber auf. Auch Du, die Sehnsucht nach Dir – oder auch nur das Wissen um Dich – füllt mich noch immer aus.

Wieso? Keine Ahnung. Man gewöhnt sich daran, es ist einfach so.

Umso mehr habe ich mich gewundert, als ich im Taxi unterwegs zum Bahnhof Montparnasse plötzlich den dringenden Wunsch verspürte, Dir zu schreiben, und aufgeregt war wie ein Backfisch vor dem ersten Rendezvous. Und noch viel mehr habe ich mich gewundert, als ich auf dem Rücksitz leise Deinen Namen aussprach, während ich mich aufmachte, weit weg von Dir zu fahren. Eine dumme Gans habe ich mich gescholten und doch Briefpapier und Füllfederhalter hervorgenommen, und später auf der endlosen Zugfahrt in einem überfüllten und überhitzten Abteil hierher an den Hafen von Lorient habe ich aufzuschreiben versucht, was mir für Dich so eingefallen ist.

Jetzt sitze ich auf der Bettkante meiner Kabine in brütender Hitze hinter sorgfältig verriegelter Tür mit dem Schreibblock auf den Knien und weiß noch immer nicht, was ich Dir sagen will. Oder doch: alles und nichts, nicht mehr und nicht weniger. Eines aber weiß ich: Abschicken werde ich diesen Brief erst im letzten Augenblick, wenn der Postbote von Bord geht und die Maschine unter Dampf steht, die Leinen losgemacht werden und ich sicher sein kann, dass wir in See stechen und jede Möglichkeit ausgeschlossen ist, dass man mich noch an Land und zurück nach Paris schafft.

Wahrscheinlich stehst Du, wenn Du diese Zeilen liest, auf der Matte vor Deiner Wohnungstür und kratzt Dich an Deinem flachen Hinterkopf. Ich stelle mir vor, dass die Concierge Dir den Brief mit verschwörerischem Stirnrunzeln in die Hand gedrückt hat und dass Du auf der Treppe ungläubig den Absender liest und mit dem rechten Zeigefinger den Umschlag aufreißt. Gleich wird Yvonne im Türspalt auftauchen und fragen, ob Du nicht hineinkommen willst. Bestimmt beunruhigt es sie, wie Du so dastehst mit einem Umschlag in der Hand, vielleicht fürchtet sie eine Todesnachricht oder einen Marschbefehl oder dass man Dir die Wohnung oder die Stelle gekündigt hat. Also streckst Du ihr den Brief entgegen, und zwar wortlos, wie ich vermute, dann folgst Du ihr in den Flur und machst hinter Euch die Wohnungstür zu.

(Hallo, Yvonne, ich bin's, die kleine Louise aus Saint-Luc-sur-Marne, kein Grund zur Sorge. Ich schreibe von weit weg und absichtlich an die Rue des Écoles, um jede Geheimniskrämerei auszuschließen.)

Weißt Du, Léon, ich bewundere Deine Frau für ihre diplomatische Klugheit, aber auch für den Mut, mit dem sie Dein diszipliniertes Wohlverhalten hinnimmt. Ich an ihrer Stelle hätte Dich, gewiss sehr zu meinem eigenen Schaden, längst zum Teufel gejagt; Deine Artigkeit hätte ich nicht lange ertragen.

Denn wohlverhalten hast Du Dich in den vergangenen zwölf Jahren tatsächlich, das muss man Dir lassen. Du hast mir nie aufgelauert und mir nie nachzustellen versucht, hast nie mit der Banque de France telefoniert und mir keine kleinen Briefchen ins Büro geschickt; dabei hast Du doch genauso gelitten wie ich, das weiß ich bestimmt.

Natürlich wäre es kindisch gewesen, im Verborgenen all die kleinen Rituale der Verliebten durchzuspielen, es hätte nichts geholfen und wäre schmerzhaft für uns alle gewesen, und ich hätte es Dir übel genommen, wenn Du nicht hättest an Dich halten können; andrerseits habe ich mich manches Mal gefragt, ob ich Dir nicht auch ein wenig böse sein sollte, dass Du Dich so glatt und schlank und ohne Verfehlung an die von mir befohlene Funkstille gehalten hast. Ich bin übrigens nicht so brav gewesen wie Du. Vom kleinen Park bei der École Polytechnique aus hat man einen schönen Blick in Dein Wohnzimmer, weißt Du das? Vierzehnmal in den letzten zwölf Jahren habe ich es mir gestattet, nachts dort zu stehen und in Deine erleuchteten Fenster zu schauen wie ins Innere einer Puppenstube; das erste Mal gleich am Abend nach unserem gemeinsamen Ausflug, das zweite Mal am Sonntag darauf und dann in unregelmäßigen Abständen etwa einmal pro Jahr. Es war immer im Winter, weil ich den Schutz der Dunkelheit brauchte, ich weiß die Daten auswendig; die letzten acht Male hatte ich ein Fernglas dabei.

Ein wenig albern fühlte es sich schon an, so hinter einem Baumstamm versteckt, Detektiv zu spielen, aber dank der Gläser habe ich alles sehen können: die Soldatenspiele Deiner drei Buben in der Stube, die Zahnlücken Deiner kleinen Muriel, einmal sogar die schönen Brüste Deiner Frau; dann auch die neue Bücherwand und dass Du jetzt eine Brille trägst, wenn Du an Deinem komischen Zeug bastelst. Du und Dein komisches Zeug, Léon! Ich glaube, ich habe mich damals auch ein wenig deswegen in Dich verliebt. Eine rostige Mistgabel, ein morsches Fensterkreuz und ein halbvoller Kanister Petroleum … das muss Dir erst mal einer nachmachen.

Übrigens habe ich immer nur für eine Viertelstunde oder zwanzig Minuten hinter meinem Baum gestanden, mehr war nicht möglich; irgendwie schien sich jedes Mal die Nachricht, dass eine Frau allein in einem dunklen Park steht, in Windeseile bei allen Einsamen und Wüstlingen des Quartier Latin herumzusprechen. Einmal musste ich einem Gendarmen erklären, was ich zu nachtschlafender Stunde mit einem Fernglas im Park verloren hätte; ich habe mich auf die Ornithologie herausgeredet und irgendeinen Quatsch darüber erzählt, dass die Spatzen im Winter nachts in den Bäumen dicht beisammen schlafen, um einander warm zu halten, und dass immer abwechslungsweise einer Wache hält.

Jedenfalls war es schön, Dich im Kreis der Familie zu sehen. Es war jedes Mal ein Ausflug in eine andere Dimension, ein Blick in ein paralleles Universum oder in das Leben, das ich vielleicht geführt hätte, wenn damals nicht jener Bombentrichter auf der Straße gewesen wäre oder der Bürgermeister von Saint-Luc sich nicht in meinen unvergleichlich eleganten Schwanenhals vergafft hätte; Deine Familie ist für mich die fleischgewordene Möglichkeitsform, ein dreidimensionaler Konjunktiv Irrealis, ein säkulares Krippenspiel, eine lebendige, lebensgroße Puppenstube – die den einzigen Nachteil hat, dass ich nicht mit ihr spielen darf.

Versteh mich nicht falsch, ich bin mit meinem Leben zufrieden und suche kein anderes; auch wüsste ich nicht zu sagen, wofür ich mich entscheiden würde, wenn ich die Wahl zwischen Indikativ und Konjunktiv hätte. Und sowieso erübrigt sich die Frage, weil diese Wahl niemand hat.

Du hast eine schöne Familie und bist ein schöner Mann, Léon, das Altern steht Dir gut. Deine Ernsthaftigkeit hätte man früher, als Du noch jünger warst, vielleicht ein bisschen fad finden können, aber jetzt schmückt sie Dich ausgezeichnet. Hast Du ein wenig mit dem Trinken angefangen? Es scheint mir, als hättest Du meist ein Glas Ricard in der Hand. Oder ist's Pernod? Dazu, dass Du seit letztem Winter Pfeife rauchst, will ich nichts sagen. Ein bisschen gar alt macht Dich das schon. Wenn Du mein Mann wärst, würde ich es Dir verbieten, zumindest in der Wohnung. Ich rauche übrigens immer noch Turmac; mal sehen, ob es die da, wo ich hinfahre, auch zu kaufen gibt. Wenn nicht, wirst Du mir welche schicken müssen.

Es ist sonderbar: Erst jetzt, da uns so vieles trennen wird – ein Ozean, ein Krieg, vielleicht ein Erdteil oder zwei, nicht zu vergessen die Jahre, die schon vergangen sind und noch vergehen werden –, kann ich Dir wieder nahe sein. Erst jetzt, da ein paar tausend Kilometer Distanz uns vor Heimlichkeiten, Lügen und Niedertracht bewahren und wir einander mit großer Sicherheit lange Zeit nicht sehen werden, erst jetzt fühle ich mich Dir wieder ganz nah. Nur weit weg von Dir bin ich ganz bei mir, nur fern von Dir kann ich es wagen, mich Dir zu öffnen, ohne mich zu verlieren, verstehst Du? Selbstverständlich verstehst Du das, Du bist ein kluger Junge, auch wenn Deinem Männerherzen solche weiblichen Dilemmata und Paradoxa fremd sind.

Ich weiß, Du siehst das alles geradliniger. Du tust, was Du tun musst, und was Du bleiben lassen sollst, lässt Du eben bleiben. Und wenn Du ausnahmsweise etwas tust, was Du nicht tun solltest, so bist Du trotzdem mit Dir im Reinen, weil man als Mann gelegentlich im Leben halt etwas tun muss, was man nicht tun sollte. Dann stehst Du dafür gerade, übernimmst die Verantwortung und siehst zu, dass das Leben weitergeht.

Übrigens ist es nicht wahr, dass Du mich nie gesehen hast in all den Jahren; ich glaube bestimmt, dass Du mich damals erkannt hast auf der Place Saint-Michel, als Du mich um den Kiosk im Kreis herum verfolgt hast. Ich bin einfach rascher gelaufen als Du – ich war schon immer die Schnellere von uns beiden, nicht wahr? –, bis ich dann Dich verfolgt habe und nicht mehr Du mich. Als Du stehen bliebst und die Place Saint-Michel absuchtest, stand ich direkt hinter Dir; ich hätte Dir die Augen zuhalten und Kuckuck rufen können. Und als Du Dich umgedreht hast, habe ich mich hinter Deinem Rücken mit Dir gedreht. Es war wie in einem Chaplin-Film, die Leute haben gelacht. Nur Du hast nichts gemerkt.

Jetzt fahre ich also nach Übersee. Ich habe keinen blassen Schimmer, wohin die Reise geht, weiß nicht, ob's gefährlich wird und wann und ob ich überhaupt zurückkehren werde, und man hat mir auch noch nicht erklärt, was man von mir erwartet; na ja, die Tippmamsell werde ich irgendwo geben müssen, was sonst.

Letzten Samstag noch bin ich wie gewohnt zur Arbeit gefahren mit meinem Torpedo, der ein bisschen in die Jahre gekommen ist; die Radlager und das Getriebe sind hinüber, die Zylinderkopfdichtung ist wieder mal fällig und die Hinterachse hat sich verschoben. Gleich am Hauptportal hat mich Monsieur Touvier abgefangen, unser Generaldirektor. Er ist der Gott unter den Halbgöttern aus der Belle Étage der Banque de France, niederes Getier wie eine Tippmamsell aus dem Erdgeschoss nimmt er gewöhnlich gar nicht wahr. Diesmal aber hat er mich nicht nur am Arm gefasst, sondern auch sein Titanenhaupt zu mir hinuntergeneigt und mir mit seiner leisen, befehlsgewohnten Stimme ins Ohr gemurmelt:

»Sie sind Mademoiselle Janvier, nicht wahr? Sie fahren sofort nach Hause und machen sich reisefertig. Nehmen Sie ein Taxi, Ihr Auto lassen Sie stehen.«

»Jawohl, Monsieur. Jetzt gleich?«

»Auf der Stelle. Sie haben eine Stunde Zeit. Leichtes Gepäck für eine lange Reise.«

»Wie lange?«

»Eine sehr lange Reise. Ihre Wohnung ist bereits gekündigt, um Ihre Möbel kümmern wir uns.«

»Und mein Auto?«

»Wir werden Sie entschädigen, machen Sie sich darum keine Gedanken. Jetzt rasch, Sie werden in einer Stunde an der Gare Montparnasse erwartet.«

Das war kein Befehl, sondern einfach eine Feststellung. So bin ich nach Hause zurückgekehrt, habe ein paar Kleider und einige Bücher eingepackt und mich von meinen weltlichen Gütern getrennt. Gerade viel habe ich ja nicht zurückgelassen, ein ordentliches Nussbaumbett mit Rosshaarmatratze und Daunendecke, dazu eine Kommode, einen Ledersessel und ein paar Küchengeräte; hingegen kein gebrochenes Herz, falls Dich das interessiert, und keine treu wartende Seele.

Wohl habe ich über die Jahre ein paar Romanzen und Affären gehabt, man will sich im Leben schließlich nicht langweilen; leider sind sie immer recht rasch schal und fad geworden. Und mit der Zeit ist mir dann klar geworden, dass ich mich mit mir allein doch weniger langweile als in Gesellschaft eines Herrn, der mir nicht rundum gefällt.

So bin ich also noch immer ungebunden, wie man so sagt; zweifellos auch deshalb, weil ich durch ein Wunder der Natur nie schwanger geworden bin. Im Übrigen ist es schon erstaunlich, wie leicht man zehn oder zwanzig Jahre in Paris unter vier Millionen Menschen leben kann, ohne jemanden kennenzulernen außer dem Gemüsehändler an der Ecke und dem Schuhmacher, der dir zweimal jährlich neue Absätze an die Schuhe nagelt.

Und irgendwie, ich weiß nicht, weshalb, mein lieber Léon, hast immer nur Du mir gefallen. Verstehst Du das? Ich nicht. Und was meinst Du: Ob es mit uns beiden geklappt hätte, wenn wir mehr Zeit miteinander gehabt hätten? Mein Kopf sagt Nein, das Herz sagt Ja. Du empfindest genauso, nicht wahr? Ich weiß es.

Auf dem Weg zum Bahnhof waren alle Straßen verstopft von Flüchtlingen. So viele Menschen in heller Panik! Ich weiß gar nicht, wo die alle hinwollen. So viele Schiffe kann es gar nicht geben, dass die alle einen Platz finden, und so ferne Ufer, dass der Krieg sie nicht einholt. Der Bahnhof und sämtliche Züge waren überfüllt, und unterwegs nach Lorient ist unser Zug nur deshalb einigermaßen vorangekommen, weil er als Sondertransport der Banque de France auf dem gesamten Schienennetz erste Priorität hatte.

Während ich in meiner Kabine sitze und schreibe, entladen Soldaten unseren Güterzug. Du wirst es nicht glauben, in meinem Gepäck findet sich ein Großteil der Goldreserven der Französischen Nationalbank, darüber hinaus dreißig Tonnen der polnischen und zweihundert Tonnen der belgischen Nationalbank, die wir vor ein paar Monaten zur Aufbewahrung erhalten haben. Zwei- bis dreitausend Tonnen Gold insgesamt, würde ich schätzen; wir sollen alles vor den Deutschen in Sicherheit bringen.

Unser Schiff, die *Victor Schoelcher*, ist ein Bananendampfer, den die Kriegsmarine requiriert und zum Hilfskreuzer umfunktioniert hat. Für ein Kriegsschiff sieht er noch immer ziemlich karibisch aus mit viel grüner, gelber und roter Ölfarbe überall; das einzig Marinegraue ist eine alberne kleine Kanone vorne auf der Back. Meine Kabine befindet sich, weil ich die einzige Dame an Bord bin, vorn bei der Brücke gleich hinter jener des Kapitäns.

Es ist stickig heiß hier drin, als wären wir schon im Kongo oder in Gouadeloupe. An den lindgrün lackierten Stahlwänden kondensiert die Luftfeuchtigkeit, und auf dem roten Stahlboden sammeln sich die Rinnsale zu lila oszillierenden Pfützen. Aus dem Abfluss des Waschbeckens kriechen im Zehnsekundentakt außereuropäisch fette Kakerlaken, die ich mit meinem rechten Schuh totzuschlagen versuche, und die Beschreibung der Toilette, die ich mit dem Kapitän teile, erspare ich Dir. Wie ich höre, gibt es im Unterdeck eine zweite Toilette für die fünfundachtzig Mann Besatzung; gebe Gott, dass ich nie in die Lage gerate, mich dieser auch nur nähern zu müssen.

Diese Nacht noch, spätestens morgen früh sollen wir auslaufen, alle sind in größter Eile. Die deutschen Panzer sind angeblich schon in Rennes, vor ein paar Stunden sind Heinkels und Junkers über unsere Köpfe geflogen und haben Minen in die Hafenausfahrt abgeworfen, um uns am Auslaufen zu hindern. Der Kapitän will die Flut um vier Uhr dreißig abwarten und im Morgengrauen am äußersten Rand der Fahrrinne zwischen den Minen und den Schlammbänken hinaus aufs offene Meer gelangen.

Natürlich ist das alles hochgradig geheim, ich dürfte Dir nichts davon verraten; aber sag selbst, wen auf Gottes weitem Erdenrund kann es kümmern, was in einem Brief steht, den eine Tippmamsell einem kleinen Pariser Polizeibeamten schreibt? Was immer ich dir sage, ist mit großer

Wahrscheinlichkeit heute schon falsch und deshalb unwichtig, und morgen wird es garantiert vorbei und vergessen und ohne jeden Belang sein. Kommt hinzu, dass von dem, was ich sehe, sowieso nichts geheim bleiben kann. Oder hältst Du es für möglich, die Existenz von zwölf Millionen Flüchtlingen zu verheimlichen? Können zweitausend Tonnen Gold unbeachtet bleiben? Können Messerschmitts und Stukas, die mit ohrenzerfetzendem Geheul vom Himmel stürzen, ein Geheimnis sein? Was soll die Geheimniskrämerei, wenn jeder alles sieht und keiner etwas versteht? Die Glocke ruft zum Essen, ich muss rennen!

Unterdessen ist die Nacht hereingebrochen. Ich habe in der Offiziersmesse mit dem Kapitän, den Offizieren und meinen drei Vorgesetzten von der Bank einen Happen gegessen. Es gab Meerbarsch und Bratkartoffeln, die Unterhaltung drehte sich um die Truppenstärke der Wehrmacht, die sich anscheinend in großer Eile auf uns zubewegt und spätestens morgen Nachmittag hier erwartet wird; zudem habe ich erfahren, dass der Namenspatron der *Victor Schoelcher* jener Mann ist, der 1848 die Sklaverei in Frankreich und in den französischen Kolonien abgeschafft hat. Ist das nicht hübsch? Beim Kaffee haben mir die Herren dann freundlicherweise ein wenig den Hof gemacht, wenn auch für meinen Geschmack etwas zu routiniert und gelangweilt und ohne rechten Elan.

Danach bin ich in die Stadt gegangen, um Notvorrat für die große Fahrt zu besorgen; man weiß ja nie, was einem bevorsteht. Ich musste eine ganze Weile laufen durch dunkle Straßen mit blau gestrichenen Straßenlampen und schwarz verhängten Fenstern, bis ich einen Lebensmittelladen fand. Ich fragte den Händler ohne große Hoffnung nach Kondensmilch. Er wies auf ein gut gefülltes Regal und fragte, wie viele Dosen ich haben wollte. Zwölf Stück, sagte ich aus einer Laune heraus, und weißt Du was? Der Mann gab sie mir, ohne mit der Wimper zu zucken. Da nahm ich auch noch Schokolade, Brot und eine Wurst, und der Mann hat nicht mal nach Marken gefragt. Da kannst Du's sehen, nichts gilt mehr, alles ist wahr, und keiner weiß, was morgen sein wird. Wozu also Geheimnisse?

Jetzt sitze ich draußen auf der Gangway, wo eine kühle Abendbrise weht, und schaue auf den Pier hinunter, auf dem ein unübersichtliches Gewusel von Soldaten damit beschäftigt ist, schwere Holzkisten aufeinanderzustapeln. Jeweils vier Mann holen an den offenen Schiebetüren der Güterwagen eine Kiste und schleppen sie hinüber zum Lagerplatz. Ich bin gespannt, wie viele Kisten es sein werden. Gleich wird man mich rufen, dann muss ich hinunter zur Ladebrücke und meinen Nachtdienst antreten. Tippmamsell zählt Goldkisten. Die ganze Nacht werde ich an einem kleinen Tisch sitzen und für jede Kiste, die im Laderaum der *Victor Schoelcher* verschwindet, mit scharf gespitztem Bleistift einen Strich auf einem Formular machen, das ich persönlich zu diesem Zweck entworfen und angefertigt habe.

Hinter dem Güterbahnhof auf der Umfassungsmauer sitzen Buben mit Schiebermützen und kurzen Hosen und schauen zu. Ihre Gesichter sind leer, sie rühren sich nicht – schwer zu sagen, ob sie ahnen, welche Reichtümer vor ihren Nasen liegen.

Offiziell enthalten die Kisten Artilleriemunition, aber das glaubt hier keiner. In diesem Augenblick stehen hinter mir zwei Zigaretten rauchende Schiffsjungen, die voreinander prahlen, dass dies der größte Goldschatz sei, der je auf den Atlantischen Ozean hinausgefahren wurde. Vielleicht haben sie sogar recht; ich kann mir nicht vorstellen, dass die alten Spanier jemals zweitausend Tonnen Gold auf einem Haufen liegen hatten. Und falls doch, hätten sie mit ihren Holzschiffchen ein paar Dutzend Mal hin- und herfahren müssen, um das alles über den Ozean zu transportieren.

Das Radio in der Offiziersmesse dudelt Radiomusik, Nachrichten gibt es keine mehr. Einzig der Funker kann BBC hören. Er heißt Galiani und rollt das R, dass man Lust auf Bouillabaisse bekommt, und er hat dichtes schwarzes Körperhaar, das ihm überall aus der Uniform quillt. In seiner Freizeit genießt er es, übers Deck zu stolzieren als bestinformierter Mann an Bord. Er schlendert hinter meinem Rücken vorbei und sagt: »Schon gehörrrt, Mademoiselle? Norrrrwegen hat kapituliert.« Dann verzieht er das Gesicht zu einer angewiderten Grimasse, schiebt seine Gauloise in den rechten Mundwinkel und spuckt durch den freien Mundwinkel aus. Auf diese Weise hat er mich in den letzten Tagen zuverlässig über den Lauf der Weltgeschichte auf dem Laufenden gehalten. »Schon gehörrt? Hitlerrr bombarrdierrt London.« Und ausspucken. »Schon gehört? Die Wehrrrmacht ist in Parris einmarrschierrt.« Und ausspucken. »Schon gehörrt? Rrroosevelt will neutrral bleiben.« Und ausspucken. Und jedes Mal macht er seine angewiderte Grimasse und erwartet von mir Bewunderung, die ich ihm in überreichem Maß zuteil werden lasse. Und weil

er zwar ein Aufschneider, aber auch ein feinfühliger Süd-
länder ist, durchschaut er mich jedes Mal und geht belei-
digt seines Wegs.

Man ruft mich zum Dienst, ich muss aufhören! Das ist vielleicht meine letzte freie Minute vor dem Abschied. Morgen
früh übergebe ich diesen Brief dem Boten, und dann geht's
los. Sonderbar, mir ist gegen alle Vernunft ganz weit und
klar ums Herz. Gerade weil ich keine Ahnung habe, wohin
dieses Schiff mich tragen wird, habe ich die trügerische
Empfindung, dass mir die Welt offenstehe, was natürlich
ein Irrtum ist; in Wahrheit ist mir die ganze Welt verschlossen mit Ausnahme jenes einen Schreibtischs da oder dort
auf diesem oder jenem Kontinent, an den mich zu schicken
die Banque de France beschlossen hat. Was auch immer
kommen mag: Schlimmer als sterben kann's nicht werden.
Ich liebe Dich und bin in großer Sorge um Dich, mein Léon,
das habe ich noch gar nicht gesagt; hoffentlich, hoffentlich
tun Dir die Nazis nichts an. Pass auf Dich und die Deinen
auf und halt Dich von allen Gefahren fern, sei vorsichtig
und so glücklich als möglich, spiel nicht den Helden und
bleib gesund und vergiss mich nicht!

Für immer
Deine Louise

P.S.: Sechs Stunden später: Es ist 4.20 Uhr morgens, nach
einer langen Nacht der Bleistiftstriche sind sämtliche Kisten
an Bord. Tausendzweihundertacht Stück, Netto-, Brutto-
und Taragewicht wegen schierer Größe in der Eile nicht
messbar und deshalb unbekannt. Die Maschine steht seit
zwei Stunden unter Dampf, der Postbote lehnt an der Gang-

way und trommelt mit den Fingern aufs Geländer. Im Osten wird es schon hell, oder täusche ich mich? Ich muss meinen Brief endgültig beschließen, jetzt gleich, sofort, sonst gelangt er nicht zu Dir. Hinein in den Umschlag, able-cken und zukleben. Adieu, Geliebter, adieu!

14. KAPITEL

Ein paar Tage nach dem Einmarsch verebbte die Selbstmordwelle, in Paris kehrte Ruhe ein. Die deutschen Soldaten machten sich aber nicht unsichtbar, wie Léon vermutet hatte, sondern breiteten sich im Gegenteil überall aus; in den Parks und auf den Straßen, in der Métro und in den Cafés und in den Museen und vor allem in den Kaufhäusern, Bijouterien, Kunstgalerien und Krämerläden, wo sie mit ihrem Sold, der dank des neuen Wechselkurses um ein Vielfaches im Wert gestiegen war, alles aufkauften, was für Geld zu haben und nicht niet- und nagelfest war.

In jenen Tagen schien es, als hätte mit den Deutschen in Paris ein fast normaler Alltag Einzug gehalten. Die Wehrmacht gab Platzkonzerte im Bois de Boulogne und verteilte hinter der Bastille Brot an die Bedürftigen, sie besorgte die Straßenreinigung und bildete, weil sämtliche Angestellten der Stadtgärtnerei geflohen waren, Arbeitskolonnen für die Pflege der Blumenrabatten in den Tuilerien. Die nächtliche Ausgangssperre unterschied sich, da ihr Beginn von einundzwanzig auf dreiundzwanzig Uhr verschoben wurde, kaum mehr vom Verdunkelungsbefehl, den noch die souveräne französische Regierung erlassen hatte; und wenn mal ein Nachtvogel es nicht rechtzeitig nach Hause schaffte, hatte er nichts Schlimmeres zu befürchten als ein paar Stunden Stiefelwichsen oder Knöpfeannähen auf der Feldgendarmerie bis zum Morgengrauen.

Ende Juni öffneten die Pariser Kinos wieder ihre Tore und

erschienen auch wieder Zeitungen, die in Titel und Aufmachung den Pariser Zeitungen der Vorkriegszeit erstaunlich
ähnlich sahen; im Moulin Rouge wurde wieder getanzt.
Die Wirte, Schneider und Taxifahrer machten schöne Geschäfte, und nachts warteten zwischen der Place Blanche
und der Place Pigalle mehr Frauen denn je auf vorwiegend
feldgraue Kundschaft.

Da die Apokalypse ausblieb, kehrten die Flüchtlinge in die
unversehrte Stadt zurück, erst zögerlich und vereinzelt nur
und peinlich berührt über die augenscheinliche Nutzlosig-
keit ihrer überstürzten Flucht, dann aber in hellen Scha-
ren; Mitte Juli lebten in Paris schon wieder doppelt so viele
Menschen wie einen Monat zuvor. Als Erste kehrten die
Kaufleute zurück, die ihre Geschäfte nicht länger ruhen
lassen konnten, dann die Handwerker und die kleinen Bü-
roangestellten, die von ihren Chefs zurückgerufen wurden,
und die Juden, die sich zur Hoffnung zwangen, dass doch
alles nicht gar so schlimm kommen werde, gefolgt von den
Journalisten und Künstlern und Theaterschauspielern, die
im Anbruch neuer Zeiten ihre Chance witterten. Gegen
Ende des Sommers waren auch die Pensionisten wieder da,
die es zurück zu ihrem Ohrensessel, ihrem Hausarzt und
ihrer Sitzbank im Park um die Ecke drängte, und schließlich die Kinder, für die Anfang September die längsten
Sommerferien ihres Lebens zu Ende gingen.

Léon duckte sich und lebte weiter, so gut es eben ging. Die
neuen Zeitungen wie den *Petit Parisien*, *L'Œuvre* oder *Je suis
partout* las er nicht, weil sie zwar französisch geschrieben,
aber deutsch gedacht waren, und er ging auch nicht ins
Kino, sondern verbrachte seine Abende am Radiogerät. Er

hörte Marschall Pétains Ansprache im französischen Radio und General de Gaulles Entgegnung auf BBC France, und er hörte die Nachrichten der Schweizerischen Depeschenagentur über den Krieg in Russland, Nordafrika und Norwegen; er pinnte in der Küche eine Landkarte Europas an die Wand und markierte den Frontverlauf mit Stecknadeln, hob neun Zehntel seines Sparguthabens ab und kaufte auf dem Schwarzmarkt Goldbarren, die er im Salon unter dem Parkettboden versteckte, und vergeblich hoffte er Tag für Tag, dass ein Lebenszeichen von Louise eintreffe aus jenem Winkel der Welt, in den ihr karibikbunter Bananendampfer sie getragen haben mochte.

Den ganzen Sommer über kam kein weiterer Brief von ihr, und die Nachrichtensprecher verloren kein Wort über die *Victor Schoelcher* oder einen Goldtransport der Banque de France. Léon empfand es als Ironie des Schicksals, dass in jedem Weltkrieg, den er erlebte, dasselbe Mädchen vor seinen Augen spurlos verschwinden musste. Je länger aber die Ungewissheit dauerte, desto mehr zwang er sich, das Ausbleiben einer Nachricht als gutes Zeichen zu deuten.

Im August fiel ihm auf, dass die Platanen früher als gewöhnlich ihre Blätter verloren. Es war ein heißer Sommer gewesen, jetzt kam ein früher Herbst.

*

Historische Tatsache ist, dass der *Victor Schoelcher* an jenem Morgen des 17. Juni 1940 buchstäblich in letzter Minute die Flucht gelang. Es gibt Augenzeugenberichte, wonach das erste Vorauskommando der Wehrmacht, das in Lorient eintraf, die Rauchfahne des Schiffes hinter der Hafenausfahrt noch sehen konnte. Auf offener See angelangt, vereinigte sich die *Schoelcher* mit drei zu Goldtransportern umfunktionierten Personendampfern der Linie Marseille–Algier und nahm Kurs auf Casablanca; von dort sollte die Fahrt weitergehen nach Kanada, wo das französische, belgische und polnische Gold bis Kriegsende in den Tresoren Ottawas hätte verwahrt werden sollen.

Die vier Schiffe hatten aber kaum den Golf von Biskaya passiert, als per Funk die Nachricht von der Kapitulation Frankreichs eintraf. In der Folge stellte sich die Frage, wem von Rechts wegen die Verfügungsgewalt über das Gold nun zustand – der Vichy-Regierung und damit letztlich Nazideutschland, der französischen Exilregierung in London unter General de Gaulle oder etwa weiterhin der Banque de France, die zwar dem Finanzministerium unterstand, als privatrechtliches Institut aber nicht Eigentum des französischen Staates war.

So geschah es, dass die deutsche Admiralität noch am Tag der Kapitulation den Goldtransportern per Funk mit einem Torpedoangriff drohte für den Fall, dass sie nicht sofort den nächsten Hafen des besetzten Frankreichs anliefen. Nur Stunden später drohte auch General de Gaulle mit einem Torpedoangriff, falls sie nicht umgehend Kurs auf London nähmen. Unter diesen Umständen war an eine Transatlantikfahrt nicht mehr zu denken, weshalb die Flotte ihren südlichen Kurs beibehielt und nach einem Zwischenhalt in Casablanca am 4. Juli 1940 in Dakar eintraf.

Dort war sie fürs Erste vor den deutschen Zerstörern sicher, aber eine britische Flotte unter dem Kommando General de Gaulles bedrohte die Küste Senegals in der erklärten Absicht, Westafrika im Namen des unabhängigen Frankreichs in Besitz zu nehmen. Deshalb beschlossen die Beamten der Banque de France in aller Eile, die ihnen anvertrauten zwei- bis dreitausend Tonnen Gold – wie viel es genau war, hat niemand je erfahren – in Güterwaggons verladen zu lassen und auf der Linie Dakar–Bamako so tief als möglich ins Innere des Kontinents zu transportieren.

Um sechzehn Uhr war die gesamte Ladung gelöscht, drei Tage später verließ der letzte Goldtransport den Bahnhof von Dakar. Bei einem ersten Inventar in Thiès stellte sich heraus, dass eine Kiste auf der Seereise dreizehn Kilogramm an Gewicht abgenommen hatte. Eine andere Kiste, die aus der Filiale Laval stammte, war mit Kieselsteinen und Alteisen gefüllt. Und zwei oder drei Kisten waren ganz verschwunden.

*

Sonntags ging Léon mit Frau und Kindern spazieren, als ob nichts wäre; wenn aber eine Panzerbrigade über den Boulevard Saint-Michel paradierte, befahl er seinen Kindern, nicht zu gaffen, sondern sich umzudrehen und die Auslagen der Schaufenster zu betrachten.

»Nun gut, sie sind die Sieger, und sie benehmen sich soweit ganz anständig«, erklärte er seinem erstgeborenen Sohn Michel, der es in der Enge der Wohnung nicht mehr aushielt und ungeduldig darauf drängte, auf eigene Faust die besetzte Stadt zu erkunden. »Wenn einer dich anspricht, sagst du ihm Bonjour und Au Revoir, und wenn er dich nach dem Weg zum Eiffelturm fragt, gibst du ihm Auskunft. Aber du kannst kein Deutsch, denn was du am Gymnasium gelernt hast, hast du vergessen, und auch wenn der andere

Französisch kann, verpflichtet dich das keineswegs, mit ihm übers Wetter zu plaudern. Wenn er dir seinen Vornamen buchstabieren will, hast du ein Recht auf ein schwaches Gehör und ein schlechtes Gedächtnis, und wenn er dich um Feuer bittet, reichst du ihm nicht dein Feuerzeug, sondern streckst ihm die Glut deiner Zigarette entgegen. Und niemals – niemals, hörst du? – ziehst du vor einem Deutschen deine Mütze. Du tippst nur mit dem Zeigefinger an die Krempe.«

Léon selbst ging Tag für Tag gesenkten Hauptes zum Quai des Orfèvres und verrichtete gesenkten Hauptes seine Arbeit. Gerade viel zu tun hatte er nicht, denn in Paris gab es nun kaum mehr Vergiftungsfälle mit Todesfolge; es schien, als seien in den Tagen von Chaos und Massenpanik alle Mord- und Suizidpläne in die Tat umgesetzt worden, weshalb nun niemand mehr übrig war, den es mit Gift vom Leben in den Tod zu befördern galt.

Léon nutzte die freie Zeit, um einen lang gehegten Plan anzugehen und einen wissenschaftlichen Artikel von der Länge einer Lizentiatsarbeit oder einer kleineren Dissertation zu schreiben; denn seit einiger Zeit empfand er es als eine der Niederlagen seines Lebens, dass er keinen akademischen Titel errungen und noch nicht mal das Gymnasium abgeschlossen hatte.

Natürlich wäre es erstens unmöglich und zweitens lächerlich gewesen, jetzt noch nachzuholen, was er als junger Mann versäumt hatte; aber Zeugnis davon ablegen, dass er ein ernsthafter, zum Nachdenken bereiter Mensch war, wollte er schon. Als Thema für seine Arbeit hatte er eine statistische Auswertung der Pariser Giftmorde 1930–1940

ins Auge gefasst. Wenn es auf diesem Gebiet einen Fach-
mann gab, dann war er das. Umgekehrt war dieses Gebiet
das einzige, von dem er wirklich etwas verstand.

Als Erstes stapelte er die Labortagebücher der letzten zehn
Jahre auf seinen Schreibtisch und begann deren statistische Auswertung, erfasste Täter und Opfer nach Ge-
schlecht, Alter und sozialem Status, ebenso den Verwandt-
schaftsgrad oder die Art der Bekanntschaft zwischen Täter
und Opfer, die Art des verwendeten Giftes und die Methode
seiner Verabreichung, weiter die geographische Streuung
über die einundzwanzig Arrondissements der Stadt Paris
und die saisonale Verteilung übers Jahr. Er würde Tabel-
len erstellen und Diagramme zeichnen, und er würde Tä-
ter- und Opferprofile skizzieren und seinen Aufsatz dem
Journal des Sciences Naturelles de l'École Normale Supérieure
schicken, und vielleicht würde er, wenn der Krieg vorbei war, ein paar Wochen lang als Gastdozent und Spezia-
list für Giftmorde durch die Polizeiakademien Frankreichs
tingeln.

Zu Léons Überraschung verging der Frühsommer 1940
gleichförmig und ereignislos. Nur an den 23. Juni sollte er
sich erinnern bis ans Ende seiner Tage – das war jener
Sonntagmorgen, an dem rosa Schäfchenwolken am Himmel leuchteten und kurz nach acht in der Rue des Écoles, als Léon mit drei Baguettes unter dem Arm von
der Bäckerei zurückkehrte, sich von hinten das satte, fette Brummen eines großzylindrigen Wagens näherte. Er
wandte sich um und sah eine Mercedes-Limousine auf
sich zukommen, in der fünf Männer in deutschen Uniformen und Adolf Hitler saßen. Der Mann auf dem Beifah-
rersitz war eindeutig Adolf Hitler, jeder Irrtum war aus-

geschlossen. Der Mercedes fuhr flott, aber ohne übertriebene Eile an ihm vorbei, gefolgt von drei kleineren Fahrzeugen, und natürlich nahmen weder Hitler noch seine Begleiter Notiz von meinem Großvater, der mit seinen drei Baguettes unter dem Arm auf dem Trottoir stand und fassungslos den Luftzug der Weltgeschichte an sich vorüberwehen ließ.

Wie man später in den Geschichtsbüchern nachlesen konnte, war der Führer nur drei Stunden zuvor in Begleitung seiner Architekten Albert Speer und Hermann Giesler sowie des Bildhauers Arno Breker zu seinem ersten und letzten Besuch in Paris auf dem Flugfeld von Le Bourget gelandet und hatte in aller Eile die Opéra, die Madeleine und die Place de la Concorde besucht, war über die Champs-Élysées zum Triumphbogen hinaufgefahren und durch die Avenue Foch zum Trocadéro und weiter zur École Militaire und zum Panthéon; als er an Léon vorbeifuhr, muss er schon wieder auf dem Rückweg zu seinem Flugzeug gewesen sein und sollte nur noch bei der Sacré-Cœur kurz anhalten, um einen letzten Blick zu werfen auf die unterworfene Stadt, die ahnungslos erwachend zu seinen Füßen lag.

Hätte Léon an jenem Morgen eine Pistole bei sich gehabt, dachte er später oft, und wäre die Pistole geladen und entsichert und er selbst in der Lage gewesen, diese einigermaßen zielsicher zu bedienen, und hätte er in diesem Augenblick die nötige Geistesgegenwart aufgebracht und keine Zeit vertrödelt mit ethisch-moralischen Erörterungen über christlich-abendländische Handlungsmaximen, so hätte er vielleicht eine Tat von welthistorischer Bedeutung vollbracht. So aber stand er nur staunend da mit seinen Baguettes unter dem Arm, und die zwei oder drei Sekunden während Begegnung hatte weder auf sein weiteres Leben noch auf jenes des Führers die geringste Auswirkung. Jahrzehnte später noch schüttelte Léon ungläubig den Kopf darüber, dass diese gleichgültige Episode eine der eindrücklichsten seines Lebens geblieben war und dass sich ihm die Farben und das Licht jenes Sommermorgens mit fotografischer Genauigkeit auf dem Grund seiner Seele eingebrannt hatten, wohingegen die wirklich bedeutsamen Ereignisse seiner Biographie – seine Hochzeit, die Geburten seiner Kinder, die Bestattung der Eltern – in ihm nur mehr als vage Erinnerung fortlebten.

Im Labor aber blieben aufregende Ereignisse aus. Nur alle paar Tage kam es vor, dass er seine statistische Arbeit unterbrechen musste, um eine verdächtige Probe auf Rattengift oder Arsen zu überprüfen. Diese Aufgaben erledigte er mit der gewohnten Sorgfalt und in der Gewissheit, dass er auch unter deutscher Besatzung im Dienst des Guten stand; denn unabhängig davon, wer nun gerade im Matignon und im Élysée das Sagen hatte, musste doch weiterhin der Grundsatz gelten, dass kein Mensch einem anderen Gift verabreichen darf.

Zwar war Léon klar, dass er als Polizeibeamter, ob ihm das gefiel oder nicht, ein Untergebener Marschall Pétains war und letztlich unter deutschem Kommando stand; solange sich aber sein Pflichtenheft auf den labortechnischen Nachweis von Giftmorden beschränkte, konnte er hoffen, weiterhin einigermaßen mit seinem Gewissen im Reinen zu bleiben.

Aber dann kam jener Morgen, an dem Léon wie gewohnt um Viertel nach acht zur Arbeit erschien und den Quai des Orfèvres aufs Neue schwarz von Polizeibeamten vorfand;

sie standen missmutig in der Morgensonne auf dem Kopfsteinpflaster und rauchten, und die Türen waren verschlossen, und am Ufer der Seine lag vertäut ein Schleppkahn, den Léon als einen der beiden Kähne erkannte, die am 12. Juni mit ein paar Millionen Karteikarten flussaufwärts geflohen waren.

Zufällig stand in Léons Nähe derselbe junge Kollege, den er schon vor einem Monat um Auskunft gebeten hatte.

»Was ist hier los?«

»Was soll los sein«, brummte dieser und zuckte mit den Schultern. »Die Deutschen haben den Kahn erwischt.«

»Nur diesen einen?«

»Der andere ist nach Roanne entkommen.«

»Und der hier?«

»Ist stecken geblieben.«

»Wo?«

»In Bagneaux-sur-Loing, bei Fontainebleau.«

»So nah?«

»Ein Munitionsschiff ist vor ihm explodiert und hat den Fluss versperrt. Unsere Leute haben ihn unter Bäumen und Strauchwerk versteckt, so gut es eben ging, aber die Deutschen haben ihn gefunden. Was willst du machen, so ein Kahn ist groß und leicht aufzuspüren, der bleibt immer im Kanal. Der kann nicht querfeldein abhauen oder davonfliegen.«

»Immerhin ist es erstaunlich, dass die Deutschen unser Kanalsystem so gut kennen.«

»Und die Fracht unserer Schleppkähne.«

»Was willst du damit sagen?«

»Nichts. Was willst du damit sagen?«

»Auch nichts.«

Die Glocken von Notre-Dame hatten gerade halb neun Uhr geschlagen, als auf dem Quai des Orfèvres der schwarze Traction Avant des Polizeipräfekten vorfuhr. Links stieg Roger Langeron selbst aus, rechts ein großgewachsener junger Mann mit senfbraunem Hut und senfbraunem Mantel, roter Armbinde und randloser Brille, die seinem runden, glattrasierten Gesicht den Anschein eines freundlich-kurzsichtigen Gymnasiasten gab. Er gesellte sich leutselig zu den am nächsten stehenden Männern, streckte ihnen seine Zigarettenschachtel entgegen und verstaute sie, als niemand sich bedienen wollte, wieder in der Manteltasche. Währenddessen stieg der Polizeipräfekt mit einem Megaphon aufs Trittbrett seines Wagens.

»MESSIEURS, ICH BITTE UM IHRE AUFMERKSAMKEIT. SONDEREINSATZ SÄMTLICHER BEAMTER DER POLICE JUDICIAIRE NACH KRIEGSRECHT. DIE RECHTSWIDRIG VERSCHLEPPTEN AKTEN AUS BÜRO 205 MÜSSEN ZURÜCK AN IHREN ORDNUNGSGEMÄSSEN STANDORT GEBRACHT WERDEN. ALLE VERFÜGBAREN MÄNNER BILDEN EINE DOPPELREIHE VON DER QUAIMAUER ÜBER TREPPE F BIS ZU BÜRO 205! BEEILUNG, DIE ZEIT DRÄNGT!«

Ein Murmeln ging durch die Menge, nur zögerlich warfen die Männer ihre Zigaretten weg. Zu übertriebener Eile sahen sie nun keinen Anlass mehr, da die Deutschen nicht mehr im Anmarsch, sondern schon eine ganze Weile hier waren. Nur allmählich und ohne Schneid formierte sich die grauschwarze Masse ihrer Hüte und Mäntel zur geforderten Doppelreihe, mit Händen greifbar schien ihr Unmut darüber, dass sie dieselbe Arbeit, die sie im Juni bereits erledigt hatten, in umgekehrter Abfolge noch einmal leisten sollten; für jeden Schritt, jeden Handgriff brauchten sie nun drei- oder viermal so lang, und so dauerte die Rückführung, obwohl nur noch halb so viele Akten da waren, nahezu doppelt so lange wie die Evakuation.

In Büro 205 setzten sich Polizeipräsident Langeron und der Mann mit dem gelben Mantel an den großen Schreibtisch, öffneten den einen oder anderen Karton und erkannten, dass das Aktenmaterial erheblichen Schaden genommen hatte. Im Schleppkahn hatten sich während seiner einmonatigen Abwesenheit Kanalratten, Käfer und Würmer eingenistet, durch die Ritzen des Rumpfs war Wasser eingedrungen. In der Feuchtigkeit der Sommergewitter war die Tinte zerflossen, das Papier aufgequollen, Holz und Karton waren aus dem Leim gegangen. Noch vor der Mittagspause fällten Langeron und der junge Deutsche den Entscheid, das gesamte Material, sämtliche drei Millionen Karteikarten und Aktenstücke, abschreiben und ordentlich ablegen zu lassen in neuen Karteikästen und Hängeregistraturen, welche das Informationsministerium binnen Wochenfrist liefern würde.

Nun ergab aber schon eine erste Kopfrechnung, dass die hundert Beamten aus Büro 205 diese Kopistenarbeit unmöglich allein binnen nützlicher Frist würden erledigen können, weil auf jeden von ihnen – nebst der Bewältigung der täglichen Neueingänge – rund dreißigtausend Kopien entfallen würden. Also wurden die Kollegen aller übrigen Abteilungen der *Police Judiciaire* angewiesen, sämtliche Arbeiten außer den dringendsten Pflichten zurückzustellen und prioritär beim Kopieren der Akten mitzuhelfen.

Für Léon Le Gall bedeutete dies, dass er seinen wissenschaftlichen Artikel fürs Erste beiseitelegen musste. Er versperrte seine Notizen und die Labortagebücher in einem
Schrank und fand sich damit ab, dass seine berufliche Existenz sich auf absehbare Zeit um aufgequollene, gewellte
rosa Karteikarten drehen würde.

Die Zeit verging rasch. Ehe Léon es sich versah, war er
schon drei Wochen damit beschäftigt, slawische Namen zu
entziffern und auf blütenweiße Karten zu übertragen, die
er in brandneuen Karteikästen abzulegen hatte. Vichnev-
ski, Wychnesky, Wysznevscki, Wichnefsky, Wijschnewscki,
Vitchnevsky, Wishnefski, Vishnefskij, dazu Aaron, Abraham,
Achmed, Alexander, Aleksander, Alexej, Alois, Anatol,
Andrej, Andreji und Rue de Rennes, Rue des Capucins, Rue
Saint-Denis, Rue Barbès sowie Jude, Jude, Jude, Jude,
Jude, Kommunist, Kommunist, Kommunist, Kommunist,
Kommunist, Freimaurer, Freimaurer, Freimaurer, Freimau-
rer, Zigeuner, Anarchist, abartig, amoralisch, arbeitsscheu,
Alkoholiker, aggressiv, schizophren, mannstoll, rassisch
unrein.

Léon ergab sich in diese Arbeit mit einer Abscheu, die er
letztmals im Alter von sechzehn Jahren empfunden hatte, als er an schulfreien Nachmittagen zur Strafe seiten-
weise Vergil hatte abschreiben müssen, während am Strand
von Cherbourg das Meer die interessantesten Dinge an
Land spülte – mit dem Unterschied, dass die Strafarbeit sich
diesmal zusätzlich anfühlte, als sei der Lehrer wahnsinnig
geworden und halte ihm eine durchgeladene Pistole an die
Schläfe.

Dabei waren die Deutschen, das musste Léon zugeben,
im persönlichen Umgang von erlesener Höflichkeit. Jeden

Abend kurz vor Dienstschluss machte der Mann mit dem senfgelben Mantel die Runde durch die Abteilungen der *Police Judiciaire* und sammelte die kopierten Akten ein wie ein Imker den Honig. Der Mann hieß Knochen. Helmut Knochen. Er grüßte freundlich und ging auf leisen Sohlen, und zu seinen Arbeitsbienen war er, wie es sich für einen guten Imker gehörte, von geradezu rührender Fürsorglichkeit. Beinahe täglich fragte er Léon in gepflegtem, wenn auch hartem Französisch nach dessen Befinden, schüttelte ihm die Hand und erkundigte sich, ob er ausreichend Kaffee habe und ob er nicht eine heller strahlende Tischlampe benötige, und dabei schaute er ihm arglos in die Augen mit seinen hellblauen, durch die Brillengläser stark vergrößerten Augen.

Léon bedankte sich murmelnd und sagte, dass er mit Kaffee und Tischlampe zufrieden sei. Er hatte noch ausreichend Erinnerungen an den Deutschunterricht, um die Poesie in Knochens Familiennamen würdigen zu können. Hingegen hatte er Schwierigkeiten, den Jüngling, der zwar SS-Hauptsturmführer und Chef der Sicherheitspolizei war, aber kaum viel älter als Mitte zwanzig sein konnte und einen Bürstenschnitt hatte wie ein Pfadfinder, in seiner ganzen Gefährlichkeit ernst zu nehmen. Dass dieser Welpe ihn tatsächlich beißen könnte mit seinen spitzen Milchzähnen, konnte er sich nicht vorstellen.

Eines Tages im September aber tauchte Knochen schon frühmorgens auf. Er klopfte scherzhaft den Anfangstakt von Beethovens Schicksalssymphonie an Léons Tür, öffnete sie einen Spalt breit und lugte mit einem Auge hinein.

»Guten Morgen! Darf ich hereinkommen zu so ungewohnt

früher Stunde? Störe ich? Soll ich später nochmal vorbeischauen?«

»Treten Sie ein«, sagte Léon.

»Bitte keine falsche Höflichkeit!«, rief Knochen und zeigte
nun auch die andere Hälfte seines Gesichts. »Sie sind hier
der Hausherr, ich will Sie keinesfalls von der Arbeit abhalten. Falls ich ungelegen komme, kann ich ohne Weiteres …«

»Treten Sie bitte ein.«

»Danke, sehr freundlich.«

»Ich muss Sie aber enttäuschen, so früh am Morgen habe
ich erst zwei abholbereite Kopien.«

»Die Akten? Ach, die vergessen wir jetzt mal. Schauen Sie,
ich habe uns etwas mitgebracht – Sie erlauben?« Knochen
setzte sich auf einen Stuhl und schnippte mit den Fingern,
worauf draußen auf dem Flur ein Soldat ein Tablett vom
Rollwagen nahm und an Léons Labortisch brachte.
»Schauen Sie – oder vielmehr: Riechen Sie! Echter arabi-
scher Mokka aus einer italienischen Mokkakanne. Das ist
etwas anderes als die gefilterte Kriegsbrühe aus gerösteten
Eicheln, die Sie sich hier auf Ihrem Bunsenbrenner zusam-
menbrühen.«

»Ich danke Ihnen, aber unser Kaffee ist gerade richtig für
mich. Mein Kreislauf …«

»Unsinn, so ein kleiner Mokka hat noch keinen umge-
bracht! Ich schenke Ihnen ein, Sie erlauben? Sahne, Zucker?«

»Nichts, danke.«

»Schwarz ohne irgendwas?«

»Ich bitte drum.«

»Oho, Sie sind ein harter Bursche! Ist das Ihre normannische Herkunft? Oder der Beruf? Die vielen Giftmorde, härten die ab gegen die Bitterkeit des Lebens?«

»Nicht im Geringsten, leider.«

»Eher im Gegenteil, nicht wahr? Das dachte ich mir schon. Man wird dünnhäutig mit der Zeit, mir geht es genauso. Oder es wird mir so gehen, wenn ich erst mal so … so viel Erfahrung habe wie Sie. Wie finden Sie den Kaffee?«

»Ausgezeichnet.«

»Nicht wahr? Ich muss daran denken, Ihrer Abteilung wöchentlich eine Packung zukommen zu lassen. Die Mokkakanne lasse ich hier, die passt gut auf Ihren Bunsenbrenner. Gibt es sonst etwas, das ich für Sie tun kann? Ein Croissant vielleicht?«

Léon schüttelte den Kopf.

»Sind Sie sicher? Mein Adjutant hat welche. Ganz frisch, aus echter Butter.«

»Wirklich nicht, vielen Dank. Machen Sie bitte keine Umstände.«

»Wie Sie wollen, Monsieur Le Gall. Und sagen Sie mir: Ihr Arbeitsplatz …« – er machte mit seinen kleinen, gepflegten Händen eine umfassende Bewegung – »… ist der soweit in Ordnung?«

»Aber ja. Ich bin hier alles seit vielen Jahren gewohnt.«

»Das freut mich zu hören. Denn schauen Sie, mir ist wirklich daran gelegen, dass Sie hier unter bestmöglichen Bedingungen arbeiten können.«

»Ich danke Ihnen.«

»Nur unter anständigen Bedingungen kann der Mensch ordentliche Arbeit leisten, sage ich immer. Ist es nicht so?«

»Jawohl.«

»Sie müssen es mich unbedingt wissen lassen, wenn ich etwas für Sie tun kann.«

»Danke sehr.«

Knochen stand auf und trat ans Fenster. »Eine prächtige Aussicht haben Sie von hier oben. Paris ist doch eine herrliche Stadt. Die schönste Stadt der Welt, wie ich meine. Dagegen ist Berlin einfach, was es nun mal immer gewesen ist – ein preußisches Provinzkaff. Habe ich recht?«

»Wie Sie meinen, Monsieur.«

»Waren Sie schon in Berlin?«

»Nein.«

»Na ja, gerade viel verpassen Sie nicht, bisher zumindest. Ich selbst bin ja aus Magdeburg, du lieber Himmel. Aber sagen Sie, weiß man als Pariser die Schönheit der Lichterstadt denn zu schätzen? Nehmen Sie die Aussicht überhaupt noch wahr?«

»Man gewöhnt sich dran. Nach zwanzig Jahren …«

»Großartig. Die Aussicht ist großartig. Hier drinnen hingegen ist die Beleuchtung doch, wie soll ich sagen, ein wenig fahl, ein bisschen lasch. Sind Sie sicher, dass Sie für Ihre Schreibarbeit genug Licht haben?«

»Ich komme zurecht.«

»Wirklich? Das freut mich zu hören. Denn schauen Sie, wir haben hier eine kleine Schwierigkeit.« Er schnippte aufs Neue mit den Fingern, worauf der Adjutant zwei Karteikästen hereinbrachte. »Ich will Ihre Zeit nicht mit Kleinigkeiten verschwenden, nur das hier will ich Ihnen kurz zeigen. Wissen Sie, was ich hier habe? Das sind …« – er deutete auf den einen Karteikasten – »… die letzten hundert von Ihrer Hand kopierten Karten. Und das hier …« – er deutete auf den anderen Kasten – »… sind die entsprechenden Originale. Wissen Sie, was mir beim Vergleich dieser zwei Kästen aufgefallen ist?«

»Was?«

»Das ist jetzt unangenehm, Sie dürfen es mir nicht krummnehmen, ja?«

»Ich bitte Sie.«

»Mir ist aufgefallen, dass Ihnen beim Abschreiben ziemlich viele Fehler unterlaufen. Deshalb bin ich auf den Gedanken gekommen, dass vielleicht die Lichtverhältnisse hier drin nicht ganz optimal sein könnten. Bitte verzeihen Sie die Frage, aber wie steht es mit Ihrem Augenlicht?«

»Bisher ganz gut.«

»Wirklich? Sie benötigen noch keine Lesebrille?«

»Glücklicherweise nicht.«

»Das ist schön, Sie sind ja nun auch nicht mehr ganz der Jüngste, nicht wahr? Wie alt sind Sie eigentlich, wenn ich fragen darf – vierzig Jahre, nicht wahr?«

»Die Fehler sind mir unangenehm, Monsieur.«

Knochen machte eine wegwerfende Handbewegung. »Natürlich sind das Kleinigkeiten und lässliche Sünden, nehmen Sie das nicht zu schwer. Aber Sie gehen gewiss mit mir darin einig, dass in der Verwaltung kleinste Fehler verheerende Auswirkungen haben können, nicht wahr?«

»Gewiss.«

»Ihnen als Wissenschaftler muss ich das nicht erklären, das wusste ich. Schauen Sie, hier zum Beispiel steht Yaruzelskj statt Jaruzelsky. Wenn diese Karte alphabetisch korrekt unter Y eingeordnet wird, finden wir den Mann nie wieder. Oder hier: Rue de l'Avoine statt Rue des Moines – eine Straße dieses Namens gibt es gar nicht. Oder dieses Geburtsdatum: 23. Juli 1961 – der Mann wäre ja noch längst nicht geboren. Verstehen Sie, Monsieur Le Gall?«

»Jawohl.«

»Ich habe mir nun erlaubt, alle diese hundert Karten mit den Originalen zu vergleichen und die fehlerhaften zu zählen. Und wissen Sie, wie viele es sind?«

»Ich bedaure …«

»Schätzen Sie, na los, schätzen Sie frei heraus! Was meinen Sie: Acht? Fünfzehn? Dreiundzwanzig?«

Léon zuckte mit den Schultern.

»Dreiundsiebzig! Dreiundsiebzig von hundert Stück, Monsieur Le Gall! In Prozent sind das, lassen Sie mich rechnen, ich hab's gleich … ach was, klar, Idiot: Dreiundsiebzig Prozent! Das ist viel, nicht wahr?«

»In der Tat.«

»Fast immer sind's minimale Fehler, keine Frage – aber die gefährlichsten Unwahrheiten sind mäßig entstellte Wahrheiten, wie schon Lichtenberg sagte. Stimmen Sie mir zu?«

»Gewiss.«

Knochen machte erneut seine wegwerfende Handbewegung. »Machen Sie sich nichts draus, jedem von uns unterläuft mal ein Fehler. Allerdings muss man sagen, dass Ihnen auffällig viele Fehler unterlaufen. Wissen Sie, wie hoch die durchschnittliche Quote bei Ihren Kollegen ist?«

»Nein.«

»Elf Komma neun Prozent.«

»Ich verstehe.«

»Das ist gut, dass Sie mich verstehen. Wichtig ist jetzt, dass wir die Fehlerquelle beseitigen, damit Besserung eintritt, nicht wahr? Nicht wahr, Monsieur Le Gall?«

»Ja.«

»Haben Sie eine Erklärung für Ihre hohe Quote?«

»Manche Karten sind schwer zu entziffern.«

»Gewiss«, sagte Knochen. »Aber Ihre Kollegen müssen mit genauso schadhaftem Material fertig werden, nicht wahr? Oder halten Sie es für denkbar, dass sich bei Ihnen schwer beschädigte Karten in statistisch relevantem Maß häufen? Und wäre diese Häufung zufällig, oder müssten wir nach den Ursachen suchen?«

Léon zuckte mit den Schultern.

«Sehen Sie, deswegen habe ich mir Gedanken um Lampen und Lesebrillen gemacht. Es muss ja eine Erklärung dafür geben, dass Ihnen so viele Fehler unterlaufen. Natürlich schreien meine Kollegen von der SS bei solchen Quoten gleich Sabotage und Hochverrat. Haben Sie schon Bekanntschaft mit der SS gemacht?«

»Nein.«

»Es gibt da bei denen, unter uns gesagt, ein paar wirklich schlimme Hitzköpfe, denen ich nicht bei Nacht in einer dunklen Gasse begegnen möchte. Wissen Sie, was die mit Saboteuren machen? Zuerst so allerlei, und dann bringen sie sie nach Drancy und stellen sie an die Wand. Oder sie schmeißen sie gefesselt in die Seine. Oder lassen sie mit Genickschuss im nächsten Straßengraben liegen. Kriegsrecht. Die dürfen das.«

»Ich verstehe.«

»Heißblütige junge Spunde sind das. Nicht alle sehr gut erzogen, was soll man machen. Aber keine Sorge, Monsieur Le Gall, in diesem Haus hier bestimme vorläufig noch ich, wo's langgeht. Und ich sage, man muss den Leuten gute Arbeitsbedingungen bieten, wenn sie gute Arbeit leisten sollen.«

Er schnippte nochmal mit den Fingern, und der Soldat brachte eine große Tischleuchte mit verspiegeltem Schirm.

»Sie können sagen, was Sie wollen, für gute Arbeit braucht man gutes Licht. Nur weil Sie sich an die alte Funzel gewöhnt haben, heißt das nicht, dass sie gutes Licht gibt. Sie erlauben doch, dass wir sie gleich mitnehmen und als Ersatz diese hier anschließen?«

»Wenn Sie darauf bestehen.«

»Es ist eine Siemens, sozusagen der Mercedes unter den Tischlampen, gar kein Vergleich zu Ihrer Funzel. Wenn Sie hier noch bitte den Empfang quittieren wollen, dann hat alles seine Ordnung. Ordnung ist wichtig in der Verwaltung, nicht wahr?«

»Jawohl, Monsieur. Und der Kaffee?«

»Was ist mit dem Kaffee?«

»Brauchen Sie für den keine Quittung?«

»Sie machen sich lustig über mich, Le Gall, das ist ungerecht. Ich bin kein Pedant und kein Kleingeist, verstehen Sie mich nicht falsch. Ich selbst brauche für gar nichts eine Quittung. Persönlich neige ich zur Ansicht, dass uns das Leben für alles irgendwann ganz unaufgefordert eine Quittung ausstellt. Aber die Verwaltung kann nicht bis an unser seliges Ende warten, die braucht schon vorher Quittungen. Und gerechterweise muss man sagen, dass die Verwaltung niemals Selbstzweck ist, sondern letztlich immer dem Menschen dient. Ist es nicht so?«

»Selbstverständlich.«

»Deshalb kann ein Ordnungsfehler, das sage ich immer, menschlich schwere Konsequenzen haben. Aber ich plaudere hier und plaudere, dabei haben Sie eine Menge Arbeit. Auf Wiedersehen, Le Gall, bis heute Abend!«

»Auf Wiedersehen.«

Knochen eilte mit wehendem Mantel hinaus auf den Flur und zog hinter sich die Tür zu. Einen Augenblick später stieß er sie nochmals auf.

»Beinahe hätte ich es vergessen – Sie sollen am Mittag im Kindergarten an der Rue Lejeune vorbeischauen, die Direktorin hat angerufen. Ihre kleine Tochter soll – wie heißt sie nochmal, die Vierjährige – Marianne?«

»Muriel.«

»Die kleine Muriel soll heute Morgen vom Schulhof aus mit einem Pflasterstein ein Toilettenfenster im dritten Stock eingeworfen haben.«

»Muriel?«

Der Mann machte wiederum seine wegwerfende Handbewegung. »Das ist natürlich Quatsch und wird sich rasch aufklären, ist ja klar. Wie sollte ein vierjähriges Mädchen einen Pflasterstein zur dritten Etage hochwerfen, nicht wahr? Wohl eine Verwechslung, typischer Ordnungsfehler. Aber vielleicht ist es doch besser, Sie schauen am Mittag vorbei. Die Kleine wurde, wie man mir mitgeteilt hat, in den Kohlekeller gesperrt, sozusagen in Beugehaft, und heult sich die Seele aus dem Leib.«

Léon schob heftig den Stuhl zurück und wollte aufstehen, da packte ihn Knochen an der Schulter und drückte ihn zurück auf den Stuhl.

»Keine Hektik, Monsieur Le Gall, keine Aufregung. Das Beste ist, wir lassen den Dingen ihren Lauf und ihre Ordnung, nicht wahr? Erst wird gearbeitet, dann kommt das Privatleben. Sie schreiben hier fleißig zwei Stunden weiter, dann ist Mittag und Sie gehen in die Rue Lejeune. Der Rektor soll ein engstirniger Idiot sein, habe ich mir sagen lassen. Wenn er Ihr Töchterchen nicht aus dem Kohlekeller entlassen will, bestellen Sie ihm Grüße von Hauptsturmführer Knochen, das sollte dann helfen. Auf Wiedersehen, Monsieur, und frohes Schaffen! Einen angenehmen Tag wünsche ich Ihnen!«

15. KAPITEL

Dann kam der Winter 1940/41, und es wurde kalt in Paris. Im Sommer hatte die Umstellung auf die deutsche Uhrzeit den Franzosen lange, lichte Abende beschert, an denen die Sonne erst nach zehn Uhr unterging und um Mitternacht noch letzte Streifen Tageslicht am Horizont glimmten. Jetzt aber büßten sie dafür, weil die Arbeitstage mitten in der Nacht begannen. Léon stand bei schwärzester Nacht auf und rasierte sich im fahlen Licht der Glühbirne; beim Frühstück konnte er sein Spiegelbild im dunklen Fenster sehen, und auf dem Weg zur Arbeit blinkten am Himmel die Sterne, als sei es nicht früher Morgen, sondern schon wieder Abend.

Was seine Arbeit am Quai des Orfèvres betraf, so wurde Léon in jenem Winter klar, dass Recht zu Unrecht geworden war und Unrecht zum Gesetz; das Gesindel war die neue Oberschicht, und das Gesetz wurde von Gaunern gemacht. In den Fluren erzählten die Beamten einander flüsternd die neusten Neuigkeiten über die berühmtesten Gauner von Paris – »Pierrot la Valise«, »François le Mauvais« oder »Feu-Feu le Riton« –, die ihre Gefängnisstrafen von zehn, fünfzehn oder zwanzig Jahren eingetauscht hatten gegen die Freiheit, Automobile und Benzin sowie gegen Feuerwaffen und deutsche Polizeiausweise. Noch war es nicht soweit, dass sie am hellichten Tag am Quai des Orfèvres auftauchten, um jene Polizisten zu verhaften, denen sie ihre Verhaftung verdankten – aber alle ahnten, dass es bald geschehen würde.

Zwar kam es Léon nun zustatten, dass er seine Arbeit anonym und ohne Kontakt zur Außenwelt verrichtete; aber er konnte die Gefahr doch jeden Morgen förmlich riechen, wenn er im Treppenhaus an den verschiedenen Abteilungen vorbeiging, und es war ihm klar, dass jeder Kollege, jede Sekretärin, jeder Wachmann ein Handlanger der Gauner und Mörder sein konnte. Einen Ausweg sah er nicht. So verkroch er sich in sein Labor, tat seine Pflicht und vermied sorgfältig jede nicht unabdingbare Begegnung.

Schon im November brachte ein umfangreiches Tief sibirische Kaltluft in die Stadt. Benzin und Diesel wurden rar, in den Straßen waren nur noch Fahrräder, Rikschas und Pferdekutschen unterwegs – und wenn mal ein Auto vorbeifuhr, konnte man mit großer Sicherheit annehmen, dass am Steuer ein Deutscher oder ein Kollaborateur saß. Das Auffälligste war die Stille in den Straßen und das kalte Schweigen der Menschen. Der Straßenlärm früherer Tage war verstummt, jetzt hörte man nur noch das Knirschen eiliger Schritte auf hartgefrorenem Schnee, gelegentlich ein Husten, einen hastigen Gruß oder die lustlosen Rufe eines Zeitungsausrufers, der schon längst nicht mehr daran glaubte, seine deutsch diktierten Blätter verkaufen zu können.

Lautlos standen die Menschenschlangen vor den Läden, und der Polizist an der Straßenecke tat, als sei er gar nicht da. In den Cafés drängten sich die Leute in die Wärme der Kaffeemaschine und der grellbunten Likörflaschen, von denen die meisten verboten waren, und betrachteten schweigend den vergilbten Martini-Kalender und das Gesetzesblatt über öffentliche Trunkenheit; viele Gesichter glänzten fiebrig und hatten gerötete Nasen, die meisten trugen Mützen, Wollschals und Handschuhe, und allen konnte man ansehen, dass sie aus Wohnungen geflohen waren, in denen es kaum wärmer war als draußen auf der Straße.

Die Le Galls gingen in langen Strümpfen, Handschuhen und Wollpullovern zu Bett, frühmorgens kratzten sie ihre gefrorene Atemluft von den Fensterscheiben. Gelegentlich brachte Léon ein Bündel Brennholz nach Hause, das er auf dem Schwarzmarkt ergattert hatte, dann saßen sie abends im Salon am offenen Kamin und schliefen wegen der ungewohnten Wärme reihum ein auf dem Sofa, im Fauteuil oder auf dem Perserteppich; lang nach Mitternacht, wenn das Feuer ausgegangen war und die Kälte wieder durch Ritzen und Spalten ins Haus kroch, trugen Yvonne und Léon die Kinder eins ums andere zu Bett.

In einer jener Nächte zeugten sie ihren kleinen Nachzügler Philippe, der seinerseits ziemlich genau zwanzig Jahre später, im September 1960, auf dem Boulevard Saint-Michel ein junges Mädchen aus der Schweiz kennenlernen sollte, das eigentlich auf der Durchreise zu einem Studienaufenthalt nach Oxford war, dann aber seinen Zwischenhalt verlängerte und an einem milden Herbstabend mit Philippe ins Mansardenzimmer an der Rue des Écoles ging, weshalb es neun Monate später einem Bübchen das Leben schenkte, das in der Eglise Saint-Nicolas du Chardonnet auf meinen Namen getauft wurde.

Immerhin blieben sie alle gesund, und sie brauchten nicht zu hungern. Da Léon und Yvonne sich noch lebhaft des Ersten Weltkriegs erinnerten, hatten sie vom Tag der Kriegserklärung an Notvorrat herbeigeschafft, so viel sie nur konnten. Weil die Preise bis in den Herbst nur mäßig gestiegen waren, hatten sie ihre Schränke gefüllt mit Säcken von Reis, Weizen und Hafer; darüber hinaus stauten sich im Lichtschacht über der Toilette hinter einem unscheinbaren Vorhang, hinter dem kein Plünderer Nahrungsmittel vermutet hätte, Hunderte von Dosen mit Bohnen, Erbsen, Kondensmilch und Apfelmus.

Sogar Eier, Butter, Fleisch und Wurst kamen regelmäßig auf den Tisch, seit der älteste Sohn Michel jeweils am ersten Wochenende des Monats nach Rouen auf Besuch zu Tante Sophie fuhr, die ein herzliches Verhältnis zu einigen normannischen Milchbauern pflegte. Der Sechzehnjährige genoss es sehr, am Samstagmorgen mit den Taschen voller Geld zur Gare Saint-Lazare zu laufen und mit der Routine des Vielgereisten in den Zug nach Rouen zu steigen; etwas weniger angenehm war jeweils die Rückkehr am Sonntag mit dem schweren, zum Bersten gefüllten Koffer, den er, immer auf der Hut vor Polizisten und Wehrmachtsoldaten, die ganzen drei Kilometer vom Bahnhof bis zur Rue des Écoles schleppen musste.

Am schwersten war dieser Winter für Yvonne. Seit die große Politik es für nötig erachtet hatte, die kleine Muriel in den Kohlekeller zu sperren und damit zur Bettnässerin zu machen, war ihr scharfer Verstand Tag und Nacht damit beschäftigt, ihre Familie gesund, bei Kräften und beisammenzuhalten. Die Eintragungen ins Traumtagebuch hatten nun ein Ende, mit rosa Sonnenbrillen, fließenden Sommergewändern und leichthin geträllerten Liedchen war es vorbei. Um nichts anderes mehr drehten sich ihre Gedanken als um die Frage, wie sie ihren Mann und ihre Kinder bis zum Kriegsende beschützen, ernähren und wärmen konnte und wie sich Kummer und Leid von ihnen fernhalten ließ.

Sie verfolgte ihr Ziel mit der Schlauheit einer Geheimagentin, dem Opfermut einer Gotteskriegerin und der Rücksichtslosigkeit eines Panzersoldaten. Frühmorgens begleitete sie ihre Kinder eins ums andere zur Schule – auch den großen Michel, der sich vergeblich gegen den mütterlichen Geleitschutz sträubte –, und nachmittags holte sie sie alle wieder ab. Bevor sie Léon morgens aus dem Haus gehen ließ, spähte sie aus dem Wohnzimmerfenster und hielt links und rechts Ausschau nach Gefahren; und wenn er sich abends nach der Arbeit um ein paar Minuten verspätete, lief sie ihm entgegen und machte ihm bittere Vorhaltungen. Wenn eines ihrer Kinder hustete, besorgte sie unter Einsatz von Lügen, Falschgeld und ihres Decolletés Honig, Lindenblütentee und Sirolin, und als das Wasser in der Küche gefror, fällte sie am heiterhellen Nachmittag vor der rumänisch-orthodoxen Kirche unter den Blicken mehrerer Schaulustiger eigenhändig eine kleine Akazie, schleppte den ganzen Baum nach Hause und zerkleinerte ihn im Innenhof zu Brennholz.

Als eines Nachts im Treppenhaus sonderbare Geräusche zu hören waren, kaufte sie anderntags auf dem Schwarzmarkt eine Mauser Kaliber sieben Komma sechs samt Munition und verkündete ihrem stirnrunzelnden Ehemann, dass sie jeden Fremden, der ohne ihre Einwilligung diese Wohnung betrete, ohne Vorwarnung totschießen werde. Als Léon zu bedenken gab, dass eine Pistole, die im ersten Akt an der Wand hängt, im zweiten Akt abgefeuert werden muss, zuckte sie mit den Schultern und sagte, das richtige Leben folge anderen Gesetzen als das russische Theater. Und als er wissen wollte, weshalb sie sich ausgerechnet für eine deutsche Pistole entschieden habe, erklärte sie ihm, dass die deutschen Ermittlungsbehörden, falls sie in einer deutschen Leiche deutsche Munition fänden, mit einiger Wahrscheinlichkeit nach einem deutschen Schützen suchen würden.

Ob diese schwere Zeit Yvonne und Léon noch enger zusammenschweißte, weil sie einander jeden Tag aufs Neue ihre Treue und Verlässlichkeit bewiesen, oder ob ihnen unter der steten Bedrohung noch die letzte Hoffnung auf romantische Liebe abhandenkam, weil sie ganz pragmatisch als Kampfgemeinschaft zu funktionieren hatten – ob sie einander unter diesen Umständen also nähergekommen sind oder nicht, ist schwer zu sagen; man kann sich vorstellen, dass sie sich diese Frage gar nie stellten. Denn von Bedeutung war nicht das Etikett oder die Überschrift ihres Zusammenseins, sondern das tägliche Überleben; und jenseits aller Metaphysik hatte schlicht die Zeit gewisse Fakten geschaffen, die stärker ins Gewicht fielen als alle Worte.

So war es eine Tatsache, dass sie beide nun über vierzig Jahre alt waren und mit einiger Wahrscheinlichkeit die Lebensmitte überschritten hatten. Eine arithmetische Tatsache war es auch, dass sie von ihrem bisherigen Leben die Hälfte miteinander verbracht und bald mehr Nächte miteinander im gemeinsamen Ehebett als ohneeinander geschlafen haben würden. Absehbar war weiter, dass ihre Kinder in überraschend kurzer Zeit halbwegs erwachsen sein und als lebende Beweise dafür in die Welt hinausgehen würden, dass Yvonne und Léon ganz ordentliche Eltern gewesen waren. Bald würden die Tage, die ihnen auf Erden noch blieben, immer rascher verrinnen, und bald würde die Summe ihrer gemeinsamen Erinnerungen so groß sein, dass sie in jedem Fall tröstlicher war als jede Hoffnung auf ein wie auch immer geartetes Leben ohneeinander.

Wohl konnte es noch aus diesem oder jenem Anlass geschehen, dass eines Tages sie vor ihm Reißaus nahm oder er vor ihr. Ein neuer Anfang aber, ein neues Leben würde das nicht sein, sondern nur die Fortsetzung ihres bisherigen Lebens unter neuen Bedingungen. Es gab kein zweites Leben, sie hatten nur dieses eine. Das mochte auf den ersten Blick niederschmetternd erscheinen, auf den zweiten aber war es der größtmögliche Trost; denn es bedeutete, dass ihr bisheriges Leben nicht gleichgültig, sondern unabdingbare Voraussetzung gewesen war für alles, was noch kommen würde.

Léon war der Mann in Yvonnes Leben, und sie war die Frau in seinem, zu Eifersucht bestand kein Anlass mehr. Das würde sich auch dann nicht mehr ändern, wenn sie einander doch noch verlieren sollten infolge einer Katastrophe oder einer Altersdummheit. Es blieb einfach nicht mehr genug Zeit, mit jemand anderem in einem anderen Ehebett ebenso viele Nächte zu verbringen, wie sie schon miteinander verbracht hatten.

Für Léon, der sich schon lange daran gewöhnt hatte, zwei Frauen zu haben – eine an seiner Seite und eine im Kopf –, änderte sich damit nicht viel; Yvonnes Seele aber fand nun endlich zum Frieden. Auch für sie hatte sich die Frage erledigt, ob sie füreinander bestimmt seien oder nicht, und es war nicht mehr wichtig, ob sie einander wirklich leidenschaftlich oder nur halbherzig liebten oder ob sie nur vorgaben oder irrtümlicherweise glaubten, sie würden einander lieben. Wichtig war einzig, was tatsächlich der Fall war. So einfach war das.

Und jenseits aller großen Worte musste Yvonne sich eingestehen, dass Léon ihr noch immer gefiel – vielleicht mehr noch als früher – in seiner schwerblütigen Männlichkeit. Sie mochte das leichte Geräusch seiner Tritte, wenn er die Treppe hochlief, und den schweren Klang seiner Schritte, wenn er durch den Flur ging, sie mochte die unbeabsichtigte Gutmütigkeit seiner Stimme und den starken, aber niemals scharfen Körpergeruch, der seinem Mantel entströmte, wenn er ihn am Ende eines Arbeitstages an die Garderobe hängte.

Es gefiel ihr, dass die Kinder, obwohl sie dafür eigentlich schon zu groß waren, noch immer zu ihm auf den Schoß krochen und dort still und ruhig wurden, und es gefiel ihr, dass er die Hände nicht über dem Bauch faltete, wie das Männer ab einem bestimmten Alter üblicherweise tun, und dass er noch nicht ächzte beim Aufstehen und noch keinen Hang zu Besserwisserei und langatmigen Belehrungen erkennen ließ.

Es gefiel ihr, dass seinem Wesen Boshaftigkeit und Grausamkeit fremd waren, und es gefiel ihr noch immer, dass er nachts im Schlaf seine langen Arme um sie legte. Und selbst wenn es vorkommen mochte, dass er gelegentlich im Traum eine andere Frau umarmte – die Macht der Fakten war auf ihrer Seite. In Tat und Wahrheit war sie die Frau in seinen Armen, und keine andere.

Médine,
am Ufer des
Senegal-Flusses

24. Dezember 1940

Mein geliebter Léon,

lebst Du noch? Ich lebe noch. Eben habe ich die Überreste eines außerirdisch zähen Hühnchens, das ich am Mittag gegessen habe, über die Mauer der Terrasse in den Senegal-Fluss geworfen; jetzt balgen sich die Zwergkrokodile darum, und die Nilpferde schauen gelangweilt zu und sperren die Mäuler auf, während ihnen diese komischen kleinen Vögel mit ihren spitzen Schnäbeln die Fasern zerkauter Seerosen zwischen den Zähnen hervorstochern.

Bald wird die Sonne untergehen und der Muezzin zum Abendgebet rufen, dann bricht die Stunde der Stechmücken an; die verbringe ich in unserer Festung im Rauchsalon der Offiziersmesse, die dicke Mauern aus Stein hat und dichte Moskitogitter vor den Fenstern. Die Messe ist in dieser alten, zerfallenden Kolonialstadt das einzige noch einigermaßen bewohnbare Gebäude; alle anderen europäischen Häuser sind Ruinen, in denen junge Bäume wachsen und die Afrikaner ihre Hütten errichten. Im Rauchsalon leisten mir der Festungskommandant, seine zwei Sergeanten und meine beiden Kollegen von der Banque de France Gesellschaft; mit von der Partie ist außerdem Giuliano Galiani, der spuckende Funker von der *Victor Schoelcher*, Du erinnerst Dich; er wurde uns als Verbindungsoffizier zur Seite gestellt (nur dass es hier nichts und niemanden gibt, zu dem man Verbindung aufnehmen könnte).

Bis zum Abendessen sitzen wir in Korbstühlen und rauchen, während draußen in den Mannschaftsräumen an der Festungsmauer die neunzig senegalesischen Tirailleurs, die unsere kostbare Fracht beschützen (über die ich nicht mehr reden darf), wehmütige Lieder von Liebe, Tod und Heimweh singen. Wenn die Glocke zum Essen ruft, ziehen wir um in den Salon, wo sich über dem Esstisch mächtig kreischend ein Ventilator mit rostzerfressenen Rotorblättern dreht, der eines gewiss nicht allzu fernen Tages von der Decke fallen und uns allesamt in der gleichen Hundertstelsekunde mit einem sauberen Rundumschnitt köpfen wird.

Bis es soweit ist, sitzen wir ergeben da und schwitzen, fluchen über die Hitze und phantasieren um die Wette von Wagenladungen eisgekühlten Biers und Champagners, und wenn uns dazu nichts mehr einfällt, rapportiert zuverlässig einer der Herren seine Abenteuer des Tages, deren unausweichliches Generalthema die chronische Unzuverlässigkeit und Arbeitsscheu der Afrikaner ist.

Tatsächlich haben unsere Arbeitsaufseher große Schwierigkeiten, die Leute bei der Stange zu halten; jeder Afrikaner verdrückt sich sofort in den Schatten des nächsten Baobab, wenn die Nilpferdpeitsche außer Sicht ist. Ich persönlich habe dafür Verständnis, denn bei fünfzig Grad Hitze ist das Steinebrechen, Wasserschleppen und Holzfällen, das sie für uns besorgen müssen, wirklich kein Spaß; unsereiner bricht in diesem Klima schon unter dem eigenen Körpergewicht zusammen.

Und wahr ist auch, dass die Malinké, die Wolof und die Toutcouleurs sich ja nie leidenschaftlich darum beworben haben, für uns hier kostenlos malochen zu dürfen, auch haben sie uns meines Wissens nicht hergebeten und nicht willkommen geheißen, haben uns nie die Freundschaft angetragen und uns, als wir dann mal hier waren, auch nie angefleht, doch bitte recht lang zu bleiben. Trotzdem wundern wir uns täglich aufs Neue, dass unsere Arbeitsaufseher die erwünschte Gastfreundschaft immer und immer wieder mit der Nilpferdpeitsche einfordern müssen.

Das ewige Peitschen und Prügeln, das Geschrei und das Blut und die Demütigungen schlagen hier allen sehr aufs Gemüt – vor allem natürlich den Geprügelten, aber auch den Prüglern selbst, mit denen ich Abend für Abend im Rauchsalon sitze. In den ersten Wochen habe ich mich oft gefragt, wie diese Peitschenschwinger es nur zustande bringen, so gar kein Mitgefühl zu haben, so grausam und frei von jeder Menschlichkeit zu sein. Unterdessen habe ich verstanden, dass die Prügler und Peitscher, wenn niemand ihnen Einhalt gebietet, einem Wahn verfallen, der sie antreibt, immer weiter und immer grausamer zu prügeln, weil nur durch die ständig wiederholte Gewalt die Bestätigung der eigenen Überlegenheit über das Opfer und damit auch die Rechtfertigung für das augenfällige Unrecht der Gewalttat zu erlangen ist.

Etwas anderes kommt hinzu, ich habe meine prügelnden Kollegen, mit denen ich ja rund um die Uhr zusammen bin, schon recht gut kennengelernt; ich höre sie schreien in der Nacht, wenn sie sich in ihrem eigenen Schweiß wälzen unter Albträumen, ich höre sie wimmern und nach ihrer Mama rufen, ich höre sie Kommandos brüllen und Granaten werfen, und ich höre sie durch die Laufgräben am Chemin des Dames rennen, in die sie seit einem Vierteljahrhundert Nacht für Nacht zurückkehren auf der Flucht vor

Pickelhauben und Giftgas und auf der Suche nach ihrer verlorenen Menschlichkeit.

Besonders traurig ist, dass nicht nur die Prügler, sondern auch viele Geprügelte am Chemin des Dames waren, und zwar Seite an Seite mit ihren heutigen Quälgeistern. Und noch trauriger ist die Aussicht, dass die Geprügelten eines Tages aufstehen und ihrerseits zur Peitsche greifen werden und dass sich die Prügelei, wenn niemand dazwischengeht, von Generation zu Generation weiter vererben wird bis in alle Ewigkeit.

Insgesamt ergeht es uns hier, würde ich sagen, ganz ähnlich wie den deutschen Besatzern in Paris; die sind ja dem Vernehmen nach auch ein bisschen unglücklich darüber, dass die Franzosen sie als Gäste einfach nicht richtig lieb haben wollen, obwohl sie doch die Panzer vor der Stadt haben stehen lassen und auch sonst recht artig sind. Eine eigenartige Sache ist das, dass der Prügler, wenn er mal für zehn Minuten die Peitsche beiseitelegt, vom Geprügelten immer gleich geliebt werden will.

Ich habe einmal in der Offiziersmesse zwischen Vorspeise und Hauptgang den Gedanken geäußert, dass wir hier am Senegal das gleiche Schicksal erleiden wie die Deutschen, vor denen wir doch geflohen sind – dass wir also quasi die Deutschen Westafrikas sind. Das kam gar nicht gut an. Seither habe ich gelernt, dass es gut ist, auch mal zu schweigen, wenn man sich sein Teil denkt. Noch besser ist es, gar nicht zu erkennen zu geben, dass man überhaupt etwas denkt.

Eigentlich dürfte ich Dir keine Zeile schreiben, hier draußen ist alles noch immer sehr geheim; ich war wohl etwas vorlaut in meinem letzten Brief, als ich für Dich die ganze Warentransportgeschichte breitschlug im Glauben, dass doch eh alles egal sei. Der Kommandant hat mich seither mehrmals streng ins Gebet genommen und mir eingehend auseinandergesetzt, dass es sehr wohl drauf ankommt, was eine kleine Tippmamsell an einem windstillen Abend bei Honigmilch und Butterkeksen so von sich gibt, wenn ihr grad langweilig ist ums Vordermaul, und dass ein bisschen Geplapper in Zeiten wie diesen einen leicht vors Exekutionspeleton führen kann. Seither nehme ich mich zusammen und halte die Klappe, denn das Vaterland ist immerhin das Vaterland; andrerseits sind wir beide, Du und ich, halt auch immer noch da, und es ergeht mir noch immer so, dass ich mich Dir umso näher fühle, je weiter ich von Dir weg bin.

Zu gern wüsste ich, weshalb sich das nicht geändert hat über die Jahre – denn so großartig & einzigartig bist Du ja nun, seien wir ehrlich, auch wieder nicht. Jedenfalls bin ich doch froh über den steten kleinen Seelenschmerz, den Du mir bereitest; erstens ist Schmerz etwas Tröstliches, weil er nur den Lebenden widerfährt, und zweitens weiß ich ganz sicher, dass Du ihn genauso wie ich empfindest.

So vergeht kein Tag und keine Stunde, da ich Dir nicht dieses oder jenes erzählen möchte und mir nicht wünschte, dass Du hier wärst und sehen könntest, was ich sehe, und dass ich hören könnte, was Du zu alldem hier zu sagen hättest. Wenn ich Dir jetzt also wieder einmal gegen jede Vorschrift ein paar Zeilen schreibe, dann deshalb, weil eine derart günstige Gelegenheit vielleicht lange nicht wiederkehrt; mein Arbeitskollege Delaporte, der an Gelbfieber erkrankt ist und eine Reiseerlaubnis nach Dakar erhalten hat, will diesen Brief für mich mitnehmen und dafür sorgen, dass er ungeöffnet in der Rue des Écoles ankommt.

Ein halbes Jahr ist es jetzt schon her, seit ich Dir aus dem Hafen von Lorient geschrieben habe. Die Zeit vergeht rasch, besonders, wenn viel passiert, und mehr noch, wenn nichts passiert ... und jetzt gerade, da ich dies schreibe, fängt dieser Vogel wieder an, der mich zum Wahnsinn treibt. Er ruft Ruuku-dii Ruuku-dii Ruuku-dii, stundenlang, tagelang und nächtelang mit einer Ausdauer, die seine Kräfte eigentlich übersteigen müsste, immer nur Ruuku-dii Ruuku-dii Ruuku-dii, bis ich spätnachts mit zerfetzten Nerven und den Zeigefingern in den Ohren einschlafe, weshalb ich nicht mal sicher zu sagen wüsste, ob das Vieh im Lauf der Nacht irgendwann mal für eine Stunde Ruhe gibt oder nicht. Versteh mich nicht falsch, es handelt sich gewiss um einen ganz harmlosen Vogel, und natürlich hat er genauso wie jeder von uns Anrecht auf sein Plätzchen in der Schöpfung, und objektiv gesehen ist sein Schrei vermutlich nicht mal besonders laut oder durchdringend; und doch treibt er mich dermaßen zur Weißglut, dass ich schon mehr als einmal mit der Pistole (jawohl, ich habe hier eine Pistole) ins Freie gelaufen bin und das Vieh ohne Zögern totgeschossen hätte, wenn ich es nur im Geäst der Akazie, in der es wohl sitzt, hätte ausmachen können.

Der Vogel hat mir nichts getan, wahrscheinlich ist er Vegetarier und macht sein Ruuku-dii Ruuku-dii aus ehrbaren Motiven, aus Gründen der Revierverteidigung vermutlich, vielleicht auch zwecks Weitergabe seiner Erbsubstanz oder einfach aus Spaß. Auf der Suche nach Erklärungen für seine unglaubliche Ausdauer bin ich darauf verfallen, dass es am Atmungssystem der Vögel liegen könnte, das ja irgendwie anders ist als bei uns Säugern; ich musste dazu am Collège hübsche Zeichnungen anfertigen mit blauen und roten Farbstiften, aber ich bringe es nicht mehr zusammen. Bei Vögeln fließt die Luft nur in einer Richtung durch die Lunge, ist es nicht so? Aber wie zum Teufel kommt die Luft dann wieder aus den Viechern raus? Natürlich gibt es hier keine Menschenseele mit einem Hauch von ornithologischer Bildung und keinen Larousse, in dem ich nachschlagen könnte; beides fände sich wohl in Dakar, aber das liegt tausend Kilometer westlich und ist unerreichbar ohne Reisebewilligung, die ich nach menschlichem Ermessen bis zum Ende des Krieges nicht erhalten werde.

Wäre ich zu Hause in Paris und säße der Vogel auf meinem Fenstersims, würde ich ihn wohl kaum beachten. Aber hier in der Einförmigkeit dieser roten, eisenhaltigen Hügel mit ihren immer gleichen Akazien und Baobabs, in der ich mich zu Tode langweile in der Ereignislosigkeit der Tage, der Beschäftigungslosigkeit meiner Stunden, der Stille der Nächte, da im Dunkeln kein Geräusch zu hören ist außer dem fernen Heulen der Hyänen, dem nahen Vorbeischlurfen eines menschlichen Schattens, dem Albtraumwimmern meiner Gefährten und ebendiesem Vogel, der immerzu Ruuku-dii Ruuku-dii Ruuku-dii macht … manchmal langweile ich mich so sehr, dass ich mir eine Katastrophe herbeiwünsche, einen Wirbelsturm, ein Erdbeben oder eine Invasion der Wehrmacht, die das alles hier hinwegfegt.

Übrigens kann ich Dir keine Landschaftsbeschreibung liefern. Gewiss gibt es hier Hügel und Ebenen sowie den Fluss und allerlei Flora und Fauna, und nachts ist der Himmel tiefschwarz und von Sternen übersät. Darüber könnte ich wohl ganz erbauliche naturphilosophische Betrachtungen anstellen, wenn ich eine englische Lady wäre und im Zug vorüberführe. Nun haben es aber die Umstände gewollt, dass ich keine englische Lady bin und nicht vorbeifahre, sondern ausgestiegen und geblieben bin, weshalb ich meine Notdurft hinter Büschen verrichte und mein wöchentliches Bad im Fluss nehme, mich dabei vor Hyänen und Alligatoren in Acht nehmen muss … was ich sagen will, ist dies: Wenn man in der Landschaft mittendrin sitzt, eignet sie sich nicht mehr als Objekt ästhetischer Betrachtung. Dann wird sie eine verdammt ernste Sache.

Es gibt hier mondsüchtige Unteroffiziere, die mich hinters Gebüsch zerren wollen. Ich muss direkte Sonneneinstrahlung meiden und vor dem nächsten Wolkenbruch im Trockenen sein. Ich ärgere mich mit meiner Schreibmaschine herum, bei der seit einiger Zeit die Buchstaben A, V, P und Z hängen bleiben. Ich sollte meine Zähne mit keimfreiem Wasser putzen, und es wäre gut für mein weiteres Fortkommen, wenn ich die Ehefrauen des Malinké-Königs, die alle fünf unerträglich hochmütige Perlhühner sind, auf dem Gemüsemarkt freundlich grüßen könnte … kurz und gut: Ich muss hier, wenn ich überleben will, bei aller Langeweile doch den Kopf bei der Sache haben und kann mir die Poesie von Bäumen, Bergen und Baobabs nicht leisten.

Unser Funker Giuliano Galiani hingegen, der doch gar nichts zu funken hat, scheint sich prächtig zu amüsieren. Er trägt einen alten französischen Tropenhelm, den er sich, wenn er frühmorgens zur Jagd geht, quer auf den Schädel setzt, damit er ihm beim Zielen nicht in die Quere kommt. Mittags kehrt dieser zu groß geratene Napoleon mit dem sonnigen Gemüt, der eher an Bluthochdruck als an Leberkrebs sterben wird, aus dem Busch zurück mit einer Antilope über der Schulter, und nachmittags stolziert er über den Markt und zwinkert den hochbeinigen Peul-Mädchen mit den kleinen festen Brüsten zu, die ihrerseits zart errötend lächeln, als hätten sie seine Bekanntschaft schon zu ganz anderen Tageszeiten an ganz anderen Orten gemacht. Abends sitzt er im Schneidersitz bei den Dörflern am Feuer und unterhält sich prächtig in den verschiedensten Eingeborenensprachen, von denen er jeweils ein paar Brocken beherrscht, und manchmal verschluckt ihn die Nacht, und er taucht erst am nächsten oder übernächsten Tag wieder auf. Ich sollte mir an dem Mann ein Beispiel nehmen.

Gewiss bist Du in Sorge um mich. Das sollst Du nicht, ich komme zurecht. Meine größte Sorge ist meine Verdauung, die zweitgrößte die Langeweile und die dritte die Tatsache, dass ich die einzige weiße Frau im Umkreis von fünfzehn Kilometern bin; das verhilft mir bei den weißen Männern der Umgebung zu einer Popularität, auf die ich gern verzichten würde.

Und Du? Lebst Du überhaupt noch, mein kleiner Léon? Hast Du Hunger, während ich mich über mein zähes Hähnchen beklage? Müssen Deine Kleinen frieren, während mir der Schweiß von der Stirn in die Augen läuft? Lebt Ihr in täglicher Angst und Sorge, während ich mich langweile? Wird geschossen in den Straßen von Paris, fallen Bomben vom Himmel?

Ach, ich möchte alles wissen und weiß doch, dass Du mir nicht antworten kannst; Du brauchst es gar nicht zu versuchen, wir erhalten seit Monaten keine Post mehr, und Telefon und Telegraf sind schon lange tot. Ich bin in furchtbarer Sorge um Dich, die umso furchtbarer ist, als ich ohne Nachricht von Dir bin und es nichts gibt, was ich für Dich tun könnte, falls Du meine Hilfe benötigen solltest.

Zwischen uns liegen viertausendfünfhundert Kilometer, uns trennt ein Ozean und die größte Wüste der Welt, und zwischen uns stehen die Nazis und die Faschisten und die Alliierten sowie, falls das noch nicht genug sein sollte, Marschall Philippe Pétain und General Charles de Gaulle sowie Francisco Franco und Adolf Hitler, und fast alle von denen sind hinter uns her – hinter mir zumindest, oder ich stelle es mir vor.

Ruuku-dii Ruuku-dii Ruuku-dii, macht der Vogel, während die roten Hügel in der Abendsonne glühen. Kein anderer Vogel ist von meinem Zimmer aus zu hören, immer nur dieser eine, Ruuku-dii Ruuku-dii Ruuku-dii, und ich frage mich, ob es wirklich nur einer ist, also ein einzelnes Individuum, oder ob mehrere Exemplare derselben Spezies einander ablösen, um mich mit vereinten Kräften in den Wahnsinn zu treiben.

Für Ersteres spricht der Umstand, dass das Ruuku-dii immer nur einzeln und niemals mehrstimmig erklingt, dagegen die schlichte Wahrscheinlichkeit: Wieso sollte es ausgerechnet von dieser Gattung in kilometerweitem Umkreis nur ein Exemplar geben? Weil er der letzte seiner aussterbenden Art ist? Weil er sich verflogen hat und eigentlich ganz woanders hingehört, nach Finnland oder Saarbrücken vielleicht? Hat er im Überschwang des Balzens alle Artgenossen beiderlei Geschlechts aus seinem Revier vertrieben und ruft sie nun einsam und verzweifelt zurück, unermüdlich in die Steppe hinaus bis ans Ende seiner Tage? Hockt dort oben in der Akazie gar kein exotisches Federvieh, sondern eine ganz gewöhnliche Taube, die nur deshalb Ruuku-dii macht statt Grugruu-grugruu, weil sie von Geburt an einen missgebildeten Kehlkopf hat? Ist die Taube

deshalb so verzweifelt ausdauernd, weil ihr verzerrter Lock-
ruf von den anderen Tauben nicht verstanden wird?

Man wird ganz blöd im Kopf hier draußen. Wir sind abge-
schnitten von der Heimat und von unseren Lieben, wir bekommen keine Post und keine Zeitung, wir erhalten längst
keinen Lohn mehr und haben keine Ahnung, wann die
Ablösung kommt und ob überhaupt noch eine kommen
wird. Es ist nicht die Hitze, nicht der allgegenwärtige Staub
während der Trockenzeit und der Schlamm während des
Rests des Jahres, es sind nicht die Hyänen und nicht die
Schlangen, die mich zermürben, es ist auch nicht die Fremdheit der Menschen, denen wir bei aller Gewöhnung doch
nie nahe sein werden, weil die Nilpferdpeitsche uns voneinander fernhält und fernhalten muss bis zu jenem un-
ausbleiblichen Tag, an dem der schwarze Mann den weißen
Mann nach Hause schicken wird; es ist auch nicht die Einförmigkeit der Steppenlandschaft mit ihren immer gleichen
Akazien und Baobabs, die sich über Hunderte von Kilometern hinzieht und nur selten belebt wird von kleinen
Hügeln, die kaum der Rede wert sind; was mich zermürbt,
ist die Abwesenheit von Beton und elektrischem Licht, von
Buchhandlungen und Bäckereien und Zeitungsverkäufern;
das Fehlen öffentlicher Parkbänke und regnerischer Sonn-
tagnachmittage, die man im Kino verbringt; es fehlen mir
Eclairs au Chocolat und flüchtige Gespräche im Büro, ein
rasches Steak Frites am Mittag und ein schönes Abendessen Chez Graff neben dem Moulin Rouge; es fehlt mir das
Kreischen der Tramway und das Rumpeln der Métro, und
wie gern würde ich wieder mal an einem milden Spätsom-
merabend einen langen Spaziergang durch die Tuilerien
unternehmen am Arm meines jungen Verehrers aus dem

Musée de l'Homme, der eigentlich gar nicht mehr so jung ist, mich aber hoffentlich noch immer für eine Dame hält.

Weil mir all das fehlt, befasse ich mich mit den Phänomenen, die sich mir hier nun mal darbieten. So wundere ich mich jeden Tag aufs Neue darüber, dass gekochte Kartoffeln in der afrikanischen Hitze viel langsamer zu mundgerechter Temperatur abkühlen als in Europa; umgekehrt muss man sich beim Trinken des Morgenkaffees nicht beeilen, denn es dauert Stunden, bis er kühl wird. Lustig finde ich auch, dass die Afrikaner im Dunkel der Nacht praktisch unsichtbar sind, wohingegen wir Weißen beim geringsten Sternenlicht weithin sichtbar leuchten.

Und dann gibt es hier den sehr eigenwilligen Anabaum (Acacia Albida), der mitten in der Regenzeit, während es allseits grünt und wuchert, seine gefiederten Blätter abwirft und mit seinem weißen Stamm wie tot dasteht; in der Trockenzeit hingegen, wenn ringsum alles für viele Monate verdorrt und verkümmert, schlägt er zartgrün wieder aus und blüht und strotzt in sattestem Grün triumphierend als weithin sichtbarer Beweis dafür, dass das Leben auch unter widrigsten Umständen, nach langen Durststrecken und endlos scheinenden Zeiten von Tod und Vernichtung weitergeht – ich hoffe, das ist Dir jetzt nicht zu viel an Metapher und Allegorie. Mir ist es zu viel.

Bevor ich nun vom langen, ruhig dahinziehenden Strom des Senegal anfange oder von seinen fruchtbaren Gestaden, an denen Gärten wuchern, Orchideen blühen und Paradiesvögel brüten, welche die Flamme des Lebens weitertragen, lasse ich es gut sein und komme zu einem Ende. Nur dieses eine lyrische Aperçu noch: die Afrikaner stecken sich, wenn sie Fieber haben – das ist mir vielfach bestätigt worden –, zwecks Heilung eine Pfefferschote in den Anus.

Ich küsse Dich zärtlich, mein lieber Léon, und glaube gewiss, dass wir eines Tages wieder vereint sein werden.

Deine Louise

P.S.: Die beiliegende Fotografie habe ich an der Gare de Lyon wenige Minuten vor der Abreise auf Anweisung meiner Vorgesetzten in einem Fotomatonkasten gemacht; wir sollten zwanzig Passbilder auf Vorrat mitnehmen für Visa und Passverlängerungen und Ähnliches. Beachte bitte die weiße Strähne an meiner rechten Schläfe, die finde ich sehr apart. Ich wünsche mir sehr ein Bild von Dir. Schicke mir bitte eines nach Médine, Französisch-Westafrika; vielleicht kommt es ja durch ein Wunder der Post trotz allem an. Ach, und leg doch ein paar Packungen Turmac-Zigaretten bei, wenn Du kannst.

16. KAPITEL

Eines Tages im Frühjahr 1941 war Madame Rossetos plötzlich wieder da. Ein erstes Anzeichen dafür bemerkte Léon beim Heimkommen von der Arbeit schon draußen auf dem Trottoir, als ihm von Weitem der Messingknauf an der Eingangstür, der übers Jahr matt und trüb geworden war, wieder golden entgegenglänzte wie zu Friedenszeiten. Der Marmorboden in der Eingangshalle war blitzblank, an der Glastür der Portiersloge, die ein Jahr lang schwarz und blind gewesen war, hing wieder ein geblümter Vorhang, der von innen erleuchtet war, und man konnte das Klappern von Geschirr hören; zudem roch es wieder nach gedünsteten Zwiebeln, oder bildete er sich das ein?

Léon blieb stehen und lauschte, dann wollte er vorbeigehen und tat ein paar Schritte zur Treppe hin. Als aber sein Schatten auf die Glastür fiel, setzte das Geschirrklappern aus, und hinter der Glastür breitete sich jene unnatürliche Stille aus, zu der ein Mensch nur fähig ist, wenn er entweder schläft oder tot ist oder angestrengt lauscht. Léon musste lächeln beim Gedanken, dass hier zwei erwachsene Menschen einander mit angehaltenem Atem belauschten und der eine den Schatten des andern auf der Glasscheibe sehen konnte. Um der lächerlichen Situation ein Ende zu machen, ging er zur Tür und klopfte an. Stille. Er klopfte nochmal und rief Madame Rossetos' Namen; als auch dann noch kein Geräusch aus der Loge drang, war er sicher, dass tatsächlich sie es sein musste, die in ihre Höhle zurückgekehrt war.

Was mochte ihr seither widerfahren sein? Welches Maß an Unglück und Schrecken, wie viel Grauen und Elend musste sie erduldet haben, bis sie es über sich brachte, demütig in die Rue des Écoles zurückzukehren und sich der Gnade der Hausbewohner auszuliefern, die sie vor knapp einem Jahr hohnlachend verlassen hatte?

Léon zog in Erwägung, die Frau durch die geschlossene Tür freundschaftlich willkommen zu heißen, machte sich dann aber klar, dass sie das nur als Spott verstehen konnte, und ging mit absichtlich lauten Schritten zur Treppe. Er würde Madame Rossetos' Unsichtbarkeit respektieren, solange sie diese benötigte; und am Tag, an dem sie aus ihrem Loch hervorkroch, würde er sie beiläufig grüßen und tun, als sei nie etwas vorgefallen und sie niemals weggegangen.

Am 8. Juni 1941 kam der kleine Philippe zur Welt. Als morgens um drei die Wehen einsetzten, holte Léon ein Fahrrad-Taxi, begleitete Yvonne zur Maternité am Boulevard du Port-Royal und fuhr im selben Taxi wieder nach Hause, um den Schlaf der Kinder zu bewachen und sie rechtzeitig zur Schule zu schicken. Er verbrachte den Rest der Nacht in seinem Sessel am offenen Wohnzimmerfenster; anfangs versuchte er zu lesen, dann löschte er das Licht und schaute abwechselnd hinauf in den sternenübersäten Nachthimmel und hinunter in die menschenleere Straße.

Einmal hörte er aus dem Kinderzimmer ein leises Wimmern, wahrscheinlich von der kleinen Muriel, die unter Albträumen litt, seit sie in den Kohlekeller gesperrt worden war. Als Léon die Tür öffnete, schnarchte sie schon wieder ihr helles, rasches Kinderschnarchen. Er wartete, bis seine Augen sich an die Dunkelheit gewöhnt hatten, dann betrachtete er reihum die Umrisse seiner Kinder unter ihren dünnen Sommerdecken.

Der achtjährige Robert und der elfjährige Yves lagen in ihrem gemeinsamen Bett beim Fenster so weit als möglich auseinander und ließen beidseits Beine und Arme über die Bettkanten baumeln. Die kleine Muriel schlief in der Mitte ihres Bettchens auf dem Rücken mit weit von sich gestreckten Gliedmaßen in jener wehrlos-königlichen Haltung, die Kleinkindern und Betrunkenen eigen ist. Der sechzehnjährige Michel schlief nicht mehr im Kinderzimmer, sondern oben unter dem Dach. Er war an einem der ersten warmen Frühlingstage ins leerstehende Mansardenzimmer umgezogen, und zur Bekräftigung seiner Selbstständigkeit hatte er von seinem Taschengeld auf dem Flohmarkt einen gebrauchten Reisewecker gekauft. Yvonne hatte in der ersten Nacht, die der Erstgeborene für sich allein verbrachte, vor Trennungsschmerz geweint, und Léon hatte sich über die Tatsache gefreut, dass Michel den Wecker nicht neu, sondern auf dem Flohmarkt gekauft hatte.

Übrigens hatten auch die Kleinen die Angewohnheit, alten Krempel nach Hause zu schleppen, den sie auf Müllhaufen und in Hinterhöfen fanden – rostige Hufeisen, exotisch bedruckte Jutesäcke, sonderbare Holz- oder Blechstücke, die mal ein Bestandteil von irgendetwas gewesen sein mochten. Léon bewunderte diese Schätze und stellte mit den Kindern Vermutungen an über ihren ursprünglichen Verwendungszweck, ihre Geschichte und ihre Vorbesitzer. Währenddessen stand Yvonne, die weniger empfänglich war für den Zauber nutzloser Dinge, mit Putzlappen und Javelwasser bereit und wartete auf eine Gelegenheit, die guten Stücke, wenn sie denn schon in der Wohnung bleiben mussten, wenigstens von Mikroben und anderen Krankheitserregern zu befreien.

Léon freute sich, dass seine Kinder richtige Le Galls waren. Gewiss hatte jedes sein eigenes, unverwechselbares Wesen, das ihm von der Stunde der Geburt an mitgegeben war; Robert war hellblond und Yves rotblond und Muriel schon fast ein bisschen brünett, der eine hatte das friedfertige Phlegma des Vaters geerbt, der andere den zum Hysterischen sich neigenden Scharfsinn der Mutter, die Dritte ein Talent zur Diplomatie, das in der Familie bisher unbekannt gewesen war. Aber flache Hinterköpfe hatten sie alle, und freundliche Rebellen waren sie auch, und die Neigung zu fröhlicher Schwermut zeigte sich schon bei den Kleinsten.

Während Léon seine schlafenden Kinder betrachtete, rekapitulierte er in Gedanken seine ganz persönliche Beweisführung für die Unsterblichkeit der menschlichen Seele, die er sich unter Einsatz von empirischer Beobachtung, physikalischer Basistheorie sowie Wahrscheinlichkeitsrechnung zusammengeschustert hatte. Grundlage seiner These war die augenfällige Tatsache, dass Menschen keine seelenlosen Automaten waren – zumindest seine Kinder nicht, dafür legte er die Hand ins Feuer –, sondern ganz offensichtlich von Geburt an eine Seele hatten.

Daraus folgerte Léon mittels Massenerhaltungssatz, dass diese Seele sich nicht selbst aus dem Nichts geschöpft haben konnte. Das wiederum bedeutete, dass sie entweder schon vor der Geburt – und dann ja wohl auch vor der Zeugung – als Einheit existiert haben musste oder dass sie sich im Verlauf der Menschwerdung aus zuvor unbelebten Teilchen oder Energien gebildet hatte.

Von diesen zwei Möglichkeiten ermittelte er im Ausschlussverfahren, dass nur die erste plausibel war; denn die zweite Möglichkeit – dass bei den Millionen von Menschen, die täglich zur Welt kommen, die Seele sich jedes Mal spontan neu bildete aus zuvor unbelebten Teilchen oder Energien – war nach den Gesetzen der Wahrscheinlichkeit genauso inakzeptabel, wie wenn sich das Wunder der Entstehung des Lebens aus totem Schlamm nicht nur ein einziges Mal am Anfang aller Zeiten vor vielen Millionen Jahren zugetragen hätte, sondern sich tagtäglich in jeder Regenpfütze und jedem Rinnsal überall auf der Welt millionenfach ständig wiederholen würde.

Als der Morgen dämmerte, schreckte Léon aus seinem Sessel hoch. Er lief zur Bäckerei und holte Brot, dann setzte er Kaffeewasser auf. Kurz vor sieben Uhr weckte er die Kleinen und legte ihnen frische Kleider bereit. Dann lief er drei Etagen hinauf in den Dachstock, um Michel zu wecken, der das Klingeln seines Weckers nie hörte. Wieder in die Küche zurückgekehrt, goss er das Kaffeewasser durch den Filter, setzte Milch auf und strich Butterbrote.

Da quietschte draußen in der morgendlichen Stille eine Fahrradbremse. Halblaute Stimmen waren zu hören, dann Frauenabsätze auf dem Trottoir. Léon trat ans offene Wohnzimmerfenster und schaute hinunter. Vor der Tür stand ein Fahrrad-Taxi, daneben Yvonne. Seit er sie in der Maternité der Obhut einer Krankenschwester übergeben hatte, waren keine vier Stunden vergangen. Er rannte die Treppe hinunter und stürzte ihr in der Eingangshalle entgegen, nahm ihr die Tasche ab und schob bei dem Bündel, das sie auf dem Arm trug, eine Stofffalte beiseite, um das Gesichtchen sehen zu können.

»Ist alles dran?«

»Alles dran. Zwei Kilo achthundert, flacher Hinterkopf.«

»Was ist es?«

»Ein kleiner Philippe.«

»Philippe – wie der Marschall?«

»Aber nein. Nur so.«

»Und du, alles in Ordnung?«

»Aber ja. Es ging ganz leicht.«

»Trotzdem hättest du dich in der Maternité ausruhen sollen. Drei oder vier Tage.«

»Wozu denn.«

»Wir wären schon zurechtgekommen.«

»Ich werde euch schon nicht gleich wegsterben.«

»Was würde ich anfangen ohne dich.«

»Und ich ohne dich.«

»Yvonne?«

»Ja?«

»Ich liebe dich.«

»Ich weiß. Ich dich auch, Léon.«

»Lass uns hinaufgehen, die Milch läuft gleich über.«

Das kam ganz unvorbereitet und überraschend für sie beide, sie hatten diese Worte seit vielen Jahren nicht mehr ausgesprochen; vielleicht war gerade das der Grund dafür, dass sie an jenem Morgen noch frisch und unverbraucht klangen und dass nichts Falsches, nichts Gewolltes oder Verkrampftes in ihnen lag. Er legte ihr den Arm um die Taille, und sie trug ihre friedlich schlafende Geduldsprobe, die nun für ein paar Jahre und Jahrzehnte bei ihnen zu Besuch sein würde, die Treppe hoch.

Tags darauf ging er wieder ins Labor, wo er seit bald einem Jahr mit Kopistenarbeit beschäftigt war und schön aufpasste, darüber nicht verrückt zu werden. Jeden Morgen um halb neun lag auf seinem Schreibtisch ein Stapel von hundert gewellten, zerfledderten und zerflossenen Karteikarten, deren Inhalt er zu entziffern und auf blütenweiße neue Karten zu übertragen hatte. Irgendwann nach Feierabend dann, wenn am Quai des Orfèvres die meisten Büros und Labors verwaist waren, machte Hauptsturmführer Knochens Ordonnanz die Runde und sammelte die Kopien und die Originale ein.

Gelegentlich kam es vor, dass Léon nur siebzig oder achtzig Kopien schaffte, weil er zwischendurch eine Mandeltorte auf Arsen zu prüfen hatte oder eine Flasche Campari auf Rattengift; dann ließ er abends die zwanzig oder dreißig unerledigten Karten auf dem Schreibtisch liegen, und die Ordonnanz legte über Nacht siebzig oder achtzig hinzu, damit er am nächsten Morgen wieder hundert Stück vorfand.

Aus Rücksicht auf seine Kinder achtete Léon nun darauf, beim Abschreiben nicht mehr zu viele Fehler zu machen. Eine Weile hatte er den Versuch eines informellen, nicht nachweisbaren Bummelstreiks unternommen, indem er über jeder einzelnen Karte möglichst lange brütete, dann den Text mit Bleistift entwarf und schließlich mit Tinte und umständlicher Schülerschönschrift die gültige Fassung zu Papier brachte. Zwar gelang es ihm so, seine Leistung auf zwanzig Karten pro Tag zu senken; aber von der Schülerschrift bekam er Krämpfe, und von der Bummelei wurde ihm fad; nach wenigen Tagen angestrengten Nichtstuns ließ er seinem Naturell wieder freien Lauf und kehrte zur gewohnten speditiven Arbeitsweise zurück.

Den arabischen Mokka jedoch, den Hauptsturmführer Knochen ihm Woche für Woche mit bösartiger Zuverlässigkeit zukommen ließ, trank er nicht; er stellte die schwarzweißrot bedruckten Viertelkilopackungen ungeöffnet in den Schrank, in dem er die italienische Mokkakanne verstaut hatte. Auch die neue Tischlampe hatte er aufs Fensterbrett neben seinem Schreibtisch verbannt und schließlich, nachdem der Hauptsturmführer sich monatelang nicht hatte blicken lassen, weggeräumt und gegen eine alte Funzel ausgetauscht, die er auf dem Dachboden gefunden hatte.

Eines sonnigen Morgens nach einem nächtlichen Regenschauer im Spätsommer aber war alles wieder anders. Léon hatte auf dem Weg zur Arbeit Kastanien übers glitzernde Kopfsteinpflaster gekickt und zu den Dienstmädchen hochgeschaut, die in den offenen Fenstern mit ihren Staubwedeln hantierten; auf dem Pont Saint-Michel hatte er die letzte Kastanie aufgehoben und mit Schwung in die Seine geworfen, und als er in den Quai des Orfèvres einbog, war er aus reinem Vergnügen ein paar Schritte gerannt.

Als er ins Labor kam, stand auf seinem Schreibtisch wieder die neue Siemens-Lampe, die alte Funzel war verschwunden. Léon suchte in allen Ecken, trat hinaus auf den Flur und spähte nach links und nach rechts, rieb sich den Nacken und legte die Stirn in Falten. Dann kehrte er zurück zu seinem Schreibtisch, nahm die oberste Karte vom Stapel und begann sein Tagwerk.

Es dauerte bis zum späten Nachmittag, bis seine Befürchtung sich bewahrheitete. Als er von einem Gang zur Toilette zurückkehrte, saß auf seinem Sessel Hauptsturmführer Knochen. Er stützte die Ellbogen auf den Schreibtisch und rieb sich mit beiden Händen das Gesicht, und er schien müde zu sein und der ganzen Mühsal überdrüssig.

»Was stehen Sie da draußen rum? Kommen Sie rein, Le Gall, und machen Sie die Tür zu.«

»Guten Tag, Herr Hauptsturmführer. Lange nicht mehr gesehen.«

»Lassen wir die Komödie, ich habe keine Lust mehr auf Spielchen. Wir sind erwachsene Männer.«

»Wie Sie wünschen, Hauptsturmführer.«

»Standartenführer, ich bin befördert worden.«

»Gratuliere.«

»Ich bin hier, um Sie zu warnen, Le Gall. Sie gefallen sich wieder als Saboteur, das kann ich nicht durchlassen. Sehen Sie sich vor, ich warne Sie.«

»Herr Standartenführer, ich gebe mein Bestes …«

»Lassen Sie das Gequatsche. Natürlich sind Sie zu feige für richtige Sabotage, Sie spielen nur so ein bisschen Résistance, dass es keinem wehtut. Sie wollen, dass Ihr Gewissen stillhält, und deshalb machen Sie absichtlich Fehler wie ein Schulbub. Ich an Ihrer Stelle würde mich schämen.«

»Herr Standartenführer, erlauben Sie auch mir ein offenes Wort?«

»Bitte.«

»Ich an Ihrer Stelle würde mich auch schämen.«

»Ach ja?«

»Sie kommen her und spielen den starken Mann im Wissen, dass Sie sämtliche Panzer und Granaten hinter sich haben.«

»Immerhin *habe* ich sämtliche Panzer und Granaten hinter mir.«

»Wenn Sie an meiner Stelle wären und ich an Ihrer …«

»Wer kann das wissen, Le Gall. Tatsache ist, dass letzten Herbst, als sie noch ordentlich Schiss um Ihr Töchterchen hatten, Ihre Fehlerquote bei acht Prozent lag. Jetzt sind ein paar Monate vergangen, das Mädchen pinkelt wahrscheinlich nur noch jede zweite Nacht ins Bett, und schon werden Sie wieder übermütig und leisten sich vierzehn Prozent.«

»Mir war nicht bewusst …«

»Schnauze, wir wollen nicht quatschen. Noch sind Sie nicht wieder bei dreiundsiebzig Prozent angelangt, aber es geht aufwärts. Wo wir schon dabei sind: Was stört Sie an dieser Tischlampe, was hat sie Ihnen angetan?«

»Die Lampe ist nur eine Lampe.«

»Stört es Sie, dass sie von Siemens ist?«

»Ich habe empfindliche Augen, das grelle Licht blendet mich. Die alte Lampe …«

»Schnauze. Die Lampe bleibt, wo sie ist. Nehmen Sie das als letzte Warnung.« Knochen seufzte und schwang seine Stiefel auf den Schreibtisch.

»Herr Standartenführer, erlauben Sie mir eine Frage.«

»Was.«

»Wieso ich?«

»Was wieso Sie.«

»Ich bin der Einzige im Haus, der von Ihnen mit Kaffee und einer neuen Lampe traktiert wird.«

»Sie haben sich umgehört?«

»Wieso ich, Herr Standartenführer?«

»Weil Sie der Einzige sind, der Fisimatenten macht.«

»Am ganzen Quai des Orfèvres?«

»Sie sind der einzige unter fünfhundert Beamten, der hier den Helden spielt. Und jetzt machen Sie mir einen Kaffee, ich bin müde. Schön stark, wenn ich bitten darf.«

»Sie wünschen ...«

»Jetzt gleich.«

»Filterkaffee oder Mokka?«

»Mokka. Mit Ihrer Kriegsbrühe bleiben Sie mir vom Leib. Und nehmen Sie die Mokkamaschine, nicht Ihr komisches Filterzeug.«

»Es ist nur ...«

»Was?«

»Der Mokka, den Sie mir zukommen lassen, ist nicht gemahlen.«

»Und?«

»Hier gibt es keine Mühle.«

»Dann nehmen Sie den Mörser, Mann! Sowas werden Sie doch wohl haben, das ist ja schließlich ein Labor hier. Und lassen Sie Ihre weibischen Ränkespielchen mal endlich bleiben.«

Der Standartenführer beobachtete, wie Léon den Schrank öffnete. Auf dem obersten Regal standen ordentlich aufgereiht zwei oder drei Dutzend runde, schwarzweißrot bedruckte Kaffeedosen. Der Standartenführer seufzte und schüttelte den Kopf, dann verschränkte er die Hände im Nacken und schaute über seine Stiefel hinweg aus dem Fenster.

Léon zerrieb eine Handvoll Kaffeebohnen im Mörser, füllte Wasser in den Kessel und das Kaffeepulver in den Trichtereinsatz, schraubte das Oberteil auf den Kessel und stellte die Kanne auf den Brenner, öffnete den Gashahn und riss ein Streichholz an, worauf das Gas sich mit einem leisen Knall entzündete. Während das Wasser sich erhitzte, legte er Untertassen, Tassen und Kaffeelöffel bereit und stellte die Zuckerdose auf den Schreibtisch. Und als das alles erledigt war und es nichts mehr zu tun gab, ging er ans zweite, vom Schreibtisch entferntere Fenster und schaute hinunter auf die Seine, die gleichmütig an der Île de la Cité vorüberzog wie vor hundert oder hunderttausend Jahren. Gelegentlich fühlte er Knochens Blick auf sich ruhen, und manchmal beobachtete er selbst den Standartenführer aus den Augenwinkeln. Es dauerte endlos lange, bis der Kaffee durchs Steigrohr blubberte.

Während Léon einschenkte, nahm Knochen die Stiefel vom Schreibtisch, legte sein Kinn in die rechte Hand und musterte Léon. Dann sagte er: »Le Gall, es täte mir leid um Sie. Es sind immer die Besten, die ungehorsam sind, das zeigt schon ein flüchtiger Blick in die Geschichte. Es ist der Ungehorsam, der die Besonderen vor den Gewöhnlichen auszeichnet, glauben Sie nicht auch? Aber leider leben wir beide nicht in der Historie, sondern hier und jetzt, und in der Gegenwart erscheint, was historisch womöglich bedeutsam sein wird, meist leider ziemlich banal. Wir sind nicht hier, um Geschichte zu machen, sondern um diese verdammten Karten zu kopieren. Und deshalb werden Sie mir jetzt gehorchen und keine Schreibfehler mehr machen, und die verdammte Lampe bleibt hier auf Ihrem Schreibtisch stehen, und zwar genau an dieser Stelle und nirgendwo anders, und Sie werden sie nicht mal um zehn Zentimeter verrücken, ohne mich vorgängig um Erlaubnis gebeten zu haben. Haben Sie mich verstanden?«

»Ja.«

»Die Lampe ist von Siemens, Le Gall, gewöhnen Sie sich dran. Sie bleibt genau hier an diesem Ort, und Sie benützen sie auch. Sie schalten sie täglich ein, wenn Sie zur Arbeit kommen, und Sie schalten sie aus, wenn Sie nach Hause gehen. Verstanden?«

»Ja.«

»Gut. Und jetzt setzen Sie sich her und trinken Sie einen Mokka mit mir.«

»Wenn Sie es wünschen.«

»Jawohl, ich wünsche es. Und ich wünsche, dass Sie von nun an täglich Mokka trinken. Was haben Sie nur gegen Mokka? Schmeckt er Ihnen nicht?«

»Er ist gewiss ausgezeichnet.«

»Sie werden in nächster Zeit verflucht noch mal sehr viel Mokka trinken, Le Gall, Sie haben einiges nachzuholen. Übrigens lohnt sich der Aufstand nicht mehr, wir sind mit dem Abschreiben bald durch.«

Die zwei Männer tranken schweigend ihren Mokka, dann stand Knochen auf, nickte zum Abschied knapp und ging. Léon trug die Tassen zur Spüle, dann besann er sich und warf jene des Standartenführers in den Müll.

Drei Tage lang dachte Léon darüber nach, wie er sich den Mokka vom Hals schaffen sollte, ohne ihn trinken zu müssen. Die italienische Mokkakanne und seine Tasse ließ er ungewaschen neben dem Bunsenbrenner stehen, um jederzeit vorgeben zu können, dass er seinen täglichen Mokka schon getrunken habe; in Tat und Wahrheit aber trank er weiter seine hölzern schmeckende Kriegsbrühe.

Als am folgenden Montag wiederum die wöchentliche Viertelkilopackung Mokka auf seinem Tisch lag, steckte er sie in seine Mappe und trug sie abends nach Hause.

»Was ist das?«, fragte Yvonne.

»Deutscher Mokka, ich habe dir davon erzählt.«

»Schaff das Zeug aus dem Haus.«

»Willst du nicht …«

»Schaff's weg, sage ich. Ich will es hier nicht haben.«

»Was soll ich deiner Meinung nach damit anfangen?«

»Geh in die Rue du Jour, hinter den Hallen. Dort gibt es eine Auberge du Beau Noir, da fragst du nach Monsieur Renaud. Der bringt dich zu einem Hutmacher in der Avenue Voltaire, und der wird dir einen guten Preis geben.«

»Was mache ich mit dem Geld?«

»Das brauchen wir nicht.«

»Ich nehme es mit ins Labor.«

»Stell etwas Gescheites damit an.«

»Mir wird schon was einfallen.«

»Sag mir nichts davon. Sprich mit niemandem darüber. Es ist besser, wenn keiner Bescheid weiß.«

Léon erhielt für das Viertelkilogramm Kaffee ein Bündel Banknoten, das fast der Hälfte seines monatlichen Salärs entsprach. Und da er in der Folge jeden Montag an die Avenue Voltaire fuhr und zuweilen, um den Überbestand in seinem Schrank abzubauen, gleich zwei Dosen mitnahm, füllte sich die abschließbare Schublade in seinem Schreibtisch rasch mit sehr viel Geld.

Léon zählte das Geld nicht. Er spielte nie damit und bündelte es nicht, er führte nicht Buch und vergewisserte sich nie, ob alles noch da sei – er schaute das Geld nicht einmal an. Nur einmal pro Woche öffnete er die Schublade, wenn er von der Avenue Voltaire zurückkehrte. Er warf die neuen Scheine hinein, dann schloss er sie wieder ab und legte den Schlüssel offen in die Bakelitschale mit den Bleistiften und dem Radiergummi, wo ihn, gerade weil er weithin sichtbar war, garantiert niemand finden würde.

Lange Zeit war Léon nicht klar, was er mit dem Reichtum anstellen sollte, den ihm Standartenführer Knochen sozusagen mit vorgehaltener Pistole aufdrängte. Mit Sicherheit wusste er nur, dass er sich die Demütigung ersparen wollte, persönlichen Vorteil daraus zu ziehen. Klar war ihm auch, dass er nach Mitteln und Wegen suchen musste, das Geld unter die Leute zu bringen, und dass es im zweiten Kriegsjahr am ganzen Quai des Orfèvres keinen einzigen Beamten mehr gab, der einen kleinen Zustupf nicht gut würde gebrauchen können zum Kauf von Rindfleisch, Kinderschuhen oder einer Flasche Rotwein auf dem Schwarzmarkt.

Die Frage war, durch welche Kanäle er das Geld in Umlauf bringen sollte. Wenn er offen durch die Büros lief und es den Kollegen persönlich in die Hand drückte, würde Knochen davon Wind bekommen und ihn verhaften lassen wegen Diebstahl, Hehlerei, dienstlichem Ungehorsam und versuchter Sabotage. Und wenn er die Scheine heimlich in Umlauf brachte, indem er sie in den Manteltaschen, Korrespondenzfächern und Schreibtischschubladen der Kollegen deponierte, würden die pflichtbewussten Beamten unter ihnen das Geld zu ihren Vorgesetzten tragen und eine Untersuchung gegen Unbekannt wegen versuchter aktiver Bestechung fordern.

Also verwarf Léon eine breite Streuung und fasste punktuelle Maßnahmen ins Auge. Im Untersuchungsrichteramt gab es einen Schreibgehilfen namens Heintzer, dessen elsässisches Anwaltspatent nach 1918 nichts mehr wert gewesen war. Er wohnte in einer feuchten Dreizimmerwohnung hinter der Bastille mit seinen sechs Kindern, seiner tuberkulösen Ehefrau und seiner trunksüchtigen Schwester, die Irmgard hieß, kein Wort Französisch sprach und vor Jahren unangemeldet bei ihm aufgetaucht war; darüber hinaus hatte er seinem alten Vater Geld zu schicken, der noch immer mit fünf Schafen und drei Hühnern in jenem windschiefen Höfchen zwischen Osenbach und Wasserbourg hauste, das die Familie zwei Jahrhunderte lang bewirtschaftet hatte.

Heintzer ging gebeugt, seine Haare hingen ihm wie Federn über die Ohren, und sein Atem roch faulig auf mehrere Schritte Entfernung. Es kam hinzu, dass ihn am Quai des Orfèvres alle nur den »Boche« nannten, weil er groß und blond war und seinen elsässischen Akzent nie ganz hatte ablegen können, und dass er einen bösartigen Vorgesetzten namens Lamouche hatte, der ihn gern vor versammelter Belegschaft am grauen Hemdkragen zupfte und kopfschüttelnd mit dem Bleistift seine fadenscheinigen Jackenärmel durchbohrte. Weil der Boche dies alles mit Würde trug und auch sein Magengeschwür, seine kariösen Zähne und seinen Bandscheibenvorfall klaglos hinnahm, folgten ihm die Zartbesaiteten unter den Sekretärinnen mit aufmunternden Blicken; aber näherkommen wollten sie ihm, der Unglück, Armut und Krankheit magnetisch anzuziehen schien, denn doch nicht.

Diesem Unglücksraben also folgte Léon eines diesigen Herbstabends auf dem Heimweg, um dessen private Anschrift in Erfahrung zu bringen. Am nächsten Morgen ging er eine halbe Stunde früher als gewohnt zur Arbeit, nahm die Schreibmaschine hervor und spannte einen Bogen ein. Als Erstes tippte er einen pompösen Briefkopf, in dem in vielfacher Wiederholung die Begriffe »Ministère«, »République« und »Sécurité« sowie »Président«, »Nationale« und »de France« vorkamen. Dann schrieb er »Einmalige Nachzahlung von nichtgeleisteten Kinderzulagen Februar 1932 bis Oktober 1941«, setzte einen astronomisch hohen Betrag ein und legte die entsprechende Anzahl Banknoten dazu. Er versah das Dokument mit einer barocken, unleserlichen Signatur und schrieb auf den Umschlag eine inexistente Absenderadresse, um sicherzustellen, dass das unausbleibliche Dankesschreiben des Boche bei keiner real existierenden Behörde ankommen und Stirnrunzeln auslösen würde.

Nachdem er eigens ins 16. Arrondissement hinausgefahren war, um den Brief einzuwerfen, ließ er ein paar Tage verstreichen und untersagte sich unmotivierte Ausflüge ins Sekretariat des Untersuchungsrichteramts; als aber nach einer Woche am Quai des Orfèvres noch immer keine Gerüchte über verdächtige Geldgeschenke kursierten, ging er hinunter in die zweite Etage, um nachzusehen, wie es dem Boche nun ging. Er setzte sich im Flur auf die Wartebank und blätterte zur Tarnung in einer Aktenmappe, und als der Boche tatsächlich auftauchte, ging Léon an ihm vorbei und grüßte ihn beiläufig, und der Boche grüßte ebenso beiläufig zurück.

Beruhigt nahm Léon zur Kenntnis, dass Heintzer offensichtlich keinen Verdacht geschöpft, sich sein Befinden aber stark verbessert hatte. Seine Augenringe waren nur noch hellblau und nicht mehr dunkelgrün, er trug einen neuen Anzug und neue Schuhe, und sein Atem stank nicht mehr, und er ging nicht mehr gramgebeugt, sondern aufrecht wie ein junger Mann; als Léon nach ein paar Tagen wiederkam, hörte er ihn schon von Weitem herzhaft lachen mit einem Gebiss voller Zähne, die vielleicht nicht mehr alle ganz echt, dafür aber strahlend weiß waren. Und als er einen Monat später ein letztes Mal vorbeiging, stand der Boche mit einer blonden, Zigaretten rauchenden jungen Frau im Flur und hielt, während sie ihm Feuer gab, ihre Hand.

Vom Erfolg ermutigt, nahm Léon aufs Neue seine Schreibmaschine hervor. Der Telefonistin von der Sitte mit dem tapfer-traurigen Blick schickte er eine Steuerrückvergütung, einem Kollegen vom Fotolabor die Nachzahlung einer Fahrtkostenpauschale für die letzten fünf Jahre; Madame Rossetos erhielt rückwirkend Witwen-Ergänzungsleistungen und zusätzlich Ausbildungsgutschriften für ihre zwei Halbwaisen, und seiner Tante Simone in Caen ließ er eine nachträgliche Entschädigung für die Einquartierung von Kriegsvertriebenen 1914–1918 zukommen. Der Kellner vom Bistrot um die Ecke erhielt übers Außenministerium einen Zustupf von einem bisher unbekannten Onkel aus Amerika, und die Kioskfrau an der Place Saint-Michel bekam eine Rückvergütung für irrtümlich eingetriebene Standgebühren.

Dieses Verfahren der Geldverteilung bereitete Léon Vergnügen, aber es war zeitaufwendig; zudem gingen ihm allmählich die Adressaten aus. Mit der Zeit empfand er auch die Willkür seiner Auswahl als ungerecht. Weshalb sollten nur seine Günstlinge vom Mokka-Geld des Standartenführers profitieren, alle anderen hingegen nicht? Weil Léon aber keine Möglichkeit einer gerechten, nicht willkürlichen Auswahl sah, beschloss er, die Willkür aufzuheben, indem er sie seinem Willen enthob, auf die Spitze trieb und gänzlich dem Zufall unterwarf.

Nach Feierabend nahm er die Métro zur Gare du Nord, bog in die Rue de Maubeuge ein und warf an jedem frei zugänglichen Briefkasten ohne Ansehen der Anschrift eine Banknote ein – mal einen Zehner oder Fünfziger, meistens aber Hundertfrancscheine. An der Rue La Fayette angekommen, ging er weiter in südlicher Richtung durch die Rue Montmartre, wechselte nach Lust und Laune die Straßenseite, wie es ihm grad einfiel, und bedachte jeden Briefkasten mit einem Schein. In den Hallen angekommen, kaufte er mit dem Rest des Geldes ein Hähnchen für sich und seine Familie und fuhr damit nach Hause.

17. KAPITEL

Dann kam der Tag, an dem morgens bei Arbeitsbeginn keine Karteikarten mehr auf Léons Schreibtisch lagen – keine alten, wasserbeschädigten und auch keine neuen, unbeschriebenen. Léon sah sich im ganzen Labor um, dann setzte er sich hin und wartete. Als nichts geschah, setzte er Kaffeewasser auf, ging hinaus auf den Flur und hielt Ausschau. Als das Wasser kochte, brühte er seinen Kaffee auf und schenkte eine Tasse ein, setzte sich wiederum hin und wartete.

Nach dem Kaffee kehrte er zurück auf den Flur. Schräg gegenüber stand eine Tür offen. Ein Kollege saß weit nach hinten gelehnt in seinem Stuhl, die Hände hatte er im Nacken verschränkt. Léon schaute ihn fragend an. Der Kollege verzog den Mund zu einem waagrechten, unlustigen Grinsen und sagte: »Es ist vorbei, Le Gall. Aus und vorbei.«

Léon nickte, drehte sich auf dem Absatz um und kehrte zurück ins Labor. Zu seiner eigenen Überraschung empfand er keine Erleichterung, sondern Scham. Er schämte sich für sich selbst und für die gesamte *Police Judiciaire*, die nun keine Gelegenheit mehr haben würde, die schändliche Strafarbeit, die ihr aufgezwungen worden war, niederzulegen.

Äußerlich kehrte eine Art Normalität in Léons Alltag zurück. Standartenführer Knochen und sein Adjutant ließen sich nicht mehr blicken, die Kaffeelieferungen blieben aus.

263

Zwar war die Schublade noch immer reichlich mit Banknoten gefüllt, jedoch der Zwang zur ständigen Geldverteilung war vorbei. Eigentliche Laborarbeit fiel kaum an. Wohl kamen wieder deutlich mehr Menschen zu Tode als im sonderbar friedfertigen Sommer 1940, aber die meisten Opfer wiesen keine Vergiftungssymptome auf, sondern Schussverletzungen.

Léon beschloss, seine vor anderthalb Jahren unterbrochene informelle Doktorarbeit über Pariser Giftmorde wieder aufzunehmen. Allerdings musste er es vermeiden, Knochen zusätzlich zu reizen. Bevor er eigenmächtig undurchsichtige Schriftstücke verfasste, würde er ihn um eine formelle Bewilligung ersuchen und ihm die Harmlosigkeit seiner Untersuchung darlegen müssen. Léon schämte sich seiner vorauseilenden Unterwürfigkeit, und noch mehr schämte er sich, dass er keine Möglichkeit sah, weniger unterwürfig zu sein.

Anfang Februar 1942 tauchte in Léons Labor ein Jules Caron aus der Buchhaltung auf, der noch nie im vierten Stockwerk gesehen worden war. Er hatte Pockennarben auf den Wangen und trug eine Brille mit Schildpattgestell, und seine Nase war kurz und sein Mund ein einziger Strich. Léon kannte den Mann von gelegentlichen Begegnungen im Treppenhaus. Sie hatten einander jeweils kurz und sachlich gegrüßt, wie das zwischen Kollegen aus unterschiedlichen Abteilungen üblich ist, waren aber nie stehen geblieben und hatten nie miteinander geredet. Und jetzt stand er vor Léons Schreibtisch und rieb sich den Nasenrücken wie ein Schulbub, der zum Direktor zitiert worden ist.

»Hör zu, Le Gall. Wir kennen uns schon lange.«

»Ja.«

»Wenn auch nicht sehr gut.«

»Das stimmt.«

»Was machst du da gerade?«

»Ein bisschen Statistik. Todesfälle durch Vergiftung 1930 bis 1940.«

»Aha. Ich bin seit zwölf Jahren im Haus. Und du?«

»September 1918. Bald vierundzwanzig Jahre.«

»Gratuliere.«

»Na ja.«

»Die Zeit vergeht.«

»Ja.«

»Macht es dir etwas aus, wenn ich die Tür schließe?«

»Bitte sehr.« Léon hatte noch Filterkaffee in der Kanne. Er schenkte zwei Tassen ein.

»Du musst dich über meinen Besuch wundern, wir kennen uns ja eigentlich nicht.«

»Dienst ist Dienst.«

»Ich bin nicht dienstlich hier. Es geht, wie soll ich sagen ...«

»Ich höre.«

»Ich wäre nicht hier, wenn ich die geringste Aussicht auf eine andere ...«

»Ich bitte dich.«

»Ich bin hier ... versteh mich nicht falsch. Die Leute reden.«

»Über mich?«

»Man hört so dies und das.«

»Was denn?«

»Na, einiges. Hör zu, Le Gall, mir ist egal, was du treibst, ich will es nicht wissen. Ich mach's kurz: Willst du mein Boot kaufen?«

»Wie bitte?«

»Ich habe ein Boot, nicht weit von hier. Nichts Besonderes, eine hölzerne Pinasse, drei auf sieben Meter zwanzig mit Doppelkabine und Zwölf-PS-Dieselmotor. Achtzehn Jahre alt, aber gut in Schuss. Es liegt im Arsenal-Hafen.« Caron schaute beunruhigt um sich. »Kann ich hier reden, hört uns auch keiner zu?«

»Sei unbesorgt.«

»Du musst mir helfen, Le Gall. Ich muss verschwinden, in die freie Zone. Heute Abend noch, spätestens morgen früh.«

»Wieso?«

»Frag nicht, die Warnung war deutlich. Ich brauche Geld für mich und meine Familie. Wenn's geht, auch für die Schwiegereltern. Wirst du mir helfen?«

»Wenn ich kann.«

»Die Leute sagen, du hast Geld.«

»Wer sagt das?«

»Stimmt's?«

»Wie viel brauchst du?«

»Ich verkaufe dir meine Pinasse.«

»Ich will deine Pinasse nicht.«

»Und ich will kein Almosen.«

»Wie viel?«

»Fünftausend.«

»Wirst du schweigen?«

»Mich sieht hier keiner mehr, mein Zug fährt um halb drei.«

Léon nahm den Schlüssel aus der Bakelitschale und öffnete

die Schublade, zählte fünftausend Franc ab und legte noch tausend Franc dazu. Während er das Bündel über den Tisch schob, streckte ihm Caron einen Schlüsselbund entgegen.

»Das Boot heißt *Fleur de Miel*. Hellblauer Rumpf, weiße Kabine, rotweiß karierte Vorhänge.«

»Ich will dein Boot nicht.«

»Es hat Dieselmotor, Holzofen und zwei Kojen.«

»Ich will es nicht.«

»Und elektrisches Licht. Nimm es als Pfand und halte es für mich in Schuss.«

»Steck den Schlüssel wieder ein.«

»Den Motor musst du alle zwei Wochen anwerfen, sonst bekommt er Standschäden. Falls ich in zwei oder drei Jahren noch nicht zurück sein sollte, musst du den Kahn aus dem Wasser nehmen und frisch streichen. Wenn der Krieg vorbei ist, hole ich ihn mir wieder und gebe dir das Geld zurück.«

»Vergiss das Geld«, sagte Léon

»Dann vergiss du, dass das Boot jemals mir gehörte.«

Caron stand auf, legte den Schlüssel auf den Tisch und hob zum Abschied die Hand.

Léon legte den Schlüssel zum Geld, sperrte die Schublade zu und beugte sich wieder über seine Statistiken. Nach ein paar Wochen aber stand er immer häufiger am Fenster und betrachtete die Schleppkähne, die nur noch selten und vereinzelt auf der Seine vorbeizogen; wenn eine Pinasse auftauchte, schaute er besonders aufmerksam hin. Er erkundigte sich in der Buchhaltung nach dem Kollegen Caron und erfuhr, dass dieser mit seiner ganzen Familie spurlos verschwunden war.

Mit der Zeit dachte er immer öfter an das Boot mit den rot-weiß karierten Vorhängen und machte sich Sorgen um den Dieselmotor. Er dachte an rostende Simmerringe und korro-dierende Stecker, zerbröselnde Dichtungen und blockierte Ventilfedern, und er dachte daran, dass die Möwen das Boot mit ihrem Kot verkrusten würden, wenn niemand nach dem Rechten sah. Die Clochards würden sich Zugang zur Kajüte verschaffen und die Tür offenstehen lassen, und dann würden Wind und Wetter und die Schulbuben das Werk der Zerstörung vollenden; gelegentlich dachte Léon auch an Caron, der sich irgendwo unter der Sonne des Sü-dens nach dem milchigen Pariser Himmel sehnte und darauf hoffte, dass Le Gall sich um seine *Fleur de Miel* kümmerte.

An einem zaghaften Frühlingstag Ende des dritten Kriegs-winters ging Léon mittags nicht nach Hause, sondern über die Île Saint-Louis und den Pont Sully zum Arsenal-Hafen. Das braune Wasser im Hafenbecken kräuselte sich in der Frühlingsbrise. Drei winterdicht verpackte Ausflugskähne waren an ihren Pollern vertäut, zwei oder drei Dutzend Pinassen wiegten sich leise im Wind; manche waren grün und manche rot, einige waren hellblau, und mehrere hat-ten rotweiß karierte Vorhänge – aber *Fleur de Miel* hieß nur eine.

Léon blieb auf der Quaimauer stehen und betrachtete das Boot. Es war übersät mit Möwenkot, in den Ecken lag Laub und am Schiffsrumpf hatte sich unter der Wasserlinie ein zotteliger Pelz von Grünzeug festgesetzt; aber die Planken schienen in Ordnung und die Fugen frisch kalfatert, und der Lack war einwandfrei. Die rotweißen Vorhänge waren sorgfältig zugezogen und das Vorhängeschloss an der Kabi-nentür war unversehrt.

In dem Augenblick, da Léon den Schlüssel aus der Tasche nahm, fühlte er, wie das Boot in seinen Besitz überging. Endlich hatte er wieder ein Boot. Es fühlte sich genauso an wie damals in Cherbourg, als er mit Patrice und Joël jenes Wrack im Gebüsch versteckt hatte. Wie lange war das her – ein Vierteljahrhundert? Léon wunderte sich, dass er all die Jahre nie wieder den Wunsch nach einem eigenen Boot verspürt hatte. Einen Renault Torpedo oder eine Motobécane hatte er sich gewünscht, ein Landhaus an der Loire, eine Uhr von Breguet, einen Billardtisch und ein Feuerzeug von Cartier – aber nie wieder ein Boot. Und jetzt lag es vor ihm.

Léon atmete tief durch und ging mit einem großen Schritt an Bord. In jener Sekunde war er sich ganz sicher, dass er dieses Boot niemals mehr hergeben und mit niemandem teilen würde; er würde keine unwillkommenen Gäste empfangen, und überhaupt würde er keiner Menschenseele die Existenz dieses Bootes verraten. Selbst seine Frau Yvonne, die ja ausdrücklich nichts zu tun haben wollte mit seinen Kaffee- und Geldgeschichten, würde er nicht ins Bild setzen, und ein Kinderspielplatz würde dieses Boot auch nicht werden. Es gehörte ihm ganz allein und niemandem sonst.

Léon war in feierlicher, gehobener Stimmung, als er das Boot vom Bug bis zum Heck abschritt. Das Vorhängeschloss sprang mit einem leichten Klacken auf. Die Tür war ein wenig verzogen und klemmte, drehte sich aber nach einem entschlossenen Ruck leicht und geräuschlos in den gut geschmierten Angeln. Im Innern duftete es gemütlich nach erloschenem Holzfeuer, gebohnerten Planken und Pfeifentabak, vielleicht auch nach Kaffee und Rotwein. In einer Ecke lag eine zur Seite gekippte Spielzeuglokomotive, in einem Bastkorb ein Knäuel Strickgarn, das von zwei Holznadeln durchbohrt war. Die Lokomotive würde er dem kleinen Philippe, das Strickgarn Madame Rossetos mitbringen. Zwischen zwei Bullaugen hingen die Sonnenblumen von van Gogh, auf einem Regal standen zwei oder drei Dutzend Bücher. Léon setzte sich in den rissigen Ledersessel beim Kohleofen und streckte die Beine, stopfte sich eine Pfeife und steckte sie an. Dann schloss er die Augen, stieß kleine Rauchwolken aus und lauschte dem Geplätscher an der Bootswand.

Médine,
Im Dauerregen
des Juli 1943

Mein lieber, alter Léon,

bist Du noch da? Ich bin noch hier, wo sollte ich schon hingehen. Ich ersaufe wieder mal im Wasser – Wasser von oben, Wasser von unten, Wasser von vorne und hinten, Wasser von der Seite. Das Wasser quillt aus den Erdlöchern und tropft von den Wänden, es fällt vom Himmel, verdampft auf dem heißen Boden und kehrt in den kalten Himmel zurück, um sofort wieder herunterzufallen und ein nervenzerfetzendes Stakkato auf den Blechdächern zu trommeln, und wo zwischen den Sturzfluten noch etwas Raum für Atemluft wäre, wabert ein Brodem von Schimmel und Moder, dass man sich hinlegen und sterben möchte. Keinen Schritt kann ich vors Haus tun, ohne knöcheltief, knietief im Schlamm zu versinken. Der Schlamm quillt zwischen meinen Zehen hervor und dringt mir unter die Nägel, ich habe schon Pilze und Flechten auf der Kopfhaut und Wahnvorstellungen von Maden und Würmern, und meine Füße haben vom roten Schlamm eine Tönung von Terrakotta angenommen, die ich auch mit noch so kräftigem Schrubben nicht mehr wegbringe. In einem verzweifelten Versuch, mich vor dem ewigen Schlamm zu schützen, habe ich kürzlich meine hübschen Pariser Kalbslederstiefel hervorgeholt, die ich am Tag meiner Ankunft in einer Truhe verstaut hatte – sie haben ringsum einen fingerdicken Pelz aus schneeweißem Schimmelpilz angesetzt. Es wird allmählich Zeit, in den kühlen Norden zurückzukehren. Bis es soweit ist, gehe ich barfuß.

Meinen Alltag hier kannst Du Dir nicht albern genug vorstellen. Ich habe zwar Kopfläuse und brüchige Fingernägel, und an all meinen Röcken ist der Saum ausgefranst – aber ich gebe noch immer tapfer die Tippmamsell. Jeden Morgen trete ich mit meiner tragbaren Schreibmaschine vors Haus, wo schon mein persönlicher Tirailleur mit meinem persönlichen Regenschirm wartet, und folge meinen drei Vorgesetzten und deren Tirailleurs sowie unserer persönlichen Eskorte, die aus zwanzig weiteren Tirailleurs besteht.

Als Erstes gehen wir zum Aussichtsturm, der einen Steinwurf von unserer Festung entfernt neben dem Gleis steht. Ein Tirailleur stellt eine Leiter an den Turm, mein Chef klettert hinauf zur Eingangstür, die sich in drei Metern Höhe befindet, und schaut nach, ob das Siegel noch intakt ist. Derweil stellt ein anderer Tirailleur einen Klapptisch für mich auf und spannt schützend einen großen Schirm darüber, und wenn mein Chef wieder festen Boden, das heißt: warmen Schlamm unter den Füßen hat, setze ich mich an meine Maschine und nehme das Protokoll auf. Im Gebüsch kauern regennasse Hyänen und beobachten uns mit geschürzten Lefzen. Nasse Hyänen sind ein unsagbar elender Anblick, lass Dir das gesagt sein. Schon in trockenem Zustand ist die Hyäne ein Sinnbild für die Unvollkommenheit der Kreatur, aber nass! zerreißt sie einem das Herz.

Sobald ich mit meinem Protokoll fertig bin, verfügen wir uns zur Bahnstation, wo unser Zug, der aus einer Lokomotive und zwei Waggons besteht, schon abfahrbereit unter Dampf steht. Wir steigen in den für uns reservierten Wagen erster Klasse, die Tirailleurs quetschen sich in den offenen Viehwagen zu den Bauern, die wie jeden Morgen mit ihrem Gemüse, ihrer Hirse und ihren Hühnern und Ziegen die zwölf Kilometer flussabwärts nach Kayes zum Markt fahren. Dann fährt der Zug an, und wir ruckeln los, erst über einen Bach, dann zwischen ein paar Hügeln hindurch in eine Schlucht, die in die Ebene von Kayes führt.

Unser Wagen sieht aus wie bei Micky Maus und die Lokomotive wurde wahrscheinlich von Pfadfindern gebaut, und überhaupt ist die Bahn eine Schmalspurbahn, und Schmalspurbahnen sind nun mal wie Männer mit kleinen Penissen: Es fällt schwer, sie richtig ernst zu nehmen. Man kann sich hundertmal selbst ermahnen, dass es auf Länge und Breite nicht ankommt und die wirklich wichtigen Qualitäten keine Frage des Metermaßes sind – es kommt eben doch drauf an, allein schon wegen des Aussehens. Gewisse Dinge sehen im Großformat einfach besser aus als in Miniatur, findest Du nicht?

Der Bahnhof von Kayes ist ein Puppenstubenbahnhof mit glänzenden Signalen, akkuraten Rasenflächen und unkrautfreien Schotterbetten. Die Bauern im Viehwagen müssen mit ihren Hühnern und Ziegen sitzen bleiben, so sind die Regeln, bis wir ausgestiegen und hinter der Absperrung angelangt sind. Im Schatten des Vordachs wimmelt es von Menschen. Nackte Kinder mit runden Bäuchen, Frauen mit toten Augen, denen der Schmerz über ihre rituelle Verstümmelung unauslöschlich ins Gesicht geschrieben steht, und ihre Männer, die uns anschauen in hoffnungslosem Trotz, verschlossenem Stolz oder hündisch wedelnder Unterwürfigkeit.

Unter ihren stummen Blicken gehen wir über die Straße, wo wie ein mauretanisches Märchenschloss die Verwaltung der *Chemins de Fer du Soudan Français* aus der staubigen Steppe ragt, in deren Keller wir – jetzt kann ich es Dir erzählen, nun ist es wirklich egal – achthundertsiebzig Tonnen Gold eingelagert haben. Weitere zweihundert Tonnen haben wir bei der Zollverwaltung unten am Fluss gebunkert, hundertzwanzig Tonnen im Keller des Kreiskommandanten und achtzig Tonnen in der Pulverkammer der Kaserne. Überall kontrollieren wir die Siegel, inspizieren die Wachen und vergewissern uns, dass nichts von unserem nutzlosen Weichmetall gestohlen wurde. Die Prozession dauert zwei Stunden, dann nehmen wir den Mittagszug zurück nach Médine.

Während des trockenen Halbjahrs wird alle zwei Monate Inventur gemacht, dann brauchen wir für jede Station einen ganzen Tag. Erst werden die Siegel entfernt und die Türen geöffnet, und dann schleppen die Tirailleurs sämtliche Kisten ans Tageslicht und legen sie in der Steppe in

Zehnerreihen nebeneinander, und dann nimmt mein Chef den Bestand auf, indem er auf die erste Kiste steigt, mit großen Schritten zur nächsten, zur übernächsten, zur überübernächsten Kiste schreitet und mit lauter Stimme die Zählung vornimmt. »Zwei Zentner!« – Schritt – »vier Zentner!« – Schritt – »sechs Zentner!« – Schritt – »acht Zentner!« ... und die Tippmamsell sitzt an ihrem Klapptisch und macht Striche, und zum Schluss schreibt sie einen ordentlichen Rapport. Wenn schließlich alle Kisten abgeschritten sind, die zur Tarnung noch immer mit dem Schriftzug »Explosif« versehen sind, verschwindet alles wieder im Keller, die Türen werden versiegelt, und wir kehren zurück in die Offiziersmesse, wo wir uns von den Anstrengungen des Arbeitstags erholen.

Gelegentlich landet ein Flieger in der Steppe und zeigt einen Wisch, auf dem steht, dass er zwei oder drei Kisten abholen soll. Dann fragen wir nicht lange, sondern sperren einen Keller auf. Früher kamen die Boten aus Vichy, seit einiger Zeit aus London. Das Gold der Belgier mussten wir vor einiger Zeit herausrücken, um die Deutschen zufriedenzustellen, und das polnische Gold ebenfalls. Man darf gespannt sein, wer ihnen das zurückerstattet, wenn der Krieg erst mal vorbei ist.

Es ist nun schon die dritte Regenzeit, die ich hier verbringe, die Zeit vergeht rasch. Drei Monate noch, dann trocknet die Welt wieder, und ich kann mein altes Herrenfahrrad hervornehmen, das ich vorletztes Jahr auf dem Markt in Kayes gekauft habe und das mir während der Trockenzeit die Illusion von Freiheit vermittelt. Dann besuche ich die umliegenden Dörfer oder fahre die paar Kilometer flussaufwärts zum Elektrizitätswerk von Félou und gehe an den

Stromschnellen Tiere beobachten mit den Brüdern Bonvin, die hier in klösterlicher Abgeschiedenheit ihren Dienst als Ingenieure tun und längst zur Erkenntnis gelangt sind, dass die hiesige Fauna unendlich interessanter ist als ihr Kraftwerk mit seinen Kanälen, Schleusen und Turbinen, das ja, wenn man seine Funktionsweise erst mal begriffen hat, eine recht einfältige Sache ist. Bei meinem letzten Besuch habe ich von ihnen erfahren, dass das berühmte Gelächter der Hyänen ein Unterwerfungsritual rangniedriger Individuen ist; sie betteln damit um einen Anteil an der Beute oder um Aufnahme in die Meute. Da kannst Du mal sehen, Gelächter ist die Waffe der Machtlosen. Macht lacht nicht.

Übrigens bin ich ziemlich ergraut. Als ich vor drei Jahren hier ankam, hatte ich ein paar weiße Strähnen, jetzt sind nur zwei oder drei dunkle Strähnen übrig geblieben. Ein bisschen abgenommen habe ich wohl auch, ich habe Beine und Brüste wie eine Zwölfjährige. Rennen und Radfahren kann ich auch wie eine Zwölfjährige und jawohl, das Gebiss ist noch vollständig, danke der Nachfrage.

Wie oft hast Du mir in der Zwischenzeit geschrieben, Léon – zehnmal, hundertmal? Es ist nie ein Brief von Dir hier angekommen, ich hatte Dich ja gewarnt. Überhaupt kommt rein gar nichts jemals hier an. Wir bekommen keine Löhne und keine Anweisungen mehr, keine Verpflegung und keine Munition, keine Zeitungen und keine Kleider. Ab und an kommt wie gesagt ein Flieger vorbei und erzählt wirres Zeug, das man nicht recht glauben kann, und vor ein paar Monaten hat der Kommandant drei junge Burschen verhaften lassen, die aus dem Nichts aufgetaucht waren, verdammt schlecht Französisch sprachen, sich darüber hinaus verdächtig für unseren Aussichtsturm interessierten und sich schließlich als Deutsche herausstellten; aber sonst sind wir allein – die Welt hat uns vergessen.

Umgekehrt beginnen auch wir die Welt zu vergessen. Nach einer Weile gewöhnt man sich an die Hitze und vermisst den Winter nicht mehr. Man isst Couscous, als wären's Pommes Dauphinoises, und eines Nachts vor nicht allzu langer Zeit hatte ich zum ersten Mal einen Traum nicht in französischer Sprache, sondern auf Bambara.

Vom Krieg bekommen wir hier gar nichts mit. Die Baobab sind die Baobab und die Kakerlaken die Kakerlaken; die Gewehre setzen Rost an, weil sie nie abgefeuert werden, und die Tirailleurs sterben nicht im Kampf, sondern an Typhus und Malaria. Vielleicht wüssten wir schon gar nicht mehr, weshalb wir überhaupt hier sind, wenn nicht unser Funker Galiani aus den Kadavern mehrerer elektrotechnischer Geräte ein Kurzwellenradio gebastelt hätte, mit dem wir ganz ordentlich BBC London empfangen.

Ob ich auch Dich vergessen habe? Na, ein wenig schon – es hat ja keinen Sinn, sich hier Tag für Tag vor Sehnsucht zu verzehren. Und doch habe ich Dich, daran ändert sich nichts, immer bei mir. Es ist sonderbar: An meinen Vater und meine Mutter habe ich nur noch vage Erinnerungen, von den Gefährten meiner Kindheit weiß ich kaum mehr die Vornamen – aber Dich habe ich ganz lebhaft vor mir.

Wenn der Wind durch die Bäume braust, höre ich Deine Stimme, die mir schöne Sachen ins Ohr flüstert, und wenn das Rhinozeros im Senegal-Fluss gähnt, sehe ich Deine Mundwinkel, die stets freundlich aufwärts gekrümmt sind, auch wenn Du gar nicht lächeln willst; der Himmel hat das Blau Deiner Augen, und das dürre Gras ist blond wie Dein Haar – ich werde schon wieder lyrisch.

Die Liebe ist doch eine Anmaßung, nicht wahr? Besonders wenn sie schon ein Vierteljahrhundert dauert. Möchte zu gern wissen, was das ist. Eine hormonelle Dysfunktion zwecks Reproduktion, wie die Biologen behaupten? Seelentrost für kleine Mädchen, die ihren Papa nicht heiraten durften? Daseinszweck für Ungläubige? Das alles zusammen, mag sein. Aber auch mehr, das weiß ich.

Da wir schon beim Thema sind, kann ich Dir mitteilen, dass der Funker Galiani seit gut einem Jahr, wie man so sagt, mein Liebhaber ist. Du lachst? Ich auch. Das ist wie im Theater, nicht wahr? Wenn im ersten Akt ein Italiener mit Schnurrbart auftritt, muss er im dritten Akt die junge Heldin küssen. Allerdings bin ich nun schon eine Weile keine junge Heldin mehr, und auch Galiani ist als romantischer Herzensbrecher nicht die bestmögliche Besetzung mit seiner Spuckerei, seinen lauten Sprüchen, seinen kurzen Gliedmaßen und dem dichten schwarzen Körperhaar, das ihm aus der Uniform quillt.

Eines aber zeichnet ihn aus: Er ist anders als Du. Gerade deshalb, weil er ein infantiler Rohling ist, der jedem Weiberrock hinterherguckt, gerade weil er groteske Komplimente verteilt, eine dicke Goldkette um den Hals trägt und dauernd auf das Grab seiner Mutter schwört, obwohl er gar nicht weiß, wo das Grab seiner Mutter sich befindet – gerade deshalb ist er der Richtige. Er muss anders sein als Du, verstehst Du?

Es begann eines Abends vor gut einem Jahr im Raucherzimmer der Offiziersmesse. Ich hatte einen Anfall von Schwermut, wie das jedem anständigen Menschen hin und wieder passiert, und verbarg ihn vor den anderen, indem ich Witze riss und besonders laut lachte. Da stand Giuliano Galiani auf und ging hinter meinem Sessel zur Kommode, um sich ein weiteres Glas unseres selbstgebrauten Hirsebiers einzuschenken, und im Vorbeigehen legte er mir beiläufig, absichtslos und halb unbewusst, wie mir schien, die Hand auf die Schulter aus instinktivem Mitgefühl. Dafür war ich dankbar.

Als nach Mitternacht alles schlief, bin ich in sein Zimmer gegangen und habe mich wortlos zu ihm ins Bett gelegt. Er hat nichts gesagt und nichts gefragt und ist zur Seite gerutscht, als hätte er mich seit Langem erwartet oder als wäre er es seit vielen Jahren gewöhnt, dass ich mich zu ihm ins Bett lege. Und dann hat er mich genommen, wie ein Mann das tun muss, ohne große Worte, aber lustvoll und sicher, sanft und zielstrebig.

Giuliano führt uns jedes Mal sicher und stark ans Ziel, und hernach macht er mir keine Schwüre und keine Anträge, sondern gibt mich frei und lässt mich zurückschleichen auf mein Zimmer, und anderntags lässt er sich nichts anmerken. Er zwinkert mir nicht zu und setzt mir nicht nach, leistet sich keine Vertraulichkeiten und drängt mich nicht zu weiteren Besuchen, sondern gibt sich im Gegenteil mir gegenüber, wenn wir in Gesellschaft sind, betont gleichgültig, manchmal sogar abweisend. Wenn ich dann aber nach ein paar Tagen oder Wochen wieder zu ihm unter die Decke schlüpfe, rutscht er zur Seite und nimmt mich in Empfang, als wäre ich nie weg gewesen.

Er ist ein Gentleman in der Schale eines Grobians, das gefällt mir. Von der gegenteiligen Sorte gibt es genug. Natürlich wird es zwischen uns aus sein, sobald der Krieg vorbei ist, denn bei Tageslicht halte ich ihn nicht aus. Nachts ist er ein lebenskluger, warmherziger Mann, tagsüber ein oral fixiertes Kleinkind. Wenn er den Mund aufmacht, prahlt er mit den Brüsten seiner Gattin, die ihn irgendwo bei Nizza erwartet, quatscht über Milan und Juventus sowie Bugatti, Ferrari und Maserati, und zwischendurch flucht er, dass ihm der Staat verdammt nochmal das Kreuz der Ehrenlegion und eine lebenslange Rente schulde und er sich von dem Geld ein Boot an der Riviera kaufen und jeden Tag hinaus aufs Meer zum Fischen fahren werde.

Allzu lang wird es ja nun nicht mehr dauern, bis der Krieg vorbei ist. Sogar wir hier draußen im Busch haben von Stalingrad gehört, und seit die Alliierten in Marokko und Algerien gelandet sind, will jeder Sergeant, jeder Zollbeamte und jeder Gelegenheitsganove, der vorbeikommt, schon immer ein kleiner Jean Moulin gewesen sein. Ein paar Wochen oder Monate noch, sagt unser Kommandant, dann tragen wir unsere Kisten zur Bahn und fahren über Dakar und Marseille heim nach Paris.

Was ich tun werde, wenn ich an der Gare de Lyon aus dem Zug steige, weiß ich genau: Ich werde im Taxi an die Rue des Écoles fahren und an Deiner Tür klingeln. Und wenn Du dann noch da bist, falls Du und Deine Frau und Deine Kinder alle überlebt habt, werde ich eintreten und Euch reihum küssen. Wir werden uns freuen, dass wir noch leben, und dann werden wir zusammen spazieren gehen oder meinetwegen Kohlsuppe essen. Alles andere wird doch dann egal sein, nicht wahr?

Sei am Leben, Léon, sei glücklich und gesund und zärtlich geküsst – auf sehr bald!

Deine Louise

18. KAPITEL

Léon verbrachte nun all seine Mittagspausen im Hausboot am Arsenal-Hafen, manchmal auch die Stunden zwischen Feierabend und Abendessen. Mittags aß er in seiner Kajüte ein Schinkensandwich, dann legte er sich für eine halbe Stunde aufs Bett. Das hatte er früher nie getan. Als junger Bursche hatte es ihn stets mit leisem Grauen erfüllt, wenn sein Vater nach dem Mittagessen wie zum Sterben aufs Sofa sank und in Sekundenschnelle wegdämmerte mit offenem Mund und zugekniffenen Augen. Nun war er selbst soweit, dass ihm das Mittagsschläfchen unverzichtbar war; es gab ihm die Kraft, ins Büro zurückzukehren und die wiederkehrenden Demütigungen, Leerläufe und Rituale, die das Leben ihm abverlangte, geduldig zu ertragen.

Fleur de Miel blieb sein Geheimnis, er sprach zu keinem Menschen davon. Zu Hause vermisste ihn niemand. Seine Frau Yvonne war mit dem Überlebenskampf beschäftigt und hatte weder Zeit noch Kraft und auch nicht mehr den Willen, sich mit Sinnfragen, Herzensdingen und ähnlichen Feinstofflichkeiten zu befassen. Natürlich wusste sie längst um das Hausboot, denn aus Sicherheitsgründen hatte sie darüber Bescheid wissen müssen, ob der Ehemann in seinen unbeobachteten Stunden Dummheiten trieb, die der Familie gefährlich werden konnten. Weil er das nicht tat, war ihr das Boot egal; sie erwartete von Léon nicht mehr und nicht weniger, als dass er seinen Beitrag zur Nahrungsbeschaffung und zum Schutz der Sippe leistete. Dafür gewährte sie ihm alle Freiheiten, forderte von ihm keine Gefühle und behelligte ihn auch nicht mit solchen.

Léon wusste das zu schätzen. Vor ein paar Jahren noch hatte er an Yvonnes herber, vor der Zeit gealterter Art gelitten und das leichtfüßige Mädchen vermisst, das sie einst gewesen war; manchmal hatte er sich auch die kapriziöse Diva zurückgewünscht und zuweilen sogar die von Sinn- und Selbstzweifeln gequälte Hausfrau; jetzt aber empfand er nur mehr Dankbarkeit und Hochachtung für die selbstlos kämpfende Löwin, zu der Yvonne in den Kriegsjahren geworden war. Von ihr auch noch zu verlangen, dass sie kokette Lieder trällerte oder auffordernd mit dem obersten Knopf ihrer Bluse spielte, wäre in höchstem Maß unfair gewesen.

Für Yvonne und Léon war der Beweis längst erbracht, dass sie ein gutes, starkes Ehepaar waren, das schon viele Stürme überstanden hatte und auch künftigen Gefahren gemeinsam die Stirn bieten würde; ihr Vertrauen ineinander und ihre gegenseitige Zuneigung waren so tief und stark, dass sie einander in Frieden ihrer Wege gehen lassen konnten.

Auch die Kinder wollten nicht wissen, wo Léon seine einsamen Stunden verbrachte. Bis auf den kleinen Philippe waren nun alle schon ein wenig groß und mit ihren eigenen Kämpfen beschäftigt. Von ihrem Vater erwarteten sie lediglich, dass er die Festung hielt und die Sippe mit Zuneigung und Geld versorgte, und im Übrigen waren sie ihm dankbar, dass er ein milder, freundlicher Patriarch war, der kaum Fragen stellte und nur selten etwas forderte.

Gerechterweise muss man sagen, dass Léon sich seine väterliche Milde nur deshalb leisten konnte, weil Yvonne ihrerseits umso strenger die Aufsicht behielt. Keine Minute des Tages durfte vergehen, ohne dass sie über den Verbleib ihrer vier Kinder unterrichtet war, lückenlos verlangte sie Bescheid zu wissen über deren Unternehmungen, Gesundheitszustand und Bekanntenkreis.

Und wenn wieder ein Tag voller Gefahren gemeistert war und die Kinder sicher schlafend in ihren Betten lagen, hatte Yvonne nicht etwa Feierabend, sondern erörterte mit Léon bis tief in die Nacht alle möglichen Gefahren. Sie sprach von faschistischen Schulmeistern und betrunkenen SS-Männern, von frei lebenden Wüstlingen, Amok laufenden Automobilisten und hochansteckenden Mikroben, ebenso von Hitze, Regen und Frost sowie den steigenden Nahrungsmittelpreisen und den Unwägbarkeiten des Schwarzmarkts, und unermüdlich erwog sie mögliche Fluchtwege durch die Wälder, durch die Luft und übers Wasser oder einen Rückzug in die Katakomben der Stadt für den Fall, dass die Apokalypse von deutscher Hand doch noch herbeigeführt werden sollte.

So sehr erfüllte Yvonne ihre Mission als Schutzherrin, dass nichts anderes mehr in ihrem Wesen Platz hatte. Sie pflegte keine Bekanntschaften und führte kein Traumtagebuch, trug keine rosa Sonnenbrillen und sang keine Schlager mehr; für Léon war sie wohl noch eine treue Gefährtin, aber längst keine Ehefrau mehr, und gegenüber ihren Kindern brachte sie vor lauter Fürsorge keine Zärtlichkeit mehr auf.

Die jahrelange Anstrengung und Angespanntheit stand ihr nun ins Gesicht geschrieben. Ihre Augen waren wimpernlos und ihre Wangen hohl, und ihr langer, einst elegant geschwungener Hals war straff gereckt und von Sehnen und Adern durchzogen; sie hatte breite, eckige Schultern und keine Brüste mehr, und ihr Bauch war unter den Rippen hohl.

Im Treppenhaus brüskierte sie die Nachbarinnen, indem sie grußlos an ihnen vorüberlief. Sie schminkte sich nicht mehr und wurde dünn und immer noch dünner, weil sie zu essen vergaß. An ihrer Wohnungstür hatte sie zwei Fluchtkoffer abgestellt, die das Notwendigste für die ganze Familie enthielten, und sie konnte nicht anders, als mehrmals täglich nachzuschauen, ob sie auch wirklich nichts einzupacken vergessen hatte. Erst als sie ihre Schuhe nicht mehr auszog, um jederzeit bereit zu sein, auch nachts und im Bett nicht, rief Léon sie sanft zur Ordnung und sagte, dass man doch im Interesse der Kinder ein Mindestmaß an Formen einhalten müsse.

Die Kinder schätzten die alltäglichen Risiken realistischer ein. Sie wussten, dass sie als christlich getaufte Beamtenkinder keinem militärischen Beuteschema entsprachen und dass die übrigen Gefahren der Großstadt unter der Okkupation eher geringer waren als in Friedenszeiten. So fand jedes von ihnen seine eigene Methode, sich der Mutter zu entziehen und erste Schritte auf seinem eigenen, ihm bestimmten Weg zu unternehmen.

Meine Tante Muriel, die 1987 an einer Leberzirrhose sterben sollte, war damals sieben Jahre alt. Sie hatte Sommersprossen und hellgrüne Schlaufen im kastanienbraunen Haar, und sie verbrachte ihre schulfreien Mittwochnachmittage und die Sonntage am liebsten in der Loge von Madame Rossetos, die das Mädchen stundenlang auf dem Schoß wiegte, mit Süßigkeiten fütterte und mit rollenden

Augen furchterregende Geschichten von Liebe, Mord und Höllenqualen erzählte. Die Concierge versorgte Muriel mit der Zärtlichkeit, die sie von der Mutter nicht erhielt, und das Mädchen seinerseits tröstete die Frau über die Treulosigkeit ihrer Töchter hinweg, die seit Jahren nichts mehr von sich hatten hören lassen. Kurz vor fünf Uhr ging Madame Rossetos stets zur Kommode und schenkte sich einen kleinen Eierlikör ein. Und weil die kleine Muriel so ein liebes Kind war, bekam sie ebenfalls einen Fingerhut voll. Erst schmeckte er ihr nicht so recht, aber schon bald lernte sie seine Wirkung schätzen.

Mein Onkel Robert, dem später ein kleines Stellenvermittlungsbüro in Lille gehören sollte, richtete auf dem Dachboden einen Kaninchenstall ein und verbrachte seine Tage damit, für die rasch wachsende Zucht im ganzen Quartier Latin Grünzeug aus vermoosten Dachtraufen und gepflasterten Hinterhöfen herbeizuschaffen. Das Schlachten übernahm er selbst, die Kundschaft erhielt ihren Braten ofenfertig. Ein Kaninchen pro Monat überließ er der Mutter, die übrigen verkaufte er auf dem Schwarzmarkt. Er sollte an einem Septembermorgen des Jahres 1992 am Steuer seines Renault 16 sterben, als er sich auf der Route Nationale zwischen Chartres und Le Mans eine Zigarette ansteckte und auf der regennassen Fahrbahn ins Schleudern geriet.

Der dreizehnjährige Yves, der später Arzt werden und noch später die Medizin für die Theologie an den Nagel hängen sollte, schloss sich zum Kummer seiner Eltern freiwillig den Chantiers de Jeunesse an. Er erhielt eine schwarze Uniform, Kampfstiefel und weiße Gamaschen, und er lernte die Reden des Marschalls auswendig und marschierte wochenlang mit Rucksack, Käppi und Fahrtenmesser durch die Wälder von Fontainebleau.

Der neunzehnjährige Michel, der bei Renault in die Geschichte eingehen sollte als Erfinder des abschließbaren Benzintankdeckels, wartete auf einen Studienplatz am Technikum und schlug die Zeit tot mit tagelangen Spaziergängen durch die Stadt auf der Suche nach einem Ausweg aus dem Gefängnis, als das er sein Leben empfand. Für den Autismus seines Vaters hegte er eine unausgesprochene Verachtung, für den opportunistischen Überlebensdrang seiner Mutter ebenfalls. Zwar wusste er, dass auch er es nicht in sich hatte, für eine gute Sache zu sterben, aber ein Mitläufer wollte er doch nicht sein. Wenige Monate vor der Reifeprüfung hatte er vom Gymnasium abgehen wollen, weil bei der Anmeldung zum Examen alle Mädchen seiner Klasse – wirklich alle – nicht mehr Englisch, sondern Deutsch als erste Fremdsprache gewählt hatten. Um diesen Abgang zu verhindern, war Léon seinem Erstgeborenen für einmal mit väterlicher Autorität entgegengetreten. Erst hatte er ihm den Wert klassischer Bildung nahezubringen versucht und darauf hingewiesen, dass immerhin die Burschen seiner Klasse sich mehrheitlich zur Englischprüfung angemeldet hatten; und als diese Argumente nicht verfingen, hatte er ihn ganz einfach mit fünfhundert Franc bestochen.

Der im zweiten Kriegsjahr geborene Philippe – mein Vater – hing noch am Rockzipfel seiner Mutter. Nur am Sonntagnachmittag, wenn Yvonne allein im abgedunkelten Schlafzimmer schlief und kein Kind in ihrer Nähe duldete, ging er mit Muriel zu Madame Rossetos. Dann saß er auf dem Schoß der Schwester, welche auf dem Schoß der Concierge saß, und lauschte ihren schauerlichen Geschichten. Und weil er so ein lieber Bub war und so hübsch stillhielt, durfte er ein bisschen an Madame Rossetos' Eierlikör nippen. Er sollte sein Leben lang ein lebenskluger, aber lebensuntauglicher und untreuer Freund der Frauen bleiben, den erst sein eigener Charme in die Einsamkeit und dann die Trunksucht in den Tod trieb.

Léon Le Gall lebte weiter das Leben eines Einsiedlers. Er ging zur Arbeit und erfüllte seine Pflichten als Familienvater, und ansonsten verkroch er sich in die Heimlichkeit seines Hausboots. Zu seinem Glück stellte es sich heraus, dass Jules Caron eine Vorliebe für die russische Literatur des neunzehnten Jahrhunderts gehabt hatte; im Regal standen Tolstoj und Turgenjew, Dostojewski und Lermontow sowie Tschechow, Gogol und Gontscharow. Léon las sie alle, und dazu rauchte er Pfeife und trank Rotwein, der ihn übrigens nicht eigentlich betäubte, sondern eher in einen angenehmen Zustand metaphysischer Wohligkeit versetzte.

Er las gemächlich und betrachtete durchs Fenster die Spiegelungen auf der Oberfläche des Hafenbeckens, die Verfärbung der Platanen im Wechsel der Jahreszeiten, den Gang der Gestirne sowie den Verlauf von Regen, Sonnenschein und Nebel, die ihm alle gleich lieb waren. Jeden Abend pünktlich um sieben stellte er das Radiogerät ein, legte das Ohr an den Lautsprecher und nahm, als sei die Stimme des Sprechers eine Kostbarkeit, die man keinesfalls vergeuden durfte, die Nachrichten von BBC in sich auf. So erfuhr er von Stalingrad und der Landung in Anzio, von der Operation Overlord und von den Bombennächten in Hamburg, Berlin und Dresden.

Mit Schrecken beobachtete Léon an sich selbst, dass in den tausend Tagen Besatzungszeit der Hass in ihm gewachsen war wie ein Baum; jetzt trug er seine Früchte. Nie hätte Léon es sich träumen lassen, dass er die Hände reiben würde bei der Nachricht vom Brand Charlottenburgs, niemals hätte er es für möglich gehalten, dass er lauthals jubeln würde über den Tod von dreitausend Frauen und Kindern in einer Nacht; verwundert stellte er fest, wie heiß in ihm der Wunsch brannte, dass der Bombenhagel von nun an Nacht für Nacht anhalten möge, bis auf Gottes weitem Erdenrund kein einziger Deutscher mehr am Leben war.

Sein Hass half ihm beim Überleben, aber dann geschah es auch, dass er verwirrende Begegnungen hatte. Einmal wurde er Zeuge einer Szene, die ihn zutiefst beschämte, weil sie ihn in seinem Hass erschütterte. Eines Nachmittags in der Métro saß Léon einem Wehrmachtsoldaten in Uniform mit umgehängtem Sturmgewehr gegenüber. An der Station Saint-Sulpice stieg ein junger Mann zu, der den gelben Stern auf dem Mantel trug. Der Soldat stand auf und bot dem Juden, der etwa in seinem Alter sein mochte, mit einer stummen Gebärde den Platz an. Der Jude zögerte und schaute sich hilfesuchend um, setzte sich dann aber wortlos an den freigewordenen Platz und legte, wahrscheinlich aus Scham und auswegloser Verzweiflung, beide Hände vors Gesicht. Der Soldat wandte sich von ihm ab und starrte aus dem dunklen Fenster mit steinerner Miene, während sich Stille über die Passagiere legte. Der Jude saß Léon direkt gegenüber, ihre Knie berührten sich beinahe. Weder der Wehrmann noch der Jude stiegen an der nächsten oder übernächsten Station aus, endlos dauerte die gemeinsame

Fahrt. Der Jude behielt die ganze Zeit die Hände vor dem Gesicht, der Wehrmann stand vor ihm in soldatisch strammer Haltung. Der Zug fuhr und hielt an, fuhr und hielt an. Dann endlich kam die Station, an der der Wehrmann sich auf dem Absatz umdrehte und auf den Quai hinaustrat. Als sich die Tür hinter ihm geschlossen hatte, dauerte die Stille an. Niemand wagte es, ein Wort zu sprechen. Der Jude behielt die Hände vor dem Gesicht. Léon konnte sehen, dass er einen Ehering trug und dass die äußeren Augenwinkel neben seinen Zeigefingern zuckten.

Der Sommer 1944 war schön und warm und lud zum Bade. Die Strände der Normandie und der Côte d'Azur aber waren wegen der alliierten Invasion nicht zugänglich, also blieben die Einwohner von Paris zu Hause und nutzten die Seine als Freibad. Der 4. August war der bis dahin heißeste Tag des Jahres. Auf den Trottoirs schmolz der Teer, die Pferde ließen die Köpfe hängen, und die Menschen hielten sich, wenn sie unbedingt ins Freie mussten, im schmalen Schattenstreifen, den die Häuser auf die Trottoirs warfen.

Léon hatte die Stunden nach Feierabend wie gewohnt im Hausboot verbracht, nun ging er in der Abenddämmerung nach Hause. Als er am Eingangstor des Musée Cluny vorbeikam, stand im Schatten des Torbogens ein Mann mit tief ins Gesicht gezogener Schiebermütze. Léon witterte Gefahr. Er beschleunigte seine Schritte und wandte den Blick der anderen Straßenseite zu.

»Psst!«, machte der Mann.

Léon ging weiter.

»Ein schöner Abend, nicht wahr?«

Léon trat auf die Straße, um in die Rue de la Sorbonne einzubiegen.

»Hého, bleib doch stehen!«

Léon ging weiter.

»Hände hoch, und keinen Schritt weiter!«

Léon blieb stehen und hob die Hände.

Der Mann in seinem Rücken lachte. »Entspann dich, Léon, ich mache nur Spaß!«

Zögernd ließ Léon die Hände sinken und drehte sich um, dann kehrte er zurück aufs Trottoir und musterte den Mann, der nun ins Licht der Straßenlaterne trat. Er hatte ein scharf geschnittenes Gesicht und blitzend scharfe Augen, und er kam Léon bekannt vor.

»Verzeihen Sie, kennen wir uns?«

»Ich bringe dir deine vierhundert Franc zurück.«

»Vierhundert Franc?«

»Achthundert mal fünfzig Centimes, erinnerst du dich? Ich wollte zum Busbahnhof Jaurès, und du hast mir geholfen.«

»Martin?«

»Hättest mich nicht wiedererkannt, wie? Jawohl, dein persönlicher Clochard bin ich, die Inkarnation deines reinen Gewissens.«

»Wie lang ist das nun her, drei Jahre?«

»Wir hatten die Dauer des Krieges damals auf drei bis vier Jahre geschätzt – gar nicht schlecht, wie?«

»Noch ist er nicht vorbei.«

»Aber bald. Für uns zumindest. Lass uns weitergehen, ich begleite dich ein Stück.«

Der Mann sah zehn Jahre jünger aus als bei ihrer letzten Begegnung; seine Augen waren klar und die Haut auf den Nasenflügeln rein, er roch nicht nach Rotwein, und alles Körperfett schien von ihm abgefallen. Im Vergleich zu ihm, das musste Léon zugeben, war er in der Zwischenzeit merklich gealtert; zudem hatte er nach den Stunden im Hausboot wahrscheinlich eine ziemliche Rotweinfahne.

»Seit wann bist du zurück in der Stadt?«

»Ein paar Tage. Es wird ja nun nicht mehr lange dauern, wie du weißt.«

»Ich weiß gar nichts.«

»Natürlich weißt du's, jedes Kind weiß es. Die Amerikaner liegen schon in Rouen, in Korsika braut sich ebenfalls was zusammen. Und wir selbst haben fünftausend Mann in der Stadt.«

»Wer ist wir?«

Martin zog ein weißes Stück Stoff aus der Jackentasche und zeigte es Léon. Es war eine Armbinde, auf der schwarz die Buchstaben FFL aufgedruckt waren.

»Endlich«, sagte Léon.

»Vielleicht geht's morgen los, vielleicht erst nächste Woche.«

»Wenn nur nicht vorher die Deutschen noch dasselbe machen wie in Warschau.«

»Wir passen schon auf«, sagte Martin. »Aber du, Léon, solltest dich auch vorsehen.«

»Wieso?«

»Bald wird abgerechnet. Wir werden einigen Herrschaften die Ohren lang ziehen.«

»Sehr gut.«

»Es wird rasch gehen, und wir werden nicht zimperlich sein. Wir werden Backpfeifen verteilen, und wir werden zuvor keine Kaffeekränzchen und keine Plauderstündchen abhalten.«

»Verstehe.«

»Ich bin nicht sicher, ob du verstehst«, sagte Martin. »Du solltest dich wirklich vorsehen. Man spricht über dich, weißt du?«

»Nein.«

»Man spricht über den Kaffee, den die SS dir geschenkt hat. Man spricht über dein Hausboot. Und über deine Geldgeschichten.«

»Aber ich ...«

»Ich weiß. Aber Kaffee ist Kaffee, und ein Hausboot ist ein Hausboot. Für solche Sachen wird's in den nächsten Tagen Backpfeifen geben, und es wird nicht die Zeit sein für feine Unterscheidungen. Unsere Leute sind wütend, das musst du verstehen.«

»Ich bin auch wütend. Und gerade du musst doch wissen ...«

»Ja, aber die anderen wissen es nicht, und sie werden kein Gehör haben für Wortklaubereien und Spitzfindigkeiten. In den Tagen, die anstehen, wird man erst Backpfeifen austeilen und hernach Fragen stellen. Deshalb musst du für ein paar Wochen verschwinden. Jetzt gleich, sofort, bis die Lage sich beruhigt hat. Dann kannst du wiederkommen und deine Kaffeegeschichten erklären.«

»Wohin soll ich gehen?«

»In den Süden! Es ist Sommer, gönn deiner Familie ein paar Wochen Ferien am Meer.«

»An der Côte d'Azur?«

»Na, dort nun nicht gerade, da wird in den nächsten Tagen ein bisschen was los sein. Ich würde dir eher die südliche

Atlantikküste empfehlen, von dort haben die Deutschen sich schon zurückgezogen. Biarritz oder Cap Ferret oder Lacanau, das ist Geschmackssache.«

»Und eine Frage des Geldes.«

»Hier sind die vierhundert Franc, die du mir damals geliehen hast.« Martin reichte Léon ein Bündel Banknoten. »Und das hier ...« – er griff in die Brusttasche und nahm ein zweites, wesentlich dickeres Bündel hervor – »... ist das restliche Geld aus der Schublade in deinem Büro.«

»Wie habt Ihr ...«

»Ich habe es holen lassen, als du auf deinem Boot warst – ich hoffe, das ist dir recht. Es ist von Vorteil, wenn du nicht eigens dafür nochmal zurück ins Büro musst.«

»Aber ...«

»Nimm schon. Hiermit überreicht dir offiziell die FFL das Geld, ab sofort ist es kein Nazigeld mehr. Den Schlüssel haben wir zurück in die Bakelitschale gelegt. Ein saublödes Versteck übrigens, wenn du mir die Bemerkung erlaubst.«

»Immerhin ist niemand draufgekommen.«

Martin lächelte. »Wir haben das Geld in den letzten zwei Jahren immer mal wieder nachgezählt. Es wird dir helfen, dass du nichts davon für dich genommen hast.«

»Das Hausboot ...«

»Ich weiß, Caron hat mir alles erzählt. Auch das wird dir helfen, aber vorerst musst du verschwinden. Die sechstausend bekommst du nicht zurück, dafür darfst du das Boot behalten. Caron sagt, er will es nicht mehr, weil es nun deins ist.«

»Ach ja?«

»Er sagt, ein Boot ist wie ein Hund, das kann nicht mehrmals den Meister wechseln.«

»Danke.«

»Hier hast du Eisenbahnfahrkarten nach Bordeaux, danach musst du selbst schauen, wie ihr weiterkommt. Und hier sind zwei Passierscheine. Der eine ist für die Deutschen, der andere für unsere Leute. Es wäre gut, wenn du die Scheine nicht verwechseln würdest.«

»Verstehe.«

»Rückfahrt nicht vor dem sechsundzwanzigsten September. Der Zug nach Bordeaux fährt morgen früh um acht Uhr siebenundzwanzig. Vertrau mir, Léon. Tu, was ich dir sage. Und zwar gleich morgen früh, nicht erst übermorgen. Und jetzt geh nach Hause und pack deine Koffer!«

Dann lief er über die Straße und verschwand unter den Bäumen des Parc de Cluny. Léon erinnerte sich, dass sie sich beim letzten Abschied umarmt hatten. Er fragte sich, weshalb es diesmal nicht geschehen war.

Am Tag, an dem in Paris die Angestellten der städtischen Krankenhäuser, die Beamten der Banque de France sowie jene der *Police Judiciaire* sich dem Volksaufstand anschlossen und in Streik traten, war Léon Le Gall in einen altmodischen schwarzen Badeanzug gekleidet und lag sechshundert Kilometer südwestlich des Quai des Orfèvres in den Dünen von Lacanau unter einem rotweiß gestreiften Sonnenschirm. Seine Frau Yvonne saß neben ihm mit kerzengeradem Rücken und beobachtete ihre vier großen Kinder, die in der Brandung spielten, während der kleine Philippe zu ihren Füßen eine Sandburg baute.

Der Strand zog sich nach Norden und Süden viele Kilometer hin und war menschenleer, soweit das Auge reichte. Zuoberst auf den Dünen thronten die Bunker des Atlantikwalls, aus deren Schießscharten düster drohend die Geschützrohre auf den Ozean hinausragten, als wären die Wehrmachtsoldaten nur mal kurz Munition holen gegangen und würden jeden Augenblick in die Mannschaftsräume zurückkehren.

Mehrmals täglich lief Léon mit den Kindern die Wasserlinie entlang, um nachzuschauen, ob das Meer komisches Zeug angespült hatte. Mal fanden sie einen Lederball, mal einen intakten Küchenstuhl, mal ein Rahsegel samt Mast und Takelage. Daraus bastelten sie am Fuß der Düne ein Sonnendach.

Jeden Tag pünktlich um zwölf gab Yvonne das Signal zum Aufbruch. Dann warfen sie leichte Sommerkleider über ihre Badeanzüge, stapften durch die Dünen zurück in den Pinienwald und fuhren mit ihren Mieträdern über die schmalen Betonpisten, welche die Deutschen für ihre Motorradkuriere angelegt hatten, zum Mittagessen ins Hotel de la Cigogne. Nach der Siesta kehrten sie an den Strand zurück, und abends spielte auf dem Dorfplatz ein Akkordeonist zum Tanz. Mittwoch war Markttag, am Samstagabend gab es Freiluftkino auf dem Fußballplatz.

Léon empfand es als glückliche, aber auch bittere Ironie des Schicksals, dass er schon zum zweiten Mal in seinem Leben die Endphase eines Weltkriegs am Strand verbrachte. Zwar war er dankbar dafür, dass er seine Familie in einem privaten Idyll in Sicherheit hatte bringen können, aber Tag für Tag konnte er den Zeitungen und Radionachrichten entnehmen, dass gleichzeitig opfermutige Männer Weltgeschichte schrieben. Mit selbstquälerischem Eifer registrierte Léon, dass er selber in der Minute, da General Leclercs Panzerkolonne auf der Place de l'Étoile ankam, beim Frühstück gesessen und seinen zweiten Croissant in den Milchkaffee getunkt hatte; dass er in dem Augenblick, da eine Abteilung SS-Männer am Carrefour des Cascades mit Maschinengewehren fünfunddreißig Jugendliche erschoss, eine Portion Vanilleeis gelöffelt hatte; oder dass er, während die FFL erstmals wieder die Tricolore auf dem Eiffelturm hisste, damit beschäftigt war, aus einem Stück Treibholz ein Segelboot für den kleinen Philippe zu schnitzen; oder dass er, als General von Choltitz gegen den ausdrücklichen Zerstörungsbefehl Hitlers die Stadt kampflos und unversehrt an Leclerc übergab, gerade Mittagsschlaf hielt; und dass er in der Nacht, in der die deutsche Luftwaffe ihren ersten und letzten Angriff auf Paris flog und sechshundert Häuser zerstörte, mit Yvonne unter freiem Sternenhimmel auf dem Balkon ihres Hotelzimmers saß, auf den silbern schimmernden Ozean hinausgeschaut und dazu eine Flasche Bordeaux trank. Und hernach einen Cognac. Und dann noch einen. Und zum Abschluss ein Bier.

Die Nachricht vom Abzug der Wehrmacht erreichte die Familie Le Gall nachmittags um Viertel nach drei unter ihrem selbstgebauten Sonnendach. Von Norden her kam eine Horde junger Leute über den Strand; manche fuhren auf Fahrrädern und manche rannten daneben her, zwei Burschen auf einem Tandem zogen einen Anhänger, in dem drei Mädchen saßen. Die jungen Leute johlten und winkten. Michel lief ihnen entgegen und sprach mit ihnen, dann kehrte er unters Sonnendach zurück und umarmte den Vater und seine Geschwister. Der kleine Philippe und Muriel drängten auf sofortige Heimkehr nach Paris zu Madame Rossetos und ihrem Eierlikör, Yves hingegen wollte auf unbestimmte Zeit in Lacanau bleiben, weil er im Hof des Hotels eine Kaninchenzucht begonnen hatte. Léon und Michel erörterten die Möglichkeit einer vorzeitigen Heimkehr und kamen zum Schluss, dass es zu riskant wäre, die Rückreise vor dem 26. September ohne gültige Passierscheine anzutreten.

Währenddessen stand Yvonne abseits, schaute hinaus auf den Ozean und rieb sich die mageren Arme, als ob sie fror. »Wir werden sehen«, sagte sie. »Ich glaub's erst, wenn de Gaulle im Radio spricht.«

»Der war doch gestern schon im Radio.«

»Aus Paris will ich ihn hören, und im Hintergrund müssen zum Beweis die Glocken von Notre-Dame klingen. Wenn er schlau ist, macht er das.«

»De Gaulle ist schlau«, sagte Léon. »Wenn du diesen Beweis verlangst, wird er ihn liefern.«

»Glaubst du, dass er mich so gut kennt? Wir werden sehen.« Yvonne drehte sich um und packte ihren Mann am Arm. »Weißt du, was ich jetzt will, Léon? Ein Steak. Ein dickes, blutiges Rindssteak an Pfeffersauce mit Pommes Frites. Dazu einen Schluck Bordeaux, und zwar vom guten, und danach Ziegenkäse und Roquefort. Und zum Nachtisch eine Crème brûlée.«

Anderntags hatte General de Gaulle tatsächlich die Schlauheit, seine Radioansprache vom Geläut der Notre-Dame begleiten zu lassen; als die Glocken und der General verstummt waren, lief Yvonne in die Hotelküche und eröffnete dem Koch, dass sie sofort Wildschweinterrine zu essen wünsche, gefolgt von Forelle Blau mit Steinpilzrisotto sowie als Hauptgang Blutwurst, Pommes Dauphinoises und

Rotkraut sowie zum Nachtisch eine Crêpe Suzette und, ach ja, zwischendurch irgendwann mal einen Coupe Colonel. Als dieser zu bedenken gab, dass es erstens halb vier nachmittags und deshalb zweitens die Küche geschlossen sei und dass er drittens nichts vom Gewünschten vorrätig habe mit Ausnahme der Kartoffeln, entgegnete Yvonne leichthin, dann solle er eben erstens die Uhrzeit nicht beachten, zweitens die Küche aufmachen und drittens alles Benötigte herbeischaffen. Der Preis spiele keine Rolle.

Von jenem Augenblick an interessierte Yvonne sich nur noch fürs Essen. Wenn sie frühmorgens die Augen aufschlug, griff sie nach den Haferbiscuits, die sie nun stets vorrätig hielt. Beim Frühstück trank sie kannenweise Milchkaffee und bestrich ganze Baguettes fingerdick mit Butter und Konfitüre. Die Fütterung der Kinder überließ sie, die jahrelang kein anderes Interesse gehabt hatte, nun ganz deren Vater. Und wenn sie zum Strand aufbrachen, machte sie sich keine Gedanken mehr um die Gefährlichkeit der Brandung und der Strömung, sondern ließ ihre Brut gleichgültig ziehen und machte für sich allein einen ersten Spaziergang zur Konditorei, um sich ein paar Madeleines und Apfeltaschen zu besorgen. Danach war's schon bald Zeit für den Aperitif und die eine oder andere Vorspeise vor dem Mittagessen.

Léon schaute verwundert zu, wie seine Frau sich der Völlerei ergab und in ein Wesen verwandelte, von dem er nie gedacht hätte, dass es als Möglichkeit die ganzen zweiundzwanzig Jahre ihrer Ehe in ihr geschlummert hatte. Die amphibienhafte Gleichgültigkeit und Gefühlskälte, die Yvonne nun an den Tag legte, stand in größtem Gegensatz zu allem, was sie bisher gewesen war. Dieser schlingende, grunzende Moloch musste die ganze Zeit in der strengen Wächterin gewartet haben, die Yvonne während der Kriegsjahre gewesen war; diese Wächterin wiederum hatte zuvor in der lasziven Diva gesteckt, jene in der zerquälten Ehefrau und diese schließlich in der koketten Braut; Léon fragte sich, mit welchen Metamorphosen ihn diese Frau in Zukunft noch überraschen würde.

Da sie immer nur aß und sich kaum mehr bewegte, setzte sie sehr rasch Fett an. Ihr Gesichtsausdruck steter Alarmbereitschaft wich einer Miene satter Zufriedenheit, manchmal auch müden Überdrusses. Die Kinder musterten sie mit scheuer Verwunderung und hielten sich mehr denn je von ihr fern. Binnen weniger Tage glättete sich ihr Hals und rundeten sich ihre Schultern und Hüften, dann quollen die Finger und schwoll die Brust. Ihre blauen Augen, die stets wachsam ein wenig vorgestanden hatten, versanken Tag für Tag tiefer in den Polstern um die Augenhöhlen. Weil schon bald an ihren Kleidern die Nähte rissen, fuhr sie Ende der ersten Septemberwoche mit dem Bus nach Bordeaux und kaufte drei bequeme, weite Sommerröcke. Und als sie am Abend des 25. September die Koffer für die Heimreise packte, ließ sie ihre alten, schmalen Kriegskleider im Schrank liegen im Wissen, dass sie sie niemals im Leben wieder würde anziehen können.

19. KAPITEL

An jenem 26. September 1944, an dem Léon Le Gall mit seiner Familie in die Rue des Écoles zurückkehrte, endete am Senegal-Fluss wieder einmal die Regenzeit, als ob jemand den Wasserhahn zugedreht hätte. Die Nachricht von der Befreiung von Paris hatte sich in Windeseile in die hintersten Winkel Französisch-Sudans verbreitet, und wie von Zauberhand waren über Nacht die wichtigsten Einrichtungen der kolonialen Welt zu neuem Leben erwacht. Übers Land trafen wieder Eisenbahnzüge ein und über den Senegal-Fluss Dampfschiffe, und das Telefon funktionierte wieder, und die Post brachte Zeitungen.

Aber der Sonderzug, der Louise Janvier und das Gold abholen sollte, kam nicht.

Weil im Nachlass meines Großvaters keine weiteren Briefe von Louise zu finden sind, kann man nicht wissen, wie es ihr in jener Zeit ergangen ist. Man kann annehmen, dass sie sehnsüchtig auf den Zug wartete oder wenigstens auf einen Brief der Banque de France. Wahrscheinlich saß sie auf ihrem gepackten Koffer. Gut möglich, dass sie ihren Sonnenschirm, den Revolver und das Ersatz-Moskitonetz schon verschenkt hatte in Erwartung der baldigen Abreise. Gut möglich auch, dass sie sich das Haar für einmal nicht selbst abschnippelte, sondern an einem Sonntag eigens nach Kayes zum Friseur fuhr. Weiter kann man sich vorstellen, dass sie, als der Schlamm eingetrocknet und die Straße wieder befahrbar war, zum Kraftwerk von Félou hinausradelte und sich von den Brüdern Bonvin verabschiedete, und vielleicht unternahm sie mit ihnen einen vermeintlich letzten Spaziergang zu den Wasserbecken unterhalb der Stromschnellen, in denen die Nilpferde ihre Jungen aufzogen. Gut möglich auch, dass sie auf der Rückfahrt ihr Rad jenem jungen Dorfschullehrer namens Abdoullay schenkte, der bei den Sieben- bis Zwölfjährigen seines Dorfes eine Einschulungsquote von hundert Prozent erreicht hatte.

Und dann denke ich mir, dass jede Nacht, die sie noch in Giuliano Galianis Bett verbrachte, sich anfühlte, als ob es die letzte gewesen sei.

Aber der Sonderzug kam nicht.

Seit Radio und Funk wieder funktionierten, stolzierte Galiani zu allen Tages- und Nachtzeiten durch die Straßen, um die jüngsten Nachrichten zu verkünden. Er verkündete den Einmarsch des VII. und IX. US-Korps in Aachen und das Scheitern der deutschen Ardennenoffensive, dann die Bombardierung der Hamburger Treibstofflager und die Kapitulation Ungarns, und je länger sein persönliches Exil dauerte, desto schwärzer wurden seine halb italienischen, halb französischen Flüche auf diesen Hurensohn von einem Maresciallo de Gaulle und diese Cretini von der Banque de France, die sich verflucht nochmal verdammt viel Zeit damit ließen, ihn und dieses verschissene Hurengold endlich aus dem Arsch der Welt herauszuholen. Vielleicht hätte Galiani etwas leiser geflucht, wenn er gewusst hätte, dass de Gaulle und die Banque de France ihn nur deshalb in der Steppe vermodern ließen, weil im Mittelmeer noch immer einige bestens mit Treibstoff und Munition alimentierte deutsche U-Boote auf die Gelegenheit warteten, Galiani und das Gold auf den Grund der See zu versenken.

Im März 1945 endete die Trockenzeit, es wurde wieder heiß und feucht. Galiani holte seinen Regenschirm hervor und stapfte fluchend durch den Schlamm, vermeldete die Befreiung von Auschwitz und die Zerstörung von Dresden, hob anklagend die Arme gen Himmel und fragte die Geier in den Bäumen, weshalb um Jesumariawillen man ihn nicht endlich nach Hause fahren lasse. Louise saß auf ihrem Koffer und wartete. Galiani meldete die Konferenz von Jalta und den Brand im Führerbunker, den Prozess gegen Marschall Pétain und schließlich den Bombenabwurf von Nagasaki.

Aber der Sonderzug wollte nicht kommen.

Dann war wiederum ein Jahr vorbei, und einmal mehr hörte der Regen unvermittelt auf. Louise säbelte ihr Haar, das in der afrikanischen Hitze übrigens deutlich rascher wuchs als zu Hause, längst wieder selber ab. Der Schlamm trocknete aus, wurde hart und überzog sich mit einem Netz schwarzer Risse. Galiani verstaute seinen Regenschirm unter dem Bett im Wissen, dass in den nächsten sechs Monaten mit absoluter Sicherheit kein Tropfen Regen fallen würde. Louise fuhr an einem arbeitsfreien Tag mit der Eisenbahn nach Kayes, um auf dem Markt ein neues Moskitonetz und Ersatz für ihr altes Herrenfahrrad zu besorgen.

Und dann endlich kam der Sonderzug.

Vielleicht traf er tagsüber ein, vielleicht auch in der Nacht; wenn es so war, konnte Louise die Lokomotive frühmorgens nach dem Aufstehen von ihrem Fenster aus sehen, wie sie einen Steinwurf entfernt schnaubend und rauchend vor dem Prellbock stand. Wie viele Güterwagen angehängt waren, ist nicht bekannt, ebenso wenig, ob eine oder mehrere Fahrten nötig waren, um das Gold zurück nach Dakar zu schaffen. Aus den Annalen der Banque de France geht lediglich hervor, dass im Hafen von Dakar dreihundertsechsundvierzig Komma fünfdreifünf Tonnen Gold auf die *Île de Cléron* umgeladen wurden und dass das Schiff am 30. September 1945 in See stach. Falls alles glatt lief und die atlantischen Herbststürme nicht allzu heftig waren, müsste die *Île de Cléron* um den 12. Oktober im Hafen von Toulon eingelaufen sein.

Ich stelle mir vor, wie Louise über die Gangway auf den Pier hinunterstieg und nach fünfjähriger Abwesenheit wieder französischen Boden betrat, braungebrannt und schlank wie als junges Mädchen, nur dass ihr Haar jetzt grau war. Gewiss hat sie die Gefährten ihrer letzten fünf Jahre zum Abschied auf die Wangen geküsst, den Funker Galiani, der hinter der Zollstation von seiner Ehefrau erwartet wurde, vielleicht ein bisschen länger als die anderen. Und weil sie nur Handgepäck mit sich führte und die anderen auf ihre Überseekoffer warten mussten, ist sie rasch fortgegangen im Wissen, dass sie keinen von ihnen jemals wiedersehen würde.

Vielleicht war es später Nachmittag, als sie mit ihrem Koffer durch die Avenue Henri Pastoureau hinauf zum Bahnhof ging, und vielleicht hat sie unterwegs in einer Konditorei ihren ersten Eclair au Chocolat seit langer Zeit gekauft. Dann könnte sie abends um halb neun in Marseille Saint-Charles den Nachtzug nach Paris erreicht haben, und dann müsste sie am folgenden Morgen kurz vor acht in Paris eingetroffen sein.

Ich glaube nicht, dass Louise bei der Einfahrt in die Gare de Lyon ungeduldig an der offenen Waggontür stand und den Kopf in den Fahrtwind hielt. Ich glaube nicht, dass sie im Laufschritt die Bahnhofshalle durchmaß, und ich kann mir nicht vorstellen, dass sie sich tatsächlich, wie sie es in ihrem letzten Brief angekündigt hatte, in ein Taxi stürzte und auf direktem Weg in die Rue des Écoles fuhr.

Ich glaube vielmehr, dass sie still in ihrem Abteil dritter Klasse sitzen blieb, bis alle Fahrgäste ausgestiegen waren, und dass sie dann leise und behutsam, zaghaft beinahe, auf den Bahnsteig hinunterstieg, im Licht jenes heiteren Herbsttags Schritt für Schritt durch die Bahnhofshalle ging und aufs Kopfsteinpflaster des Boulevard Diderot hinaustrat, der schon wieder summte und brauste vom Strom der Busse, Autos und Lastwagen, als hätte es nie einen Krieg gegeben.

Ich stelle mir vor, dass Louise den Boulevard überquerte und geradeaus weiterging durch die Rue de Lyon, überwältigt von der unfassbaren Unversehrtheit der Häuserzeilen links und rechts. Bei der Bastille setzte sie sich in ein Straßencafé, bestellte einen Milchkaffee und einen Croissant und nahm eine Zeitung zur Hand, und dann warf sie vielleicht einen beiläufigen Blick auf die Hausboote im Arsenal-Hafen, die sich friedlich in der Brise wiegten.

Danach schlenderte sie weiter durch den kühlen Morgen mit ihrem Köfferchen wie eine Touristin, immer geradeaus durch die Rue Saint-Antoine und die Rue de Rivoli, und nach einer Weile gelangte sie, als wär's ein Zufall, zum Hauptsitz der Banque de France. Sie stieg die weit ausladende Treppe hinauf zum Eingangsportal, ging beiläufig grüßend am Portier vorbei, der immer noch oder schon wieder diese schnauzbärtige Type namens Darnier war, und verschwand im Halbdunkel eines langen Flurs wie schon tausendmal zuvor, um sich bei ihren Vorgesetzten zurück zum Dienst zu melden.

Ich stelle mir vor, dass sie erst ein paar Tage später in die Rue des Écoles fuhr. Ich glaube, dass sie zuallererst das Hotelzimmer bezog, das die Bank ihr fürs Erste besorgt hatte, und dass sie erst einmal neue Wäsche und Kleidung kaufte, ihre Fingernägel in Ordnung brachte und beim Zahnarzt jenen Backenzahn oben links flicken ließ, der ihr schon eine ganze Weile Schmerzen bereitete. Dann ging sie zum Friseur und ließ sich das Haar schneiden; färben aber ließ sie es nicht, da bin ich sicher.

Ich stelle mir vor, dass Louise ihren Besuch in der Rue des Écoles auf den späten Vormittag legte und dass sie im Taxi vorfuhr, weil sie noch keinen eigenen Wagen hatte. Ich stelle mir vor, dass drinnen im Haus Madame Rossetos aufhorchte, als draußen eine Autotür zugeschlagen wurde, und dass sie einen Blick in den Spiegel warf, der ihr über zwei weitere Spiegel einen Blick vor die Haustür gestattete. Dann hievte sie sich aus ihrem Sessel beim Kohleofen, um ihre Pflicht als Hausdrache zu erfüllen.

»Sie wünschen?«

»Zu den Le Gall, bitte.«

»Worum geht es?«

»Die Le Gall wohnen doch noch hier?«

»Worum geht es, bitte?«

»Um einen persönlichen Besuch.«

»Sind Sie angemeldet?«

»Leider nein.«

»Wen darf ich melden?«

»Hören Sie …«

»Laut Hausordnung haben Unbekannte ohne Anmeldung keinen Zutritt zum Gebäude.«

»Sind die Le Gall noch hier?«

»Tut mir leid.«

»Ich bin soeben aus Afrika zurückgekehrt.«

»Aus Sicherheitsgründen kann ich leider keine Ausnahme machen, das müssen Sie … aus Afrika?«

»Französisch-Sudan.«

»Dann sind Sie …«

»Welche Etage, bitte?«

Die Wohnungstür stand eine Handbreit offen.

Louise klingelte.

»Wer ist da?«

»Louise.«

»Wer?«

»Louise.«

»WER?«

»LOUISE JANVIER!«

»DIE KLEINE LOUISE?«

»Genau.«

»Na sowas.«

»Ja.«

»Kommen Sie herein. Geradeaus durch den Flur, ich bin im Wohnzimmer.«

Louise stieß die Tür auf und zog sie hinter sich zu, und nach ein paar Schritten stand sie im Wohnzimmer, das sie so oft durchs Fernglas betrachtet hatte. In Léons Lesesessel am Fenster saß Yvonne – Louise hätte sie nicht wiedererkannt, aber es konnte niemand anderes sein. Ihre Füße steckten in karierten Hausschuhen, und ihre Unterschenkel waren geschwollen, und ihr Hals war von einer dicken Speckrolle umhüllt, und ihr Haar fiel ihr strähnig auf die Schultern.

»Léon ist nicht da.«

»Sie sind allein?«

»Die Kinder sind in der Schule.«

»Das ist gut«, sagte Louise. »Ich bin Ihretwegen hier.«

»Dann nehmen Sie Platz. So sehen Sie also aus. Ganz wie auf der Fotografie, die Sie aus Afrika geschickt haben.«

»Die Haare sind weiß geworden.«

»Die Zeit läuft. Auf den Fotos ist man immer jünger als in natura.«

»Da kann man nichts machen.«

»Sie schminken sich nicht.«

»Sie auch nicht.«

»Schon lange nicht mehr«, sagte Yvonne. »Und in letzter Zeit habe ich wohl etwas zugenommen.«

»Geht es Ihnen gut?«

»Ach, wissen Sie, am liebsten sitze ich einfach hier am Fenster in der Sonne wie eine Stubenkatze. Wenn ich müde bin, schlafe ich, und wenn ich Hunger habe, esse ich. Eigentlich habe ich ständig Hunger und bin dauernd müde. Wenn ich grad nicht schlafe.«

»Sie gehen überhaupt nicht mehr aus dem Haus?«

»Nicht, wenn ich es vermeiden kann. Ich bin so viel umhergerannt all die Jahre, jetzt will ich nur noch hier an der Sonne sitzen. Alles andere ist mir egal. Und wie geht es Ihnen?«

»Ich meinerseits habe so viel an der Sonne gesessen in den letzten Jahren …«

»Und essen will ich. Während so langer Zeit habe ich gefastet, jetzt will ich mal ordentlich futtern. Ich habe hier Himbeerkuchen und Schlagsahne, wollen Sie was abhaben?«

So saßen die beiden Frauen beisammen in der Herbstsonne und aßen Himbeerkuchen. Sie aßen langsam und schweigsam, und sie reichten einander Zucker, Schlagsahne und Servietten. Gelegentlich sagte die eine etwas, und die andere hörte zu, und dann schwiegen sie wieder und lächelten.

Louise erbot sich, in die Küche zu gehen und Kaffee zu machen, und Yvonne sagte, das wäre reizend von ihr. Unterdessen holte sie den Calvados und zwei Gläschen aus der Kommode und schnitt nochmal zwei große Stücke Himbeerkuchen ab. Die Standuhr auf der Kommode tickte. Es war schon elf Uhr vorbei, in einer Stunde würden die Kinder nach Hause kommen. Die Frauen schwiegen, aßen und tranken.

»Und Léon?«, fragte Louise schließlich. »Geht es ihm gut?«

»Unverschämt gut«, sagte Yvonne. »Sie werden sehen, er hat sich kaum verändert.«

»In all den Jahren nicht?«

»In all den Jahrzehnten nicht. Ich weiß nicht, ob Menschen sich im Leben überhaupt verändern, aber diese Le-Gall-Männer ändern sich ganz gewiss nicht. Sogar der Krieg geht an denen spurlos vorbei. Unsereiner hat ja einige Verschleißerscheinungen, und die Garantie auf die Originalteile ist wohl abgelaufen. Aber Léon? Der ist unverwüstlich. Rostfrei und leicht instand zu halten, sage ich immer. Wie eine landwirtschaftliche Maschine.«

Louise lachte, und Yvonne lachte mit ihr.

»Sein Haar ist ein bisschen schütter geworden«, fuhr Yvonne fort, »und seine Zehennägel sind seit ein paar Jahren merkwürdig gerillt. Kennen Sie das, diese Längsrillen auf den Nägeln, haben andere Männer das auch?«

»Die meisten, von einem gewissen Alter an«, sagte Louise.

»Und dass sie frühmorgens beim Aufstehen seufzen?«

»Auch das«, sagte Louise.

»Früher hat er das nie getan, aber jetzt seufzt er.«

»Lacht er noch?«

»Finden Sie, dass er früher viel gelacht hat?«

»Nicht sehr laut.«

»Léon lächelt eher.«

»Vor allem, wenn er sich unbeobachtet glaubt.«

»Sie sollten ihn besuchen, er würde sich freuen.«

»Meinen Sie?«

»Unbedingt. Was ist schon dabei, nach so vielen Jahren.«

»Wann soll ich kommen?«

»Nicht hier. Gehen Sie zum Arsenal-Hafen, dort hat er ein Boot. Es ist blauweiß angemalt und heißt *Fleur de Miel*. Der Kindskopf hat auf seiner Pinasse die Flagge der Basse Normandie gehisst. Die zwei goldenen Löwen auf rotem Grund, Sie wissen schon, Wilhelm der Eroberer, darunter macht er's nicht. Jederzeit bereit, den Ärmelkanal zu überqueren und England zu erobern mit seiner Dieselpinasse.«

20. KAPITEL

Über die folgenden Jahre trafen Louise und Léon einander sehr, sehr oft am Arsenal-Hafen. Montag bis Samstag verbrachten sie gemeinsam die Mittagspause, abends die Stunden zwischen Feierabend und Abendessen. Nur sonntags sahen sie einander nicht. Wenn es regnete, blieben sie in der Kabine, sonst saßen sie auf der Holzbank am Heck oder gingen am Kanalufer spazieren. Sie hakte sich bei ihm unter, er schnupperte den Duft ihres sonnenbeschienenen Haars, und sie redeten leichthin miteinander.

Aber erst Ende der dritten Woche zogen sie zum ersten Mal in der Kabine die Vorhänge zu.

Als im November der Winter kam, heizten sie den Kanonenofen ein, kochten Kaffee und brieten Spiegeleier. Sie kauften ein Grammophon und Schallplatten von Edith Piaf, später von Georges Brassens und Jacques Brel. Sie freundeten sich mit den anderen Bootsbesitzern an und riefen sie beim Vornamen. Manchmal luden sie sie zum Aperitif. Wenn jemand fragte, wie lange sie schon verheiratet seien, antworteten sie: Seit bald dreißig Jahren.

Aber immer, ausnahmslos jeden Abend pünktlich um Viertel nach sieben Uhr kehrte Louise zurück in ihre Wohnung im Marais, die ihr die Banque de France besorgt hatte, und Léon machte sich auf den Heimweg in die Rue des Écoles, um mit Yvonne und den Kindern das Abendessen einzunehmen; danach half er den Kleinen bei den Hausaufgaben, spielte Karten mit den Großen und legte sich dann neben Yvonne schlafen.

Indem sie alle so weiterlebten, übten sie keinen Verzicht, trieben kein Doppelspiel und machten sich auch keiner Heimlichkeiten schuldig; sie setzten nur ihr bisheriges Leben in der einzig möglichen Weise fort, weil es ein neues Leben ohne das alte nicht geben konnte, für keinen von ihnen. Das wussten sie. Und weil daran nichts zu ändern war, erübrigten sich alle Streitereien und Debatten um richtig oder falsch.

Also schwiegen sie darüber. In der Rue des Écoles wurde Louises Name niemals ausgesprochen und das Hausboot am Arsenal-Hafen mit keinem Wort erwähnt. Yvonne wollte sich ihre katzenhafte Zufriedenheit in ihrem sonnenbeschienenen Sessel nicht verderben lassen und verbat sich unnötig offene Worte, die ohnehin nur zu unwürdigen Dramen, falschen Versöhnungen und geheuchelten Treueschwüren geführt hätten. Dabei forderte sie keineswegs das Aufrechterhalten eines falschen Scheins, denn sie war im Frieden mit sich und Léon und dem Leben, das sie geführt hatten. Sie verlangte lediglich, dass man ihre Würde respektierte und auf Plumpheiten verzichtete.

Von Geheimhaltung konnte sowieso keine Rede mehr sein, seit Madame Rossetos eins und eins zusammengezählt, ein bisschen die Nase in den Wind gehalten und es dann als ihre Pflicht angesehen hatte, sämtliche Nachbarn über die Vorkommnisse bei der Familie Le Gall zu informieren.

Sogar die Kinder wussten Bescheid; weil aber auch sie rücksichtsvoll schwiegen und sich höchstens mit ironischen Seitenblicken und gemurmelten Andeutungen verständigten, konnte Yvonne in ihren eigenen vier Wänden, die sie kaum mehr verließ, weiterhin in Frieden leben.

Dann kam die Zeit, da die Kinder eins ums andere auszogen. Der erstgeborene Michel, der wegen seines mäßigen Reifezeugnisses Semester um Semester vergeblich auf eine Zulassung an die Technische Hochschule gewartet hatte, nahm im Frühjahr 1947, als die Renault-Werke eine neue Produktionshalle eröffneten, eine Anstellung als Hilfsmechaniker an und bezog ein möbliertes Zimmer in Issy-les-Moulineaux. Zwei Jahre später meldete sein Bruder Yves sich zwanzigjährig zur Armee und wurde dem Régiment du Tchad zugeteilt. Im gleichen Jahr starb Madame Rossetos nach kurzem Unwohlsein im Krankenhaus und wurde in ihren Funktionen an der Rue des Écoles durch ein Putzinstitut und eine elektrische Klingelanlage ersetzt. Im Sommer 1950 nahm auch Robert Abschied von den Eltern, um an einer Landwirtschaftsschule im Burgund die Aufzucht von Charolais-Rindern zu erlernen, und als weitere zwei Jahre später die sechzehnjährige Muriel die Rue des Écoles verließ, um an einer Klosterschule bei Chartres ein Diplom als Grundschullehrerin zu erwerben, blieben Yvonne und Léon allein mit dem elfjährigen, mädchenhaft zarten Philippe zurück.

Yvonne litt nicht unter der plötzlichen Einsamkeit, sondern nahm sie hin als den natürlichen Lauf der Dinge. Für sich selbst wünschte sie nichts mehr als Sonnenlicht, reichlich Nahrung und beliebig viel Schlaf.

Mitte der Fünfzigerjahre empfing sie ein paar Monate lang Besuch von einer Zeugin Jehovas, deren blutrünstige Geschichten über die Verdorbenheit der Welt und die Vergeltung eines rachsüchtigen Gottes ihr eine Weile Vergnügen bereiteten. Im Winter 1958 ließ sie sich, als auch der kleine

Philippe in den Militärdienst eingerückt war, im Wohnzimmer ein Fernsehgerät installieren. Am liebsten schaute sie sich Boxkämpfe und Autorennen an.

Eines Morgens im Mai 1961 schließlich bemerkte sie, als sie sich mit dem Waschlappen über den Hals fuhr, eine kleine, harte Geschwulst am Hals unterhalb des rechten Ohrs. Die Geschwulst wurde von Tag zu Tag größer, dann bildete sich auch unter dem linken Ohr eine.

»Das geht vielleicht von allein wieder weg«, sagte sie, als Léon den Arzt rufen wollte.

»Vielleicht geht's weg, vielleicht auch nicht«, sagte Léon. »Auf jeden Fall muss sich das der Arzt anschauen.«

»Nein«, sagte Yvonne.

»Doch.«

»Nein.«

»Das kann gefährlich sein. Willst du vielleicht daran sterben?«

»Nicht unbedingt«, sagte Yvonne. »Aber wenn der Herrgott will, dass ich gehe, werde ich gehen.«

»Dem Herrgott ist das doch egal, ob du bleibst oder gehst, du dummes Huhn. Der hat eine Menge andere Dinge um die Ohren.«

»Na also.«

»Aber mir ist es nicht egal. Und ich sage dir, das muss man operieren.«

»Bist du vielleicht Arzt?«

»Ich habe Augen im Kopf. Und ein Gehirn zwischen den Ohren.«

»Das habe ich auch«, sagte Yvonne. »Und deshalb sage ich dir, lass mich in Frieden. Wenn ich gehen soll, dann gehe ich.«

»Einfach so?«

»Ganz einfach.«

Und so wuchsen die Geschwülste an Yvonnes Hals weiter und drückten ihr buchstäblich die Kehle zu. Nach ein paar Wochen kam die Nacht der großen Atemnot, in der sie nur noch mit Mühe sprechen konnte. Sie erzählte Léon von ihrem Fehltritt mit Raoul vor fast dreißig Jahren, und er nahm sie in die Arme und sagte, das sei doch längst egal. Dann schlief sie ein oder stellte sich schlafend, und Léon schlief neben ihr ein.

*

Auf den Tag ein Jahr nach Yvonnes Beerdigung trafen sich Louise und Léon frühmorgens um sieben am Arsenal-Hafen. Es war ein frischer, klarer Tag, die Sonne war eben über den Häusern am Boulevard de la Bastille aufgegangen. Louise und Léon waren sonntäglich gekleidet, obwohl es ein Dienstag war. Sie waren nun beide zweiundsechzig Jahre alt, ein gesundes, glückliches und schönes Paar.

Louise hatte Käse, Brot und Schinken mitgebracht, er hatte Wasser, Cidre und Rotwein dabei.

»Bist du sicher, dass der Kahn nicht untergeht?«, fragte Louise.

»Ganz sicher«, sagte Léon. »Ich habe den Rumpf alle zwei Jahre geputzt und frisch gestrichen, wie Caron es mir aufgetragen hat. Und der Motor ist tipptopp.«

»Dann lass uns gehen, es ist endlich Zeit.«

Sie gingen an Bord, verstauten die Vorräte in der Kabine und starteten den Motor. Dann machten sie die Leinen los, legten ab und fuhren aus dem Hafenbecken hinaus auf die Seine und flussabwärts, dem Ozean entgegen.

Alex Capus im dtv

»Alex Capus ist ein wunderbarer Erzähler, für den alles eine
Geschichte hat, für den die Welt lesbar ist.«
Süddeutsche Zeitung

Eigermönchundjungfrau

ISBN 978-3-423-**13227**-5

»Erzählungen, in denen die
Schweizer Kleinstadt Olten
zum Schauplatz einer brillant
erzählten Comédie humaine
wird. Große Literatur in der
Tradition Tschechows.«
(Daniel Kehlmann)

Munzinger Pascha

Roman

ISBN 978-3-423-**13076**-9

Die kunstvoll gewobene
Geschichte zweier Reisen –
die eine führt nach Kairo,
die andere in das Innere eines
gescheiterten Menschen.

Mein Studium ferner Welten

ISBN 978-3-423-**13065**-3

»Alex Capus sieht im Nichts
der uninteressanten Stadt ein
Biotop kleiner, halbwegs
geglückter oder verunglückter
Lebensgeschichten ...« (Elke
Heidenreich)

Fast ein bißchen Frühling

Roman

ISBN 978-3-423-**13167**-4

Fernweh und Heimweh – die
Geschichte zweier Bankräuber,
die 1933 aus Wuppertal nach
Indien fliehen wollten, der
Liebe wegen aber nur bis Basel
kamen.

Glaubst du, daß es Liebe war?

Roman

ISBN 978-3-423-**13295**-4

Die komische Geschichte
eines geläuterten Sünders –
des Betrügers und Kleinstadt-
Casanovas Harry Widmer
junior, der vor seinen Gläubi-
gern nach Mexiko flieht.

13 wahre Geschichten

ISBN 978-3-423-**13470**-5

Witzig erzählt Capus von
skurrilen Helden und aben-
teuerlichen Wechselfällen eid-
genössischer Geschichte.

Léon und Louise

Roman

ISBN 978-3-423-**14128**-4

Zwei junge Menschen verlie-
ben sich, aber der 1. Weltkrieg
bringt sie auseinander – bis sie
sich 1928 zufällig in der Pariser
Métro wiederbegegnen.

Bitte besuchen Sie uns im Internet: www.dtv.de

Ulrich Woelk im dtv

»Was Woelk zeigen will, zeigt er. Er kennt seine Figuren
genau und verrät sie nicht an Einsichten.«
Stephan Krass in der ›Neuen Zürcher Zeitung‹

Liebespaare
Roman
ISBN 978-3-423-13092-9

»Sollen wir es lassen?« fragt er.
Nora schüttelt den Kopf. »Jetzt
sind wir doch fast da.« Allmählich aber dämmert es Fred, dass
der Besuch in einem Swinger-
Club schwer verdaulich sein
könnte…

Die letzte Vorstellung
Roman
ISBN 978-3-423-13253-4

Opernmusik aus einem verlas-
senen Haus am Strand führt
einen Jogger zu einer Leiche.
Ein gesellschaftspolitisches
Verwirrspiel um Gewalt und
politische Macht.

Freigang
Roman
ISBN 978-3-423-13397-5

Ein junger Physiker versucht
seine Vergangenheit zu rekons-
truieren.

Rückspiel
Roman
ISBN 978-3-423-13559-7

Woelk erzählt vom Tod eines
Schülers, von der Schuld eines
alten Lehrers und vom Liebes-
drama zweier Männer und
einer Frau.

Amerikanische Reise
Roman
ISBN 978-3-423-13648-8

Eindringliche Dreiecks-
Geschichte auf einer Reise
durch die USA.

Einstein on the lake
Eine Sommer-Erzählung
dtv premium
ISBN 978-3-423-24427-5

Hat Einstein seine geheimsten
Unterlagen im Templiner See
versteckt? Der Jurist Anselm
macht sich auf die Suche nach
dem wissenschaftlichen Schatz.

Schrödingers Schlafzimmer
Roman · dtv premium
ISBN 978-3-423-24561-6

Eine Studie über die Gesetze
der Naturwissenschaften, die
Psychologie und Schrödingers
Zimmer, in dem eine Katze
zugleich tot und lebendig sein
kann.

Joana Mandelbrot und ich
Roman · dtv premium
ISBN 978-3-423-24664-4

Eine böse Satire auf den
Literaturbetrieb, ein
Kompliment an die
Mathematik und eine
Huldigung an die Stärke der
Frauen.

Bitte besuchen Sie uns im Internet: www.dtv.de